21世纪高职高专系列教材
（计算机类）

微机原理及其应用

主　编　邓　蓓
参　编　孙　锋　李益敏　王　飞
主　审　曹玉珍

机械工业出版社

本书是以培养学生应用能力为主要目标，根据高等职业技术院校的教学要求编写的。本书详细地介绍了16位微机的工作原理、指令系统、汇编语言程序设计方法、存储器、I/O系统及微机接口应用等内容，并适当介绍了80X86和Pentium微处理器的特点。在重实用的原则下，阐述了有关微机接口器件的原理及其应用。书中附有大量的、实用的实验指导内容，每章都有一定数量的复习思考题。通过对本书的学习，使读者具备一定的微机应用系统的开发能力和汇编语言程序设计能力。

本书可作为高等职业院校、高等学校专科、各类成人院校大专层次的计算机和非计算机专业学生学习微机原理及其应用的教材，也可作为从事微机软硬件应用工作的工程技术人员的参考用书。

为方便教学，本书配备电子课件等教学资源。凡选用本书作为教材的教师均可登录机械工业出版社教育服务网 www.cmpedu.com 注册后免费下载。如有问题请致信 cmpgaozhi@sina.com，或致电 010-88379375 联系营销人员。

图书在版编目（CIP）数据

微机原理及其应用/邓蓓主编：—北京：机械工业出版社，2008.11（2022.1重印）

21世纪高职高专系列教材.计算机类

ISBN 978-7-111-25465-2

Ⅰ.微…　Ⅱ.邓…　Ⅲ.微型计算机-高等学校：技术学校-教材　Ⅳ.TP36

中国版本图书馆CIP数据核字（2008）第167885号

机械工业出版社（北京市百万庄大街22号　邮政编码100037）
策划编辑：余茂祚　责任编辑：赵志鹏　王　师
版式设计：霍永明　责任校对：魏俊云
责任印制：郜　敏
北京富资园科技发展有限公司印刷
2022年1月第1版·第9次印刷
184mm×260mm·15.75印张·390千字
标准书号：ISBN 978-7-111-25465-2
定价：42.00元

电话服务	网络服务
客服电话：010-88361066	机　工　官　网：www.cmpbook.com
010-88379833	机　工　官　博：weibo.com/cmp1952
010-68326294	金　　书　　网：www.golden-book.com
封底无防伪标均为盗版	机工教育服务网：www.cmpedu.com

21 世纪高职高专系列教材

编 委 会 名 单

前　言

“微机原理及其应用”是高等职业院校计算机专业、自动化专业、机电等专业学生必修的一门计算机基础课程，是提高学生微机应用与开发能力的一门重要课程。为适应微机技术发展和职业教育教学改革的需要，编者总结了多年从事微机原理与接口技术职业教学实践经验，并参照了编者2001年出版的《微机原理与应用》进行了重新编写。在编写过程中，以应用为目的，以必要、够用为度，以讲清概念、强化应用为重点。具体特点为：

(1) 以Intel微处理器和IBM PC微机系统为背景，系统介绍了微机系统的构成和工作原理；以8086 CPU为核心，详细介绍了其寻址方式和指令系统；并适当介绍了80X86以上和Pentinum CPU的特点。

(2) 由浅入深地介绍汇编语言程序设计方法和程序设计实例，本书选用的实例已调试通过，可实际运行。

(3) 简要阐述了微机系统中的存储器、中断系统和I/O系统，引入了内存、高速缓存、PCI总线等新技术，并介绍了有关微机接口器件的原理及在微机系统中的应用。

(4) 以实用为目的，将“实验指导”作为专门的一章编入教材，系统介绍了DEBUG指令的上机使用；汇编语言指令上机练习及汇编源程序的上机调试过程；详细给出了能体现软硬件分析与设计的应用实例，对每个实验提出了实验目的及其实验要求。

本教材第1、2、3、10章由天津中德职业技术学院邓蓓编写；第4、5章由天津中德职业技术学院孙锋编写；第6、8章由天津中德职业技术学院李益敏编写；第7、9章由天津交通职业技术学院王飞编写，全书由邓蓓主编并统稿。感谢《微机原理与应用》一书主编天津大学曹玉珍老师对此书进行了细心审阅。

本书可作为高职高专计算机专业和非计算机专业开设“微机原理与应用”、“微机原理与接口技术”等课程的教材，参考学时为：理论50学时，实验30学时。使用时可根据各院校的教学特点、学时的多少，在内容上有所侧重或删减。

由于编者水平有限，书中难免有错误和不妥之处，恳请广大读者批评指正。

编　者

目　录

第1章 微机基础知识

1.1 微机简介

微机的出现为计算机的广泛应用开拓了极其广阔的前景，展示了它在科学技术领域中日益重要的地位。随着微机技术日新月异地发展，微机的应用已渗透到国民经济和社会生活的各个领域，并已转化成巨大的推动社会前进的生产力。

1.1.1 计算机的产生和发展

1. 计算机的产生 1946年2月，世界上第一台电子数字计算机ENIAC（Electronic Numerical Integrator And Calculator，电子数字积分计算机）在美国宾夕法尼亚大学研制成功，它用了18000个真空管和1500多个继电器，功率150kW，重30t，占地近200m^2。它能够按人预先的编排和规定，自动、精确、快速地进行各种复杂的计算，其计算效率比人工提高了几千倍，从此，计算机开始了它的发展历程。

1945年3月，美籍匈牙利科学家冯·诺依曼（Johe Von Neumann）对ENIAC做了两项重大的改进：一是提出在计算机内采用二进制，极大地简化了计算机的结构和运算过程；二是把程序和数据存储在计算机内，使得计算机的全部运算成为真正的自动过程。冯·诺依曼的提案明确了新机器由5个部分组成，即运算器、控制器、存储器、I/O设备，并确定了这五部分的职能和相互关系，同时提出计算机的基本工作原理核心是“存储程序”和“程序控制”。冯·诺依曼提出的计算机体系结构奠定了现代计算机结构理论的基础，被誉为计算机发展史上的里程碑。由此，人们将美籍匈牙利科学家冯·诺依曼称为“计算机之父”。

2. 计算机的发展 计算机按照它的器件演变、发展经历了五个阶段。

第一代是电子管计算机时代，从1946~1958年。这代计算机因采用电子管而具有体积大、耗电多、运算速度慢、存储容量小和可靠性差等缺点。只在重要部门或科学研究部门用于科学计算。

第二代是晶体管计算机时代，从1958~1964年。这代计算机比第一代计算机的性能提高了数十倍，软件配置开始出现，一些高级程序设计语言相继问世，外围设备也由几种增加到数十种。这一代计算机不仅用于科学计算，还用于数据处理和工业控制等。

第三代是中小规模集成电路（IC）计算机时代，从1964~1970年。主要由中、小规模集成电路组成，由于集成电路器件是在一块几平方毫米的芯片上集成了几十个到几百个电子元件，使计算机的体积和耗电显著减少，计算速度、存储容量和可靠性有较大的提高。另外，有了操作系统，机种呈多样化、系列化并和通信技术结合，使计算机应用进入许多科学技术领域。这一代计算机不仅用于科学计算，还用于文字处理、企业管理和自动控制等领域，出现了计算机技术与通信技术相结合的信息管理系统，可用于生产管理、交通管理和情报检索等领域。

第四代是大规模集成电路（LSI）和超大规模集成电路（VLSI）计算机时代，从20世纪 70 年代到现在。由于大规模和超大规模集成电路的出现，使得计算机体积更小，耗电更少，运算速度提高到每秒几百万次，计算机可靠性也进一步提高。现在巨型机的运算速度已达到每秒几亿次，微型机的出现，使计算机的体积与成本大幅度减少。这一代计算机在科学研究领域和经济管理中起着不可替代的作用，并渗透到工业生产和日常生活的各个角落。

第五代是人工智能计算机。这一代的研制工作已经开展多年了，其核心设计思想是突破冯·诺依曼体系结构，使计算机的速度将达到每秒万亿次，能在更大的程度上仿真人的智能，并在某些方面超过人的智能。目前无论是“梦幻式”的超导计算机，还是光计算机、生物计算机、人工智能计算机，虽已取得了一定的进展，但迄今为止，还没有出现一台真正意义上的第五代计算机。

1.1.2 微机的发展与应用

1. 微机的产生和发展　微机的发展是以微处理器的发展来表征的。将传统计算机的运算器和控制器集成在一块大规模集成电路芯片上作为中央处理部件（CPU），被称为微处理器。以微处理器为核心，再配上存储器、接口电路等芯片就构成微机。生产 CPU 的主要厂商是 Intel 公司，除此之外还有 AMD 等公司。本节主要以 Intel 公司生产的 CPU 发展、演变过程为线索来介绍微机系统的发展过程。

第一代是 4 位和低档 8 位微处理器。1971 年，Intel 公司推出了第一片 4 位微处理器 Intel 4004。它在 4.2mm×3.2mm 的硅片上，集成了 2250 个晶体管，工作频率为 108kHz，寻址空间 640B，以其为核心组成了一台高级袖珍计算机。随后 Intel 公司在 Intel 4004 的基础上，经过改进，推出了 Intel 4040。它是第一片通用的 4 位微处理器。4 位微处理器指令系统简单，运算功能较弱。这一阶段的微机主要用于算术运算、家电以及进行简单的控制等。

第二代是中高档 8 位微处理器。1972 年，Intel 公司推出 8 位微处理器 Intel 8008，集成度约 2000 个晶体管，时钟频率为 1MHz，其运算能力是 4004 的 2 倍。1974 年，Intel 公司又推出 8 位微处理器 Intel 8080，集成度约 6000 个晶体管，时钟频率为 2MHz。1976 年，Intel 公司推出功能最强的 8 位微处理器 Intel 8085，集成度约 1 万个晶体管，时钟频率达到 4MHz。这一阶段的微机主要用于教学和试验、工业控制以及智能仪器等。

第三代是 16 位微处理器。1978 年，Intel 公司推出 16 位处理器 Intel 8086，集成度约 2.9 万个晶体管，时钟频率为 5MHz、8MHz、10MHz，其内部和外部数据线都是 16 位，地址线为 20 位，可直接访问 1MB 内存单元。另外，Intel 8086 首次采用了流水线技术，并在 CPU 内部设置了 6B 的指令队列，存放预取的指令，减少了 CPU 取指令时间。这一阶段微机主要应用在数值计算、数据处理、信息管理、过程控制和智能化仪表等诸多方面。

第四代是 32 位微处理器。Intel 公司在 1985 年和 1989 年分别推出了 32 位的微处理器 80386 和 80486。它们的时钟频率分别为 20MHz 及 30～40MHz。其中 80386 的内外部数据线及地址总线都是 32 位，可访问高达 4GB 的内存，而 80486 的集成度达到 15 万～50 万管/片，甚至上百万管/片。Intel 80386 和 80486 与 Intel 8086 向上兼容，具有实地址模式、保护虚地址模式和虚拟 Intel 8086 模式 3 种工作方式。所谓虚拟 Intel 8086 模式是指可以在操作系统控制下模拟多个 Intel 8086 同时工作。

第五代是高档 32 位微处理器。1993 年 Intel 公司推出了新一代高性能处理器 Pentium（奔腾），Pentium 最大的改进主要有两项，一是它拥有支持在一个时钟周期内执行一至多条指令的超标量结构；二是它的一级缓存容量增加到了 16KB。CPU 与内存进行数据交换的内部总线达到了64位，外部总线还是32位。Pentium凭借这些改进极大地提升了CPU的性能。

1996年，Intel公司推出了高性能奔腾（Pentium Pro）微处理器。它集成了550万个晶体管，内部时钟频率为133MHz，采用了独立总线和动态执行技术，处理速度大大提高。

1996年底，Intel公司又推出了高能奔腾（Pentium MMX）微处理器，MMX（Multi Media eXtension）技术是Intel公司最新发明的一项多媒体增强指令集技术，它为CPU增加了57条MMX指令。此外，还将CPU芯片内的高速缓冲存储器Cache由原来的16KB增加到32KB，使处理多媒体的能力大大提高。

1997年，Intel公司推出了PentiumⅡ微处理器，它集成了750万个晶体管，8个64位的MMX寄存器，时钟频率达450MHz，二级高速缓冲存储器Cache达到512KB，它的浮点运算性能、MMX性能都是最出色的。继而，1999年2月又推出Pentium III微处理器，直至2000年3月推出Pentium 4高性能微处理器，Pentium 4为因特网、图形处理、数据流视频、语言、3D和多媒体等多种应用模式提供了强大的功能。

同样为了争夺微处理器市场，Intel公司在2003年3月底，推出了566MHz和600MHz的赛扬第二代产品，称为赛扬Ⅱ。

第六代是64位微处理器。在不断完善Pentium系列处理器的同时，2001年Intel公司与HP公司联手开发了更先进的64位微处理器Itanium（安腾）和后来推出Itanium 2（安腾2）处理器，但是由于散热问题，此款产品在市场上并没有存活多久。

市场上真正出现的首款64位微处理器是2003年，由AMD公司率先推出了64位微处理器Athlon 64，该微处理器的推出使AMD公司在个人计算机处理器的竞争中首次领先于Intel公司。Athlon 64处理器既可确保当前的32位应用程序能够发挥出卓越的性能，也可支持下一代的64位应用程序。

随后，Intel公司又推出了64位的Core微处理器（酷睿）。2006年7月，随着Intel公司的Core 2（酷睿2）微处理器的发布，标志着Intel公司已经从奔腾时代进入酷睿时代。64位微处理器的诞生，标志着计算机技术迈进了一个新的时代。

2. 微型计算机分类　微机有多种不同的分类方法，目前主要有以下几种分类形式：

（1）按CPU的字长来分。按照微处理器能够处理的数据字长作为分类标准，有4位机、8位机、16位机、32位机和64位机等。

（2）按微机结构分为单片机和多片机。单片机是把中央处理器（CPU）、随机存储器（RAM）、只读存储器（ROM）、I/O接口等主要计算机功能器件都集成在一块集成电路芯片上的微型计算机。这种微型计算机因其制作在一块芯片上而被称为单片机。单片机具有性能高、速度快、体积小、价格低、稳定可靠、应用广泛和通用性强等突出优点。其最显著的特点之一就是具有非常有效的控制功能，常称为微控制器（MCU或uC）。

多片机是指将中央处理器、随机存储器、只读存储器、I/O接口、总线等主要计算机功能部件，采用微焊接、封装等工艺分别用一块芯片集成，然后再组装起来的微机。它具有高密度、高性能、高可靠性的特点。它是适应现代电子系统短、小、轻、薄和高速、高性能、高可靠性、低成本的发展方向而发展起来的电子计算机。

（3）按组装形式分为单板机和多板机。单板机是指将计算机的各个部分都组装在一块印制电路板上，包括微处理器、存储器和I/O接口，还有简单的七段发光二极管显示器、小键盘、插座等其他外部设备。功能比单片机强，适用于进行生产过程的控制。

多板机是指将CPU、存储器、I/O接口电路和总线接口等组装在一块主机板（即微机主板）上，再通过系统总线和其他多块外设适配板卡连接键盘、显示器、打印机、软/硬盘驱动器及光驱等设备。

（4）按外形可分为台式机、笔记本。台式机与笔记本相比较，它的显示器与主机分离，占地空间比较大，但更换配件较容易。一般来说，价格也相对低廉。

3. 微机应用　由于微机具有价格低廉、体积小、重量轻、功耗低、可靠性高和使用灵活等优点，所以微机的应用深入到各行各业，已成为当今社会不可缺少的重要工具。归纳起来主要应用在以下几个方面：

（1）科学计算与数据处理。利用计算机解决在科学研究、工程设计和社会经济规划管理中，大量复杂的数学计算问题，如卫星轨道的计算、大型水坝的设计、航天测控数据的处理、中长期天气预报、地质勘探与地震预测以及社会经济发展规划的制订等。

现实生活中的许多复杂计算问题，很多是通过采用高级语言（如Visual C++、Visual Basic等）编写相应的程序，依托计算机来完成的。这极大地减轻了计算的难度，同时提高了工作效率。

（2）生产与试验中过程自动控制。在工农业、国防以及交通等领域，利用计算机对生产和试验过程进行自动实时监测、控制和管理，可提高效率，提高质量，降低成本，缩短周期。

另外，在制造业和日用品生产厂家中的微机控制的自动化生产线，为生产能力和产品质量的迅速提高开辟了广阔的前景。如采用微机来控制材料的线切割技术，改善了以往由人工控制而产生的误差。

（3）信息管理与办公自动化。计算机广泛应用在各企事业单位的财务管理、人事档案管理、情报资料管理、仓库材料管理、生产计划管理以及信贷业务管理等。

（4）计算机辅助设计。为了提高产品质量、缩短产品周期和提高自动化水平，普遍借助计算机进行辅助设计，如航空航天器结构设计、建筑工程设计、机械产品设计和大规模集成电路设计等复杂的工程设计，即计算机辅助设计（CAD）。

（5）计算机仿真。在对一些复杂的工程问题和复杂的工艺过程、运动过程以及控制行为等进行研究时，在数学建模的基础上，用计算机仿真的方法对相关的理论、方法、算法和设计方案进行综合、分析和评估，可以节省大量的人力、物力和时间。

（6）人工智能。人工智能是用计算机系统来模拟人类某些智能行为的新兴学科技术。

（7）文化、教育及娱乐。计算机辅助教学（CAI）已成为国内外高等教育中一种重要的教学手段。

（8）网络应用。网络的出现使得微机得到了更为广泛的应用。网络将人类社会更加紧密地联系在一起，通过微机可以与远在天边的亲人、朋友进行近在咫尺的沟通和交流。

1.2 微机系统

1.2.1 微机的基本组成

一个典型的微机系统可以分成硬件系统和软件系统两大部分。

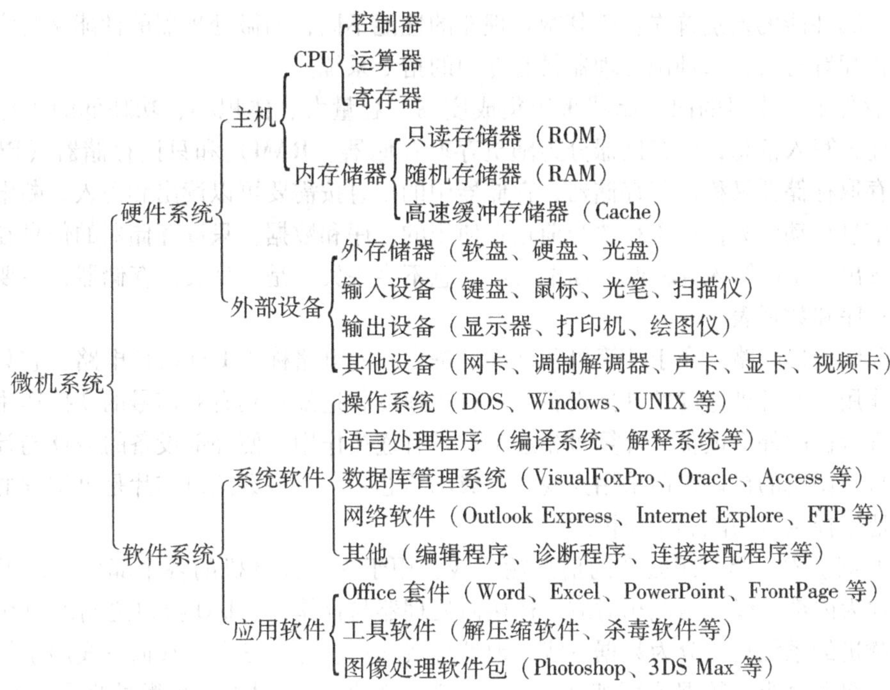

1. 硬件系统　微机在基本结构和基本功能上与计算机大致相同，但由于微机采用了具有特定功能的大规模和超大规模集成电路组件，使微机在系统结构上有着简单、规范和易于扩展的特点。

计算机由运算器、控制器、存储器、输入设备和输出设备等五大部分组成。通常把运算器和控制器称为中央处理器（CPU），把 CPU 和存储器合称为计算机的主机。而把输入设备和输出设备以及外存储器合称为外部设备，简称外设。

微机由微处理器、存储器、I/O 接口电路组成，连接这些功能部件的是三类总线，即数据总线、地址总线和控制总线，如图 1-1 所示。

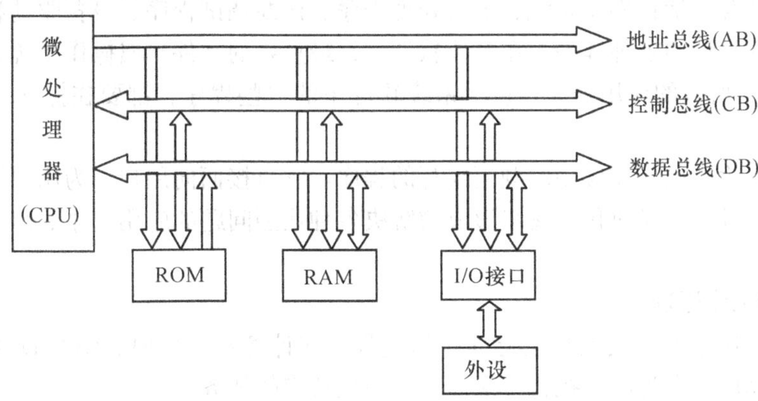

图 1-1　微机的基本结构

（1）微处理器。中央处理器，也称为 CPU。微处理器是把运算器和控制器这两部分功能部件集成在一个芯片上的超大规模集成电路。微处理器是微机的核心部件。它的基本功能是按指令的要求进行算术和逻辑运算，暂存数据以及控制和指挥其他部件协调工作。不同型号的微机，其性能的差别首先在于其微处理器的性能不同，而微处理器的性能又与它的内部结构、硬件配置有关。每种微处理器具有专门的指令系统。

（2）存储器。微机的内存储器采用集成度高、容量大、体积小、功耗低的半导体存储器。根据能否写入信息，内存储器分为随机存取存储器（RAM）和只读存储器（ROM）两类。随机存取存储器又称读写存储器，存储器中的信息按需要可以读出和写入，断电后，其中储存的信息自动消失，用于存放当前正在使用的程序和数据。只读存储器的信息在一般情况下只能读出，不能写入和修改，断电后原信息不会丢失，是非易失性存储器，主要用来存放固定的程序和数据表。

（3）I/O 接口电路。介于计算机和外部设备之间的电路称为 I/O 接口电路，它具有对数据缓存的作用，使各种速度的外部设备与计算机速度相适配；具有对信号的变换作用，使各种不同电气特性的外部设备与计算机相连接；具有连接作用，使外部设备的 I/O 与计算机操作同步。目前微机的接口普遍采用大规模集成电路芯片。大多数接口芯片是可编程的，用命令来灵活地选择接口功能和工作模式。

（4）总线。总线是一组公共的信息输送线，用于连接计算机的各个部件。位于芯片内部的总线称为内部总线。与此相对应，连接微处理器与存储器、I/O 接口之间的总线称为系统总线。微机的系统总线分为数据总线、地址总线和控制总线三组。数据总线用于传送数据信息，它是双向总线，数据流可朝两个方向传送，数据总线用于实现微处理器、存储器和 I/O 接口之间的数据交换。地址总线用于传送内存地址和 I/O 接口的地址。控制总线则传送各种控制信号和状态信号，使微机各部件协调工作。

微机采用标准总线结构，使整个系统各功能部件之间相互关系变为面向总线的单一关系，凡符合总线标准的功能部件可以互换，符合总线标准的设备可以互连，提高了微机系统的通用性和可扩展性。

2. 软件系统　软件系统是指为计算机运行工作服务的全部技术资料和各种程序，它可以保证计算机硬件的功能得以充分发挥。微机的软件系统是由系统软件、应用软件组成。

系统软件通常包括：操作系统、语言处理程序、诊断调试程序、设备驱动程序，以及为提高机器效率而设计的各种程序。在系统软件中，最重要的软件当属操作系统，即 OS（Operating System），所有的应用程序，包括系统软件中的一些程序，都要在操作系统构筑的平台上运行。

应用软件是为解决各类应用问题而编写的程序。它直接面向用户，为用户服务。应用软件也可以逐步标准化、模块化，逐步形成的解决各种典型问题的应用程序的组合，称为软件包。

1.2.2　微机的工作原理

计算机的工作过程实质上是执行程序的过程。在计算机工作时，CPU 逐条执行程序中的语句就可以完成一个程序的执行，从而完成一项特定的任务。

1. 计算机执行程序的过程　计算机在执行程序时，先将每个语句分解成一条或多条机器指令，然后根据指令顺序，一条指令接着一条指令地执行，直到遇到结束运行的指令为止。而计算机执行指令的过程又分为取指令、分析指令和执行指令三步。即从内存中取出要执行的指令并送到 CPU 中，分析指令要完成的动作，然后执行操作。程序执行过程如图 1-2 所示。

2. 计算机的工作过程　从程序的执行过程可以看出，在计算机工作中有三种信息在流动：数据信息、指令信息和控制信息。数据信息是指各种原始数据、中间结果、源程序等。这些信息由输入设备送到内存中。在运算过程中，数据从外存读入内存，由内存到 CPU 的运算器进行运算，运算后将计算结果再存入外存，或输出到输出设备。指令信息是指挥计算机工作的具体操作命令。而控制信息是由全机的指挥中心控制器发出的，根据指令向计算机各部件发出控制命令，协助计算机各部分的工作。微型计算机的工作原理如图 1-3 所示。

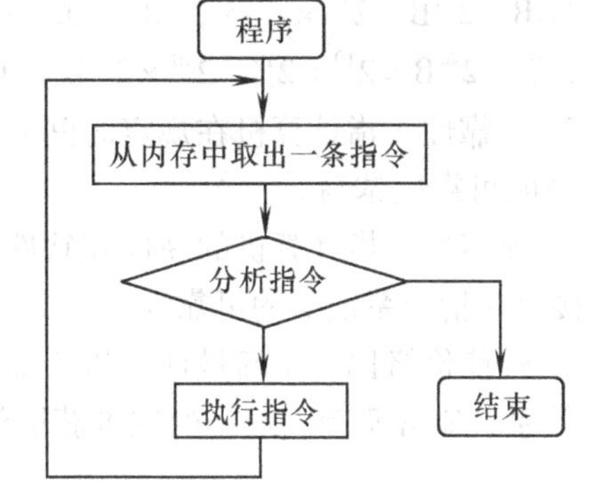

图 1-2　程序执行过程

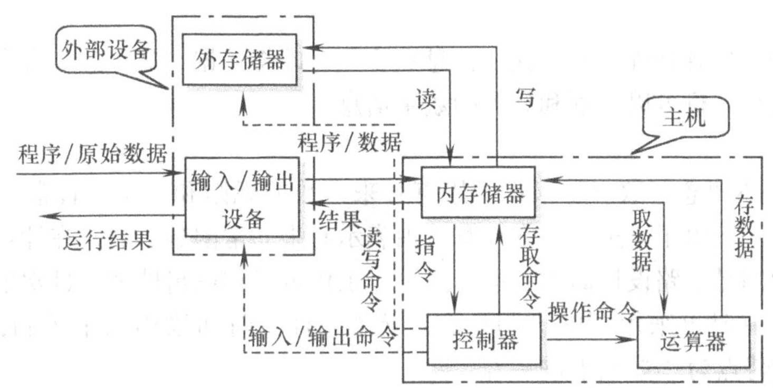

图 1-3　微机的工作原理

1.2.3　微机的主要性能指标

衡量微机的性能好坏，可以采用以下的指标来表述。

1. 位（bit）　在计算机中是指一个二进制位，由“0”和“1”两种状态构成。若干个二进制位的组合可以表示出计算机中的各种信息。

2. 字长　是指微处理器内部寄存器、运算器、数据总线等部件之间传送数据的宽度或位数，它是微处理器数据处理能力的重要指标。字长（二进制的位数）应该是字节的整数倍，如 16 位、32 位和 64 位等。字长越长，精度越高，主存容量也越大。

3. 字节（Byte）　是计算机中通用的基本存储和处理单元，它是由 8 个二进制位组成。即 1Byte = 8bit。

4. 字　是计算机内部进行数据处理的基本单位。16 位二进制为一个字，即由两个字节组成一个字。

5. 主频　也称时钟频率，是指单位时间内发出的脉冲数，单位为 MHz。它决定了微机的处理速度，主频越高，计算机的运算速度越快。例如，以 Pentium 为 CPU 的微型计算机，其主频一般有 75MHz、100MHz、120MHz、133MHz、…、600MHz 等档次。

6. 存储容量　是指存储器中 RAM 和 ROM 的总和，是衡量微机处理数据能力的一个重要指标。计算机存储容量大小以字节数量来度量，经常使用 KB、MB、GB 和 TB 等度量单位。其中，B 表示字节的意思。

$1KB = 2^{10}B = 1024B$

$1MB = 2^{20}B = 2^{10} \times 2^{10}B = 1024 \times 1024B$

$1GB = 2^{30}B = 2^{10} \times 2^{10} \times 2^{10}B = 1024 \times 1024 \times 1024B$

$1TB = 2^{40}B = 2^{10} \times 2^{10} \times 2^{10} \times 2^{10}B = 1024 \times 1024 \times 1024 \times 1024B$

7. 可靠性　指计算机在规定时间和工作条件下正常工作不发生故障的概率。故障率越低，说明可靠性越高。

8. 兼容性　指计算机的硬件和软件可用于其他多种系统的性能。主要体现在数据处理、I/O 接口和指令系统等的可靠性。

9. 性能价格比　是衡量计算机产品优劣的综合性指标，包括计算机的软硬件性能与售价的关系，通常希望以最小的成本获取最大的效益。

1.3　计算机中的数制及其编码

计算机要进行信息处理，必须先将信息数字化，即将数据、文字、图形和图像等信息先编码，才能成为计算机可以识别和处理的数字信息。

1.3.1　数制

1. 数制的基本概念　数制是人们利用符号来计数的规则和方法。日常生活中，人们通常使用十进制计数。由于十进制数在计算机内表示起来非常困难，通常在计算机中采用二进制数，其主要原因是电路设计简单、运算简单、工作可靠和逻辑性强。日常生活中，除了采用十进制数外，有时也采用别的进制计数。例如，计算时间采用六十进制，1h 为 60min，1min 为 60s，其特点为“逢六十进一”。

在进行程序设计时一般使用二进制、十进制、八进制和十六进制。

通常在一个十进制数中，同一个数字符号处在不同位置上所代表的值是不同的。例如，数字 5 在十位数位置上时表示 50，在百位数位置上时表示 500，而在小数点后第 1 位上则表示 0.5。同一个数字符号，不管它在哪一个十进制数中，只要在相同位置上其值是相同的，如 256 与 1256 中的数字 5 都是在十位数位置上，它们都表示 50。通常称某个固定位置上的计数单位为“位权”或“权”，每一位数码与该位“位权”的乘积表示了该位数值的大小。十进制计数中的 10 称为基数。“位权”和“基数”是进位计数制的两个要素。

在计算机内部，一切信息（包括数值、字符、指挥计算机动作的指令等）的存储、处理与传送均采用二进制的形式。一个二进制数在计算机内部是以电子器件的物理状态来表示的，这些器件具有两种不同的稳定状态（低电平表示 0，高电平表示 1），并且这两种稳定状态之间能够互相转换。由于八进制、十六进制与二进制间有着非常简单的对应关系，而且位数变少，在阅读与书写时常常采用八进制或十六进制。表 1-1 和表 1-2 给出了常用的四种计数法的表示及其相互关系。

表 1-1　四种计数法的表示

计数法	二进制	八进制	十进制	十六进制
进位规则	逢二进一	逢八进一	逢十进一	逢十六进一
基数 R	2	8	10	16
所用符号	0,1	0,1,2,…,7	0,1,2,…,9	0,1,2,…,9,A,B,…,F
权	2^i	8^i	10^i	16^i
数制标识	B	Q	D	H

表 1-2　四种计数法表示数的对应关系

十进制数	二进制数	八进制数	十六进制数	十进制数	二进制数	八进制数	十六进制数
0	0	0	0	9	1001	11	9
1	1	1	1	10	1010	12	A
2	10	2	2	11	1011	13	B
3	11	3	3	12	1100	14	C
4	100	4	4	13	1101	15	D
5	101	5	5	14	1110	16	E
6	110	6	6	15	1111	17	F
7	111	7	7	16	10000	20	10
8	1000	10	8				

2. 四种不同进制数的相互转换

（1）任意进制数的表示。任意一个 n 位整数，m 位小数的 R 进制数都可用它的按权展开公式 $S=\sum_{i=-m}^{n-1} r_i R^i$ 表示。

即　$S=r_{n-1}R^{n-1}+r_{n-2}R^{n-2}+r_{n-3}R^{n-3}+\cdots+r_1R^1+r_0R^0+r_{-1}R^{-1}+\cdots+r_{-m}R^{-m}$

其中，r_i 为计数制中任一个数字，R 为基数。

例如：十进制数 309.84 可根据按权展开式写成：

$$3\times10^2+0\times10^1+9\times10^0+8\times10^{-1}+4\times10^{-2}$$

对于八进制数　　$(406)_8=4\times8^2+6\times8^0$

二进制数　　$(110101)_2=1\times2^5+1\times2^4+1\times2^2+1\times2^0$

十六进制数　　$(AC7.B)_{16}=10\times16^2+12\times16^1+7\times16^0+11\times16^{-1}$

按权展开式的值就是该数转换为十进制的等价值。

（2）二进制与十进制数的相互转换

1）二进制数转换为十进制数：可直接按权展开。

例 1　把二进制数 $(11011)_2$ 转化为十进制数。

解：$(11011)_2=1\times2^4+1\times2^3+1\times2^1+1\times2^0=16+8+2+1=27$

例 2　把二进制数 $(111.011)_2$ 转化为十进制数。

解：$(111.011)_2=1\times2^2+1\times2^1+1\times2^0+1\times2^{-2}+1\times2^{-3}=4+2+1+0.25+0.125$
$=7.375$

2）十进制数转换为二进制数：方法是整数除以 2 取余，小数乘以 2 取整。

例 3　将十进制数 37.375 转换为二进制数，其方法如下。

解：0 ← 1 ← 2 ← 4 ← 9 ← 18 ← 37　.375 → .75 → .5 → 0

　　↓÷2　↓÷2　↓÷2　↓÷2　↓÷2　↓÷2　↓×2　↓×2　↓×2

　　1　0　0　1　0　1　0　1　1

故 $37.375=(100101.011)_2$

另外，也可采用记权值的方法转换为二进制数，例如 $(86.625)^{10}$ 转换为二进制数。二进制数权值依次为

2^7	2^6	2^5	2^4	2^3	2^2	2^1	2^0	2^{-1}	2^{-2}	2^{-3}	二进制权值
↓	↓	↓	↓	↓	↓	↓	↓	↓	↓	↓	
128	64	32	16	8	4	2	1	0.5	0.25	0.125	十进制数

可以发现这样的规律，以 2^0 为基准向左每一位依次乘以 2，向右每一位依次除以 2 就得到上面表中的十进制值。因此，86 可看成由 64 + 16 + 4 + 2 组成，0.625 可看成 0.5 + 0.125，那么在相应的权值下面写上 1，其余写 0，就是它等值的二进制数。

64	32	16	8	4	2	1	0.5	0.25	0.125	0.0625
↓	↓	↓	↓	↓	↓	↓	↓	↓	↓	↓
1	0	1	0	1	1	0	1	0	1	0

故 $(86.625)_{10} = (1010110.101)_2$

（3）二进制数与八进制数的相互转换

1）二进制数转换成八进制数：方法是将二进制数自小数点开始分别向左、向右划段，每 3 位划为一段，不足 3 位者，用 0 补满，每段写成 1 位八进制数。

例 4 将 $(1101100.0111011)_2$ 转换为八进制数。

解：

```
001 101 100 . 011 101 100   （带下画线的数字是分组后添加的）
 ↓   ↓   ↓     ↓   ↓   ↓
 1   5   4     3   5   4
```

故 $(1101100.0111011)_2 = (154.354)_8$

2）八进制数转换成二进制数：方法是将八进制数整数部分和小数部分的数字逐个用对应的 3 位二进制数替代即可。

例 5 将 $(635.05)_8$ 转换为二进制数。

解：

```
 6   3   5  .  0   5
 ↓   ↓   ↓  .  ↓   ↓
110 011 101 . 000 101
```

故 $(635.05)_8 = (110011101.000101)_2$

例 6 将 $(742.413)_8$ 转换为二进制数。

解：

```
 7   4   2  .  4   1   3
 ↓   ↓   ↓     ↓   ↓   ↓
111 100 010 . 100 001 011
```

故 $(742.413)_8 = (111100010.100001011)_2$

（4）二进制数与十六进制数的相互转换

1）二进制数转换为十六进制数：方法是从小数点开始，分别向左、向右每 4 位二进制数划为一段，不足 4 位者填 0 补足。每段二进制数用 1 位十六进制数替代。

例 7 将 $(1011011100011.0011011)_2$ 转换成十六进制数。

解：

```
0001 0110 1110 0011 . 0011 0110   （带下画线的数字是分组后添加的）
  ↓    ↓    ↓    ↓      ↓    ↓
  1    6    E    3  .   3    6
```

故$(1011011100011.0011011)_2=(16E3.36)_{16}$

例 8 将 $(11111011001.01)_2$ 转换成十六进制数。

解： 0111　1101　1001　.　0100　（带下画线的数字是分组后添加的）

↓　↓　↓　↓

7　D　9　4

故$(11111011001.01)_2=(7D9.4)_{16}$

2）十六进制数转换成二进制数：方法是将十六进制数的整数部分和小数部分用相应的4位二进制数替代即可。

例 9 将 $(AE7.D2)_{16}$转换成二进制数。

解： A　E　7　.　D　2

↓　↓　↓　↓　↓

1010　1110　0111　.　1101　0010

故$(AE7.D2)_{16}=(101011100111.1101001)_2$

例 10 将 $(2C5.21F8)_{16}$转换成二进制数。

解： 2　C　5　.　2　1　F　8

↓　↓　↓　↓　↓　↓　↓

0010　1100　0101　0010　0001　1111　1000

故$(2C5.21F8)_{16}=(1011000101.0010000111111)_2$

为了便于区分不同数制所表示的数，规定在数字尾部用 B 表示二进制数，用 Q 表示八进制数，用 D 表示十进制数（也可不加），用 H 表示十六进制数。如 78H、756Q、853D、1101101B 分别表示十六进制、八进制、十进制和二进制数。另外，规定当十六进制数以字母开头时，为了避免与其他符号混淆，通常在前面加一个数 0，如十六进制数 A9H，应写成 0A9H。

1.3.2 数值型数据在计算机中的表示

计算机处理的数据分为数值型和非数值型两类。数值型数据指数学中的代数值，具有量的含义，且有正负之分、整数和小数之分；而非数值型数据是指输入到计算机中的所有信息，没有量的含义，如数字符号 0～9、大写字母 A～Z、小写字母 a～z、汉字、图形、声音及一切可印刷的符号＋、－、!、#、% 等。

由于计算机采用二进制，所以输入到计算机中的任何数值型和非数值型数据都必须转换为二进制。任何一个非二进制整数输入到计算机中都必须以二进制格式存放在计算机的存储器中，且用最高位作为数值的符号位，并规定二进制数“0”表示正数，二进制数“1”表示负数，每个数据占用一个或多个字节。这种连同数字与符号组合在一起的二进制数称为机器数，由机器数所表示的实际值称为真值。

在计算机中，机器数也有不同的表示方法，通常用原码、反码和补码三种方式表示，主要是用来解决加、减、乘、除运算。下面的讨论中假定字长为 8 位。

1. 原码、反码和补码的表示方法

（1）原码。在数值的前面直接加一符号位的表示法称为原码表示法。例如，数＋7 和－7的原码分别为

符号位　　数值位

$[+7]_{原}=0$　　0000111

$[-7]_{原}=1$　　0000111

在这种表示法中，数 0 的原码有两种形式，即

$$[+0]_{原}=00000000 \qquad [-0]_{原}=10000000$$

若字长为 8 位，则原码的表示范围为 −127 ～ +127；若字长为 16 位，则原码的表示范围为 −32767 ～ +32767。

（2）反码。正数的反码与原码相同；负数的反码，符号位仍为“1”，数值部分“按位取反”。

例 11　+7 和 −7 的反码分别为

$$[+7]_{反}=00000111B=07H$$
$$[-7]_{反}=11111000B=F8H$$

在这种表示法中，数 0 的反码也有两种形式，即

$$[+0]_{反}=00000000=00H \qquad [-0]_{反}=11111111=FFH$$

字长为 8 位和 16 位时，反码的表示范围分别为 −127 ~ +127 和 −32767 ~ +32767。

（3）补码。正数的补码与原码相同；负数的补码则是符号位为“1”，数值部分按位取反后再在末位（最低位）加 1。

例 12　+7 和 −7 的补码分别为

$$[+7]_{补}=00000111B=07H$$
$$[-7]_{补}=11111001B=F9H$$

补码在微型机中是一种重要的编码形式，请注意如下事项：

1）采用补码后，可以方便地将减法运算转化为加法运算，运算过程得到简化。因此，计算机中带符号数一般采用补码表示。

2）正数的补码即是它所表示的数的真值，而负数的补码的数值部分却不是它所表示的数的真值。

3）采用补码进行运算，所得结果仍为补码。为了得到结果的真值，还得进行转换（还原）。转换前应先判断符号位，若符号为 0，则所得结果为正数，其值与真值相同；若符号位为 1，则应将它转换成原码，然后得到它的真值。

4）与原码、反码不同，数值 0 的补码只有一个，即 $[0]_{补}=00000000B=00H$。

5）若字长为 8 位，则补码所表示的范围为 −128 ~ +127；若字长为 16 位，则补码所表示的范围为 −32768 ~ +32767。

6）进行补码运算时，应注意所得结果不应超过上述补码所能表示数的范围，否则会产生溢出而导致错误。采用其他码制运算时同样应注意这一问题。

2. 原码、反码和补码之间的转换　由于正数的原码、补码表示方法相同，不存在转换问题。下面以负数情况分析。

（1）已知原码，求补码

例 13　已知某数 X 的原码为 10110100B，试求 X 的补码。

解： 由 $[X]_{原}=10110100B$ 知，X 为负数。求其补码表示时，符号位不变，数值部分按位求反，再在末位加 1。

$$\begin{array}{rl}
1\ 0\ 1\ 1\ 0\ 1\ 0\ 0 & \text{原码} \\
\downarrow\downarrow\downarrow\downarrow\downarrow\downarrow\downarrow\downarrow & \\
\underline{1}\ 1\ 0\ 0\ 1\ 0\ 1\ 1 & \text{符号位不变，数值位取反} \\
1 & +1 \\
\hline
1\ 1\ 0\ 0\ 1\ 1\ 0\ 0 & \text{补码}
\end{array}$$

故$[X]_{补}$=11001100B。

（2）已知补码，求原码

例 14 已知某数 X 的补码 11101110B，试求其原码。

解：由$[X]_{补}$=11101110B 知，X 为负数。求其原码表示时，符号位不变，数值部分按位求反后，再在末位加 1。

$$\begin{array}{rl}
1\ 1\ 1\ 0\ 1\ 1\ 1\ 0 & \text{补码} \\
\downarrow\downarrow\downarrow\downarrow\downarrow\downarrow\downarrow\downarrow & \\
1\ 0\ 0\ 1\ 0\ 0\ 0\ 1 & \text{符号位不变，数值位取反} \\
1 & +1 \\
\hline
1\ 0\ 0\ 1\ 0\ 0\ 1\ 0 & \text{原码}
\end{array}$$

故$[X]_{原}$=10010010B。

说明：按照求负数补码的逆过程，数值部分应是最低位减 1，然后取反。但是对二进制数来说，先减 1 后取反和先取反后加 1 得到的结果是一样的，故仍采用取反加 1 的方法。

（3）求补（已知$[X]_{补}$，求$[-X]_{补}$的过程称为求补）。所谓求补，就是将$[X]_{补}$的所有位（包括符号位）一起逐位取反，然后在末位加 1，即可得到 -X 的补码，亦$[-X]_{补}$。不管 X 是正数还是负数，都应按该方法操作。

例 15 试求 +97、-97 的补码。

解：97 = 1100001，于是$[+97]_{补}$ = 01100001

求$[-97]_{补}$的方法是：

$$\begin{array}{rrl}
[+97]_{补}= & 0\ 1\ 1\ 0\ 0\ 0\ 0\ 1 & [+97]_{补} \\
 & \downarrow\downarrow\downarrow\downarrow\downarrow\downarrow\downarrow\downarrow & \\
 & 1\ 0\ 0\ 1\ 1\ 1\ 1\ 0 & \text{逐位取反} \\
 & 1 & +1 \\
\hline
 & 1\ 0\ 0\ 1\ 1\ 1\ 1\ 1 & [-97]_{补}
\end{array}$$

（4）已知补码，求对应的十进制数真值

例 16 已知某数 X 的补码为 10101011B，试求其所对应的十进制数真值。

解：该补码最高位（符号位）为 1，因此它表示的是负数。其数值部分（$D_0 \sim D_6$）不等于真值，应予转换。转换时可采用两种方法。

方法一：“求反加一”法。

采用这种方法时，将补码的符号位和数值部分视为一个整体，按位取反，再在最低位上加 1，得到真实结果的二进制数的绝对值。在此结果前面加一负号即得正确答案。将上面的补码按位求反，并加 1，可得：01010100 + 1 = 01010101B = 85，所求十进制数为 -85。

方法二：“零减补码”法。

该方法仍将补码的符号位和数值部分视为一个整体，用数零去减补码，作减法时不理会最高位产生的借位。所得结果即为该二进制数的绝对值，此例的计算过程如下：

$$
\begin{array}{r}
0\ 0\ 0\ 0\ 0\ 0\ 0\ 0 \\
-\ 1\ 0\ 1\ 0\ 1\ 0\ 1\ 1 \\
\hline
0\ 1\ 0\ 1\ 0\ 1\ 0\ 1
\end{array}
\quad 55H = 85D
$$

所求十进制数为 -85，与方法一所得结果相同。

表 1-3 列出部分 8 位二进制代码分别代表无符号十进制数、原码、反码、补码时所表示的值。

表 1-3　8 位原码、反码、补码对照表

二进制代码表示	无符号十进制数	原　码	反　码	补　码
0000　0000	0	+0	+0	+0
0000　0001	1	+1	+1	+1
0000　0010	2	+2	+2	+2
⋮	⋮	⋮	⋮	⋮
0111　1100	124	+124	+124	+124
0111　1101	125	+125	+125	+125
0111　1110	126	+126	+126	+126
0111　1111	127	+127	+127	+127
1000　0000	128	-0	-127	-128
1000　0001	129	-1	-126	-127
1000　0010	130	-2	-125	-126
⋮	⋮	⋮	⋮	⋮
1111　1100	252	-124	-3	-4
1111　1101	253	-125	-2	-3
1111　1110	254	-126	-1	-2
1111　1111	255	-127	-0	-1

3. 定点数和浮点数　依照小数点的不同表示方法，计算机中的数可分为定点数和浮点数两类。下面说明这两种数的表示方法。

（1）定点数。所谓定点数是指小数点的位置固定不变的数，定点数又分为定点整数和定点小数。

定点整数：其小数点的位置固定在数据的最低位之后，见图 1-4a。

定点小数：其小数点的位置固定于符号位与数据位之间，见图 1-4b。

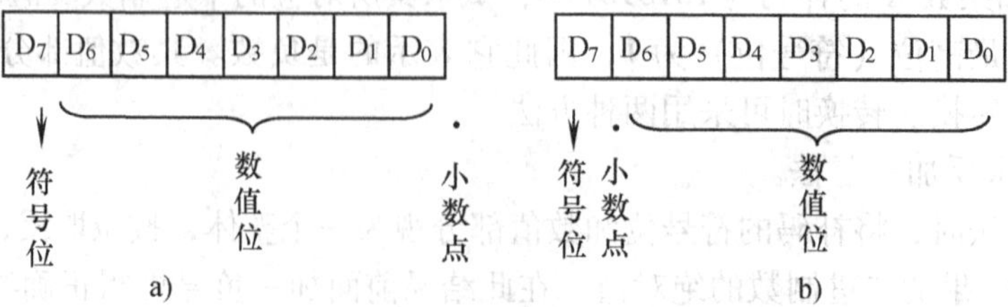

图 1-4　定点数的格式

a）定点整数　b）定点小数

例 17 已知某数 X 的补码为 10111011B，若将它理解为定点整数，它对应的十进制数是多少；若理解为定点小数，它对应的十进制数是多少？

解：

1）若理解为定点整数则 $X=[10111011]_{补}=-1000101B=-69$

2）若理解为定点小数则 $X=[10111011]_{补}=-0.1000101B=-\frac{69}{128}$

（2）浮点数。与定点数相反，若小数点的位置不固定，是浮动可变的，称这类数为浮点数。浮点数的引入克服了定点数所能表示的数的范围太小这一缺点。

浮点数一般用 $\pm k\times a^{b}$ 的形式来表示。其中 k 称为尾数，一般取纯小数，即 $0\leqslant k<1$。b 是指数，又称为阶码，它是一个整数。a 称为浮点数的基，通常取 $a=2$。

计算机中的浮点数由尾数和阶码两部分组成：尾数是带符号的定点纯小数，它的符号称为数符，表示这个浮点数的正负；阶码是一个带符号的整数，其符号称为阶符。不难看出，阶码实际上是尾数中的小数应向左或向右移动的位数。由于已约定了基为 2，因此无需在浮点数中另行表示。

图 1-5 给出了一种浮点数的格式。

D_7	D_6	D_5	D_4	D_3	D_2	D_1	D_0
阶符	阶码						
数符	尾数高7位						
尾数低8位							

图 1-5 三字节浮点数

需说明的是，为了提高运算精度，应尽量增加尾数中有效数值的位数。由于一个数的有效数值位从该数左边第一个非零数值位开始，因此尾数的最高数值位不等于零时，其有效数值位最多，这种数称为规格化浮点数。如下面的浮点数：

$X_1=2^{101}\times 0.11001$

$X_2=-2^{101}\times 0.1011$

尾数的第一位不是 1 的浮点数，就是非规格化的数。如

$X_3=2^{111}\times 0.011001$

要使浮点数规格化，只要移动小数点同时调整阶码即可。具体做法是尾数的小数点右移一位，同时将阶码减 1，直到尾数的第一位是 1 为止。例如，

$X_4=2^{100}\times 0.00101=2^{110}\times 0.10100$

例 18 将十进制数 24.09375 转化为二进制形式的规格化浮点数，用图 1-6 所示的格式表示。

解：

1）先将该数化为二进制数

$24.09375D = 11000.00011B(\times 2^{0})$

2）将此数规格化，将它的尾数变成最高位为 1 的纯小数。不难看出，要做到这一点，须将尾数中的小数点向左移动 5 位，每左移一位阶码加 1，移位的次数便是该浮点数阶码的大小。于是，所得规格化浮点数的尾数和阶码分别为

$k=+0.1100000011B \qquad b=+5=+101B$

3）将该数表示为图 1-6 所示浮点数的格式。

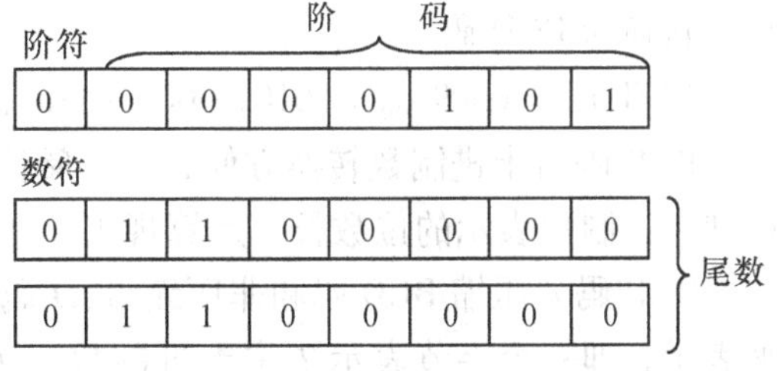

图 1-6 例 18 浮点数格式表示

1.3.3 计算机中常用的编码

编码是指对输入到计算机中的各种非数值型数据用二进制数进行编码的方式。对于不同机器、不同类型的数据，其编码方式是不同的，编码的方法也有很多。为了使信息的表示、交换、存储或加工处理方便，在计算机系统中通常采用统一的编码方式，因此制定了编码的国家标准或国际标准。

在输入过程中，系统自动将用户输入的各种数据按编码的类型转换成相应的二进制形式存入计算机存储单元中。在输出过程中，再由系统自动将二进制编码数据转换成用户可以识别的数据格式输出给用户。

1. 二—十进制数编码　在现实生活中，人们习惯用十进制数，计算问题的原始数据大多是十进制数。因此，计算机中对数字的输入和输出是用十进制数进行的，而在计算机内部十进制数要用二进制编码表示，即用“0”和“1”的不同组合形式来表示一个十进制数。凡采用若干位二进制数码表示一位十进制数的编码，统称为二进制编码的十进制数，也就是BCD码（Binary Coded Decimal），简称二—十进制编码。

二—十进制编码的方法很多，通常以8421为权进行编制。这种编码是将一位十进制数用4位二进制数表示，它有十个不同的数字符号，按“逢十进一”原则进位。十进制与8421 BCD码的对应关系列于表1-4中。

表1-4　十进制与BCD码对照表

十进制数	BCD码	十进制数	BCD码
0	0000	8	1000
1	0001	9	1001
2	0010	10	00010000
3	0011	11	00010001
4	0100	12	00010010
5	0101	13	00010011
6	0110	14	00010100
7	0111	15	00010101

例19　将$(867.54)_{10}$转换成BCD码。

解：$(867.54)_{10} = (1000\ 0110\ 0111.0101\ 0100)_{BCD}$

例20　将$(1101010110.01010011011)_{BCD}$转换成十进制数。

解：$(0011\ 0101\ 0110.0101\ 0011\ 0110)_{BCD} = (356.536)_{10}$

需要进行BCD码与其他进制数之间转换时，可将BCD码先转换成十进制数，再将十进制数转换成其他进制数，反之亦然。例如：1FDH转换成BCD码，先将1FDH转换成十进制数再转换为BCD码。

$(1FD)_{16} = (509)_{10} = (0101\ 0000\ 1001)_{BCD}$

BCD码与十进制数转换方便，易于阅读书写，但是用BCD码表示的十进制数的位数要比纯二进制数表示的位数长，运算规则复杂，会造成电路复杂，且影响运算速度。

BCD码分压缩BCD码和非压缩BCD码。压缩的BCD码，每一位数采用4位二进制数来表示，即一个字节表示2位十进制数。例如，二进制数10001001B，采用压缩BCD码表示为十进制数89D。非压缩BCD码，每一位数采用8位二进制数来表示，即一个字节表示1

位十进制数。而且只用每个字节的低 4 位来表示 0 ~ 9，高 4 位为 0。

例如，十进制数 89D，采用非压缩 BCD 码表示为二进制数是 00001000 00001001B

2. ASCII 码　字符是计算机中使用最多的非数值型数据，是人与计算机进行通信、交互的重要媒介。计算机中的每个字符均按某种规则，用一组二进制编码表示。目前微机中应用最普遍的是美国标准信息交换码（简称 ASCII 码，American Standard Code for Information Interchange），EBCDIC 码（Extended Binary Coded Decimal Interchange Code）和对汉字进行编码的 GB 2312 国标码。

ASCII 码有 7 位码和 8 位码两种形式。7 位码是用 7 位二进制数对字符进行编码，如附录 A 所示，共有 128 种常用字符，其中数字字符 0 ~ 9，大小写英文字母，一些在算式中与语句、文本中常用的符号（如四则运算符、括号、标点符号、特殊符号等），还有一些控制字符。这些字符大致能满足各种编程语言、西文文字和常见控制命令等的需要。

每个 ASCII 码字符用七位编码，最高位用 0 填充，或者加一位奇偶校验位构成一个满字节。存储器中以字节作为基本的编址单位，正好存放一个字符的 ASCII 码。

通用键盘的大部分键与最常用的字符相对应。在键盘上输入时，系统软件用扫描法判明所按键的行列位置，组织成扫描码（表示该键在键盘上所在位置的编码），再通过查表或其他方法，最终转换成 ASCII 码，存入存储器中供处理。计算机将结果输出时，把 ASCII 码表示的字符送往显示器或打印机，再通过其中的字符发生器转换为该字符的点阵图形。

128 个 ASCII 码字符分为可显示字符和非显示字符两类。可显示字符是指编码从 20H 到 7EH 的 95 个代码。它们可以从键盘终端上输入，可在屏幕终端上显示，也可在打印机上打印出来。非显示字符是编码从 00H 到 1FH 的 32 个代码，还有编码为 3FH 的字符共 33 个，它们主要用来控制 I/O 设备。例如，回车（0DH）使显示器的光标回到一行的首部，换行（0AH）使显示器光标移到下一行。连续输出回车和换行就结束本行输出，光标移到下一行首部，开始新一行的输出。

1.3.4　数据在计算机中的存储方式

数据有数值型和非数值型两种，这些数据在计算机中都必须以二进制形式表示。一串二进制数既可以表示数值量，又可以表示一个字符、汉字或其他符号。

1. 数据单位

（1）位（bit）是计算机内信息的最小单位。例如，1010 为 4 位二进制数（4bit）。一个二进制位只能表示 2 种状态（0 与 1）。

（2）字节（Byte）。简记为 B。一个字节等于 8 个二进制位，即 1B = 8bit。

字节是数据存取、加工的基本单位。1 个字节可存放一个字符的 ASCII 码；2 个字节可存放一个汉字的国标码；整型数常用 2 个字节存储，单精度实型数用 4 字节浮点数存储，其中 1 个字节存放阶码，另外 3 个字节表示尾数；双精度实数用 8 个字节浮点数存储等。

（3）字和字长。计算机处理数据时，一次存取、加工和传送的数据称为字。一个字通常由一个或若干个字节组成。字长是计算机一次所能处理的实际位数，它决定了计算机数据处理的速率，是衡量计算机性能的一个重要指标，字长越长，性能越强。

不同的计算机的字长是不相同的。目前微机的字长有 8 位、16 位、32 位和 64 位几种。例如，APPLE-Ⅱ微机字长 8 位，称 8 位机；IBM PC/XT 字长 16 位，称为 16 位机；386 微机字长 32 位，称为 32 位机，目前高档微机的字长已达到 64 位。

习惯上，自右向左依次对一个字的每一位编号。例如，对于 8 位机，从右向左各位依次编号为 $D_0 \sim D_7$；对于 16 位机，各位依次编号为 $D_0 \sim D_{15}$。最低的位叫做“最低有效位”，简记为 LSB；最高的位叫做“最高有效位”，简记为 MSB。

字、字节、位三者的关系及各位编号如下：

MSB　　1 个字 = 1 个字节 = 8 位　　LSB

D_7	D_6	D_5	D_4	D_3	D_2	D_1	D_0

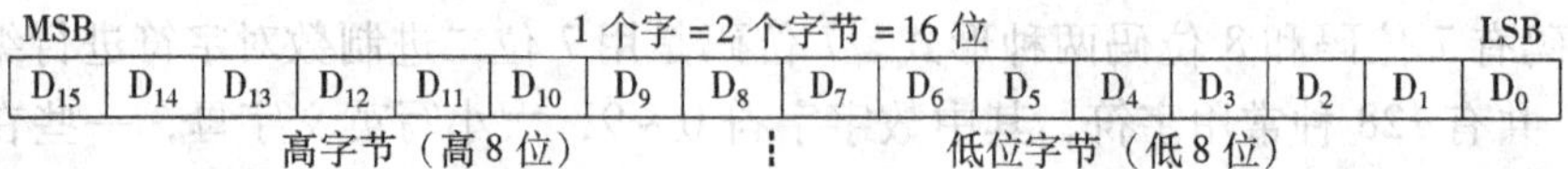

2. 存储设备　用来存储信息的设备称为计算机的存储设备，如内存、硬盘、光盘及 U 盘等。不论是哪一种设备，存储设备的最小单位是“位”，存储信息的单位是字节，也就是说按字节组织的存放数据。

（1）存储单元。表示一个数据的总长度称为计算机的存储单元。在计算机中，当一个数据作为一个整体存入或取出时，这个数据存放在一个或几个字节中组成一个存储单元。存储单元的特点是，只有往存储单元送新数据时，该存储单元的内容用新值代替旧值，否则永远保持原有的数据。

（2）存储容量。计算机存储容量大小以字节数来度量，经常使用 KB、MB、GB 等度量单位。其中 K 代表“千”，M 代表“兆”（百万），G 代表“吉”（十亿），B 是字节的意思。

例如，一台微机，内存容量为 1024MB，外存储器软盘为 1.44M，硬盘为 120G，则：

内存容量 = $1024 \times 1024 \times 1024$B

软盘容量 = $1.44 \times 1024 \times 1024$B

硬盘容量 = $120 \times 1024 \times 1024 \times 1024$B

（3）编址和地址

编址：对计算机存储单元编号的过程称为编址，是以字节为单位进行的。

地址：对存储单元的编号称为地址。

地址号与存储单元是一一对应的，CPU 通过单元地址访问存储单元中的信息，地址所对应的存储单元中的信息是 CPU 操作的对象，即数据或指令本身。地址也是用二进制编码表示。通常采用十六进制。

复习思考题

1. 简述计算机的发展阶段、微处理器的发展概况。
2. 简述微机系统的组成及各部分功能；简述微机的主要性能指标。
3. 计算机中广泛应用________进制数进行运算、存储和传输，其主要理由是________。
4. 若机器数为补码，字长 16 位（含 1 位符号位），用十六进制写出对应于定点整数的最大正数补码是________，最小负数的补码是________。
5. 设字长 8 位，机器数分别采用纯小数的原码、补码和反码表示时，其对应的真值范围分别是________、________、________（均用十进制数表示）。
6. 机器数字长为 8 位（含 1 位符号位），X = +100（十进制），其对应的二进制数为________，$[X]_{原}$ = ________，$[X]_{反}$ = ________，$[X]_{补}$ = ________。

7. 将下列十进制整数转换成十六进制。

(1) 83　(2) 121　(3) 957　(4) 5789

8. 将下列二进制数转换成十六进制数。

(1) 100001101.01011　(2) 11111011001.01　(3) 110001101.00010010101

9. 将下列十六进制数转换成二进制数和十进制数。

(1) FFFH　(2) 4FDH　(3) 1000H　(4) 5876H　(5) 0CAD7H

10. 写出下列各数的原码、补码和反码（设字长为8位）。

(1) $\frac{13}{128}$　(2) $-\frac{12}{128}$　(3) $-\frac{17}{64}$

11. 将十进制数 $7\frac{1}{2}$，$\pm\frac{3}{64}$，73.5 表示成二进制规格化浮点数（尾数取12位原码，阶码取4位补码）。

12. 找出下列数中的最大数。

(1) $(10010101)_2$　(2) $(227)_8$　(3) $(96)_{16}$　(4) $(143)_5$

13. 找出下列数中的最小数。

(1) $(101001)_2$　(2) $(52)_8$　(3) $(00101001)_{BCD}$　(4) $(233)_{16}$

14. 将十六进制数转换成二进制数。

(1) AE7.D2H　(2) 2C5.21F8H　(3) 1B6.64EH

15. 找出下列用原码表示的带符号数中的最小数。

(1) 00101101B　(2) 10010011B　(3) 11111111B　(4) 11001101B

16. 已知下列补码，求真值X。

(1) $[X]_{补}$ = 10000000B　(2) $[X]_{补}$ = 11000011B　(3) $[-X]_{补}$ = 10110111B

17. 微型计算机中，某一个字节的代码如下：

1	0	1	1	0	1	0	1

(1) 如果将它理解为无符号数，它对应的十进制数为多少?

(2) 如果将它理解为原码表示的有符号数，它对应的十进制数值又为多少?

18. 回答下列各机器数所表示数的范围。

(1) 8位二进制无符号定点整数。

(2) 8位二进制无符号定点小数。

(3) 16位二进制无符号定点整数。

(4) 用补码表示的16位二进制有符号整数。

19. 已知 $[X]_{补}$ = 11010100，求 $[X]_{原}$、$[X]_{反}$ 和 $[-X]_{补}$。

20. 英文字母A的ASCII码为1000001，则F的ASCII码为多少?

21. 有两个二进制数 X = 01101010，Y = 10001100，试比较它们的大小。

(1) X和Y均为无符号数。

(2) X和Y均为带符号数的补码。

第 2 章　微处理器及系统结构

2.1　Intel 8086/8088 CPU 的主要特性及内部结构

CPU 是微机的核心部件，它的功能和特点基本上决定了微机的性能。因此，了解 CPU 的组成、操作时序和引脚功能是学习微机原理、进行微机应用系统开发的基础。

8086/8088 系列微处理器是 Intel 系列微处理器中具有代表性的 16 位微处理器，陆续推出的 Intel 系列各种微处理器如 80286、80386 以及 Pentium 微处理器都是从 8086/8088 发展而来，均保持与其兼容。因此，深入了解 8086/8088 CPU 是掌握 Intel 系列各种高档微处理器的基础。

2.1.1　8086/8088 CPU 的主要特性

Intel 8086 是 16 位微处理器，它采用 HMOS 工艺 40 条引脚封装。8086 工作时，使用 5V 电源，时钟频率 5MHz。主要特性如下：

1）8086 CPU 数据总线为 16 位，8088 CPU 数据总线为 8 位。

2）地址总线都是 20 位，低 16 位与数据总线分时复用，可直接寻址 1MB 的存储空间。

3）有 16 位的端口地址，可以寻址 64KB 的 I/O 接口。

4）有 99 条基本指令，指令功能强大。

5）有 8 种基本寻址方式。

6）可处理内部和外部中断，外部中断源多达 256 个。

7）兼容性好，与 80X86、8085 在源程序一级兼容。

8）8086 可与协处理器（8087、8089）组成多处理器系统。

2.1.2　8086/8088 CPU 的内部结构

8086 CPU 的内部结构如图 2-1 所示。

从图 2-1 中可以看出，8086 CPU 由两部分即指令执行单元 EU 和总线接口单元 BIU 组成，图中用虚线隔开。指令执行单元由算术逻辑运算单元 ALU、标志寄存器 FLAGS、通用寄存器和 EU 控制器等 4 个部件组成，其主要功能是执行指令。总线接口单元 BIU 由地址加法器、内部通信寄存器、指令队列和总线控制逻辑等 4 个部件组成，其主要功能是形成访问存储器的物理地址、访问存储器取得指令并暂存到指令队列中等待执行，访问存储器或 I/O 接口以读取操作数参与 EU 运算或存放运算结果等。

传统的 CPU 在执行一个程序时，通常总是依次先从存储器中取出一条指令，然后执行指令，如果指令需要的话还要写入结果。在 8086 CPU 体系结构中，这些步骤分配给指令执行单元 EU 和总线接口单元 BIU 这两个独立的处理单元进行。这两个单元能相互独立地工作，并使大部分取指令操作和执行指令的操作重叠进行。

1. 指令执行单元 EU　其功能是执行指令。一般情况下，指令按照它存放的顺序先后执行，EU 源源不断地从指令队列中取得指令代码，连续执行指令而省去“取指令”的时间。

指令执行过程中如果需要访问存储器获取操作数，那么EU将访问地址送给BIU，等待操作数到达，然后继续操作。遇到转移类指令，BIU会将指令队列中的后继指令作废，从新的地址重新取指令。这时，EU要等待BIU将取到的指令装入指令队列后，才能继续执行。这两种情况下，EU和BIU的并行操作受到一定影响，这是采用重叠操作方式不可避免的现象。但是，只要转移指令出现率不是很高，两者的重叠操作仍然会取得良好效果。

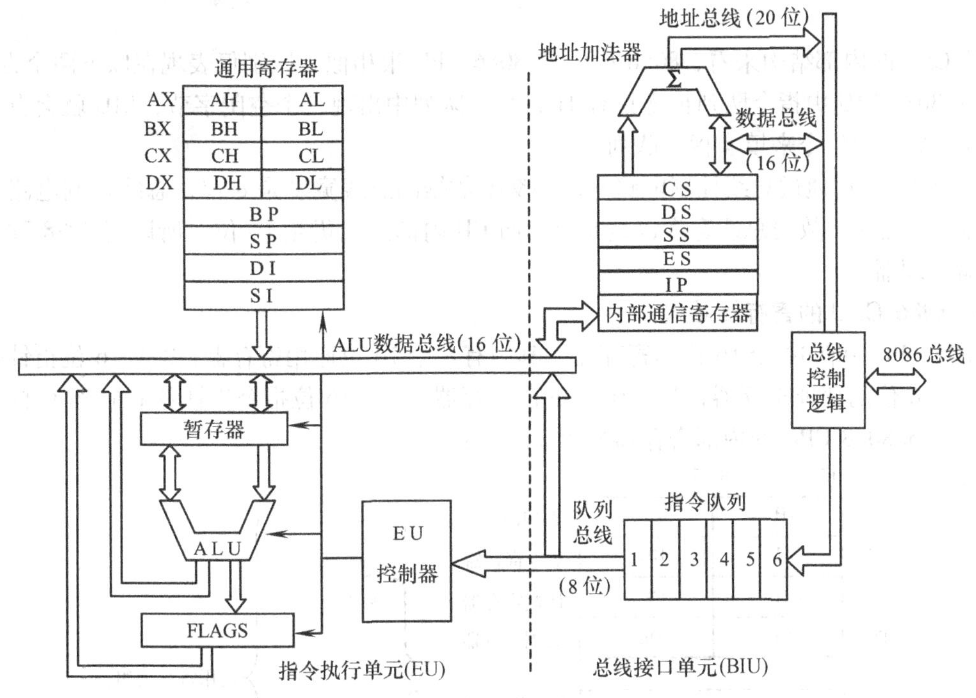

图2-1　8086 CPU内部结构框图

EU中的算术逻辑运算单元ALU可完成16位或8位的二进制运算，运算结果可通过内部总线送到通用寄存器，或者送往组成BIU的内部通信寄存器中，等待写入存储器。16位暂存器用来暂存参加运算的操作数。经ALU运算后的结果特征置入标志寄存器FLAGS中保存。

EU控制器负责从BIU的指令队列中取指令，并对指令译码，根据指令要求向EU内部各部件发出控制命令以实现各条指令的功能。

2. 总线接口单元BIU　BIU负责与外部存储器或I/O接口打交道。一般情况下，BIU通过地址加法器形成某条指令在存储器中的物理地址后，从存储器中取出该条指令的代码送入指令队列。一旦指令队列中空出2B，BIU将自动进行读指令的操作以填满指令队列。只要收到EU送来的操作数地址，BIU将立即形成这个操作数的物理地址，完成读写操作。遇到转移类指令，BIU将指令队列中剩余的指令作废，重新从存储器新的地址单元中取出指令并送入指令队列。BIU中的指令队列可存放6B的指令代码，一般情况下应保证指令队列中填满指令，使得EU可以不断地得到等待执行的指令。

EU送来的存储器地址称为逻辑地址，由16位“段基址”和16位“偏移地址”（段内地址）组成。访问存储器的实际地址称为物理地址，用20位二进制表示。地址加法器用来完成由逻辑地址变换成物理地址的功能。这实际上是进行一次地址加法，将两个16位的二进制代码表示的逻辑地址变换为20位的物理地址，从而使可寻址的存储空间达到1MB。

总线控制电路将8086/8088 CPU的内部总线与CPU引脚所连接的外部总线相连，是8086/8088 CPU与外部交换数据的必经之路，它实际上包括16条数据总线、20条地址总线和若干条控制总线。CPU正是通过这些总线与外部取得联系从而形成各种规模的8086/8088微机。

从CPU的内部结构来看，8088 CPU与8086 CPU很相似，区别仅表现在以下两个方面：

1）8088 BIU中指令队列长度只有4B，只要队列中出现一个空闲字节，BIU就会自动地访问存储器，取指令来填满指令队列。

2）8088 BIU通过总线控制电路与外部交换数据的总线宽度是8位，总线控制电路与专用寄存器组之间的数据总线宽度也是8位，而EU内部总线仍是16位，所以把8088称为准16位微处理器。

2.1.3 8086 CPU的寄存器结构

8086 CPU中有14个16位的寄存器，其中有8个16位通用寄存器，2个16位指针寄存器，2个16位的变址寄存器，4个16位的段寄存器，1个16位指令指针及1个16位标志寄存器。8086/8088 CPU的内部寄存器如图2-2所示。

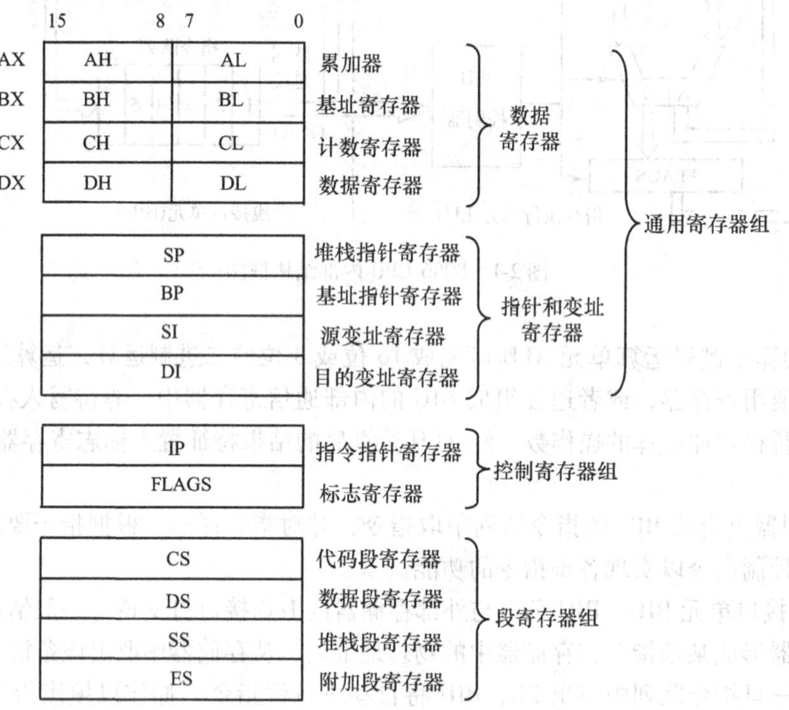

图2-2 8086/8088 CPU内部寄存器

1. 通用寄存器组 8086/8088 CPU指令执行单元EU中有8个16位通用寄存器，它们可分成两组。一组由AX、BX、CX和DX构成，称为数据寄存器，可用来存放16位的数据或地址，也可把它们当作8个8位寄存器来使用，即把每个通用寄存器的高半部分和低半部分分开。低半部分被命名为AL、BL、CL和DL；高半部分则被命名为AH、BH、CH和DH。

8 位寄存器只能存放数据而不能存放地址。

数据寄存器主要用来存放算术/逻辑运算操作数、中间结果和地址。由于这些寄存器的存在，避免了每次算术/逻辑运算都要访问存储器，加快了 CPU 的运算速度。此外，有些寄存器对于少数指令还规定了专门的用途。

（1）AX/AL：称为累加器。是算术运算时使用的主要寄存器，在 I/O 指令中只能使用 AL 或 AX 作为数据寄存器；在乘法指令中存放被乘数或乘积；在除法指令中存放被除数或商。

（2）BX：称为基址寄存器。它可以用作数据寄存器，在计算存储器地址时，又可作为地址寄存器使用；在 XLAT 指令中作基址寄存器。

（3）CX：称为计数寄存器。在字符串操作、循环操作和移位操作时作为计数器。

（4）DX：称为数据寄存器。在乘、除法中作为辅助累加器；在 I/O 操作中作为地址寄存器。

另一组 4 个 16 位寄存器，称为指针和变址寄存器，主要用来存放操作数的偏移地址。其各项如下。

（5）SP：称为堆栈指针寄存器。SP 中存放的是当前堆栈中栈顶的偏移地址。

（6）BP：称为基址指针寄存器。BP 中存放的是堆栈中某一存储单元的偏移地址。BP 和 SP 通常与 SS 联用为访问当前堆栈段提供方便。

（7）SI：称为源变址寄存器，在串操作指令中作为源变址寄存器，存放源操作数的偏移地址。

（8）DI：称为目的变址寄存器，在串操作指令中作为目的变址寄存器，存放目的操作数的偏移地址。SI 和 DI 通常与 DS 联用，为访问当前数据段提供段内偏移地址。

为了更好地管理存储器，8086/8088 把 1MB 的存储空间分成几个逻辑段，常常把在某一逻辑段中寻址的偏移地址存放在上述指针或变址寄存器中。

2. 段寄存器组　8086/8088 CPU 总线接口部件 BIU 中设置有 4 个 16 位段寄存器。它们是代码段寄存器 CS，用于存放当前代码段的段地址；数据段寄存器 DS，用于存放当前数据段的段地址；附加段寄存器 ES，用于存放当前附加段的段地址；堆栈段寄存器 SS，用于存放当前堆栈段的段地址。这些段寄存器彼此不能互换，每个段寄存器只能寻址 64KB。具体分段方法见 2.3.1 节。

3. 标志寄存器 FLAGS　8086/8088 CPU 中设置了一个 16 位标志寄存器 FLAGS，用来存放运算结果的特征和控制标志，其格式如下。

15				11	10	9	8	7	6		4		2		0
				OF	DF	IF	TF	SF	ZF		AF		PF		CF

标志寄存器 FLAGS 中存放的 9 个标志位可分成两类，一类叫状态标志，用来表示运算结果的特征，包括 CF、PF、AF、ZF、SF 和 OF；另一类叫控制标志，用来控制 CPU 的操作，包括 IF、DF 和 TF。各标志位的定义说明如下。

（1）CF（Carry Flag）：进位标志位。CF＝1，表示本次运算中最高位（第 7 位或第 15 位）有进位（加法运算时）或有借位（减法运算时）。

CF =1 表示两个无符号数加法或减法运算的结果超出了该字长能够表示的数据范围。例如，执行 8 位数据运算后，CF =1 表示加法结果超过了 255，或者是减法得到的差小于零。

（2）PF（Parity Flag）：奇偶标志位。PF =1，表示本次运算结果的低 8 位中有偶数个“1”；PF =0，表示有奇数个“1”。

（3）AF（Auxiliary Carry Flag）：辅助进位标志位。AF =1，表示 8 位运算结果（限使用 AL 寄存器）中低 4 位向高 4 位有进位（加法运算时）或有借位（减法运算时），这个标志位只在 BCD 数运算中起作用。

（4）ZF（Zero Flag）：零标志位。ZF =1，表示运算结果为 0（各位全为 0），否则 ZF = 0。

（5）SF（Sign Flag）：符号标志位。SF =1，表示运算结果的最高位（第 7 位或第 15 位）为“1”，否则 SF =0。

（6）OF（Overflow Flag）：溢出标志位。OF =1，表示算术运算结果产生溢出；否则 OF =0。溢出标志位是根据操作数的符号及其变化情况设置的。例如，加法运算时，两个操作数符号相同，而结果的符号与之相反，则 OF =1；否则 OF =0。减法运算时，两个异号操作数相减，若差的符号与理论上结果的符号相反，则 OF =1；否则 OF =0。

OF =1 表示两个用补码表示的有符号数的加法或减法结果超出了该字长所能表示的范围。例如，字长为 8 位时，OF =1 表示运算结果大于 127 或小于 -128，此时不能得到正确的运算结果。

（7）IF（Interrupt Flag）：中断允许标志位。IF =1，表示允许 CPU 响应可屏蔽中断。IF 标志可通过 STI 指令置位，也可通过 CLI 指令复位。

（8）DF（Direction Flag）：方向标志位。在串操作指令中，若 DF =0，表示串操作指令执行后地址指针自动增量，串操作由低地址向高地址进行；DF =1，表示地址指针自动减量，即串操作由高地址向低地址进行。DF 标志位可通过 STD 指令置位，也可通过 CLD 指令复位。

（9）TF（Trap Flag）：单步标志位。TF =1，表示控制 CPU 进入单步工作方式。在这种工作方式下，CPU 每执行完一条指令就会自动产生一次内部中断。这在程序调试过程中很有用。

掌握运算结果对状态标志位的影响，对于在编程中控制程序的执行方向具有重要意义。根据运算结果设置标志位的例子如下。

例 1 若 AL =3BH，AH =7DH，试指出 AL 中的内容和 AH 中的内容相加、相减后，标志 CF、AF、PF、SF、OF 和 ZF 的状态。

解：

（1）AL + AH

$$
\begin{array}{r l}
0\ 0\ 1\ 1\ 1\ 0\ 1\ 1 & \text{AL} \\
+\ 0\ 1\ 1\ 1\ 1\ 1\ 0\ 1 & \text{AH} \\
\hline
1\ 0\ 1\ 1\ 1\ 0\ 0\ 0 &
\end{array}
$$

由运算结果可知：CF =0（无进位）；AF =1（有辅助进位）；PF =1（有偶数个 1）；SF $=D_7=1$（运算结果符号位为 1）；OF =1（有溢出）；ZF =0（运算结果不为 0）。

（2）AL - AH

```
  0 0 1 1 1 0 1 1  AL
- 0 1 1 1 1 1 0 1  AH
-----------------
  1 0 1 1 1 1 1 0
```

由运算结果可知：CF = 1（有借位）；AF = 1（有辅助借位）；PF = 1（有偶数个 1）；SF = 1（符号位为 1）；OF = 0（无溢出）；ZF = 0（运算结果不为 0）。

4. 指令指针寄存器 IP　8086/8088 CPU 中有一个 16 位指令指针寄存器 IP，用来存放将要执行的下一条指令在代码段中的偏移地址。在程序运行过程中，BIU 自动修改 IP 中的内容，使它始终指向将要执行的下一条指令。

程序不能直接访问 IP，但是可通过某些指令修改 IP 的内容。例如，执行转移指令时，会将转移的目标地址送入 IP 中，以实现程序的转移。

2.2　8086/8088 CPU 的引脚功能和工作模式

1. 8086/8088 CPU 的主要引脚及功能　8086/8088 CPU 是 16 位的微处理器，它向外的信号至少应包含 16 条数据线，20 条地址线，再加上其他一些必要的控制信号。为了减少芯片引脚数量，对部分引脚采用了分时复用的方式，构成 40 条引脚的双列直插式封装。分时复用总线就是在同一根传输线上，在不同时间传送不同的信息。8086/8088 正是靠分时复用技术，才能用 40 个引脚去实现众多数据、地址和控制信息的传送。8086 CPU 封装外形与内部各功能部件之间的相互连接如图 2-3 所示。

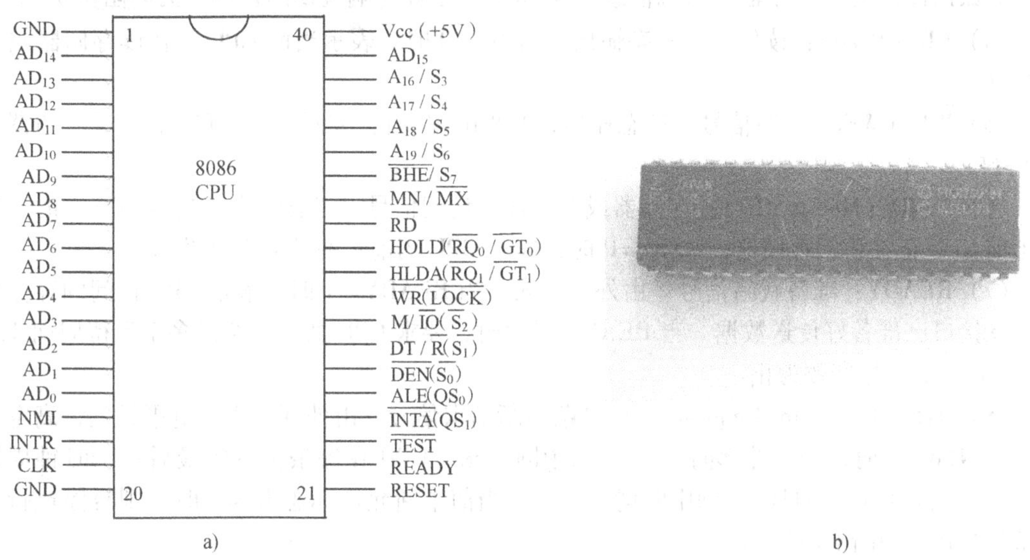

图 2-3　8086 CPU 封装外形与实物图
a）封装外形　b）8086 CPU 实物图

（1）$AD_{15} \sim AD_0$（Address Data Bus）：分时复用地址数据线。通常情况下，一个总线周期分为 4 个时钟周期，即 T_1、T_2、T_3 和 T_4。在 T_1 期间作地址线 $A_{15} \sim A_0$ 用，三态单向输

出；在 $T_2 \sim T_4$ 期间作数据线 $D_{15} \sim D_0$，双向三态输入/输出。

（2）$A_{19}/S_6 \sim A_{16}/S_3$（Address/Status）：分时复用的地址/状态线。用作地址线时，$A_{19} \sim A_{16}$ 与 $AD_{15} \sim AD_0$ 一起构成访问存储器的 20 位物理地址。CPU 访问 I/O 接口时，$A_{19} \sim A_{16}$ 保持为"0"。用作状态线时，$S_6 \sim S_3$ 用来输出状态信息，其中 S_3 和 S_4 表示当前使用的段寄存器。见表 2-1，$S_4S_3 = 10$ 时，表示当前正使用 CS 对存储器寻址，或者是当前正在对 I/O 接口或中断矢量寻址，后两种情况不需要使用段寄存器。

S_5 用来表示中断标志状态线，当 IF = 1 时，S_5 置"1"。S_6 恒保持为"0"，以表示 CPU 当前连接在总线上。

（3）$\overline{BHE}/S_7$（Bus High Enable/Status）：总线高字节有效信号。三态输出，$\overline{BHE}/S_7$ = "0"时，用来表示当前高 8 位数据线上的数据有效。8086 CPU 有 16 根数据线，低 8 位数据线总是和偶地址的存储器 I/O 接口相连接，这些存储器 I/O 接口称为偶体。高 8 位的数据线则与奇地址的存储器 I/O 接口相连接，这些存储器 I/O 接口称为奇体。$\overline{BHE}$用作奇体的选体信号，它与最低位地址码 A_0 配合表示当前总线使用情况，见表 2-2。

表 2-1　S_4、S_3 状态编码

S_4	S_3	段寄存器
0	0	ES
0	1	SS
1	0	CS
1	1	DS

表 2-2　$\overline{BHE}$和 AD_0 编码的含义

$\overline{BHE}$	AD_0	总线使用情况
0	0	16 位数据总线上进行字传送
0	1	高 8 位数据总线上进行字节传送
1	0	低 8 位数据总线上进行字节传送
1	1	无效

非数据传送期间，S_7 输出状态信息，在 CPU 处于保持响应期间被设置为高阻抗状态。

（4）$\overline{RD}$（Read）：读信号。三态输出，当$\overline{RD}$ = 0 时，表示当前 CPU 正在读存储器或 I/O 接口。

（5）$\overline{WR}$（Write）：写信号。三态输出，当$\overline{WR}$ = 0 时，表示当前 CPU 正在写存储器或 I/O 接口。

（6）$M/\overline{IO}$（Memory/$\overline{IO}$）：存储器或 I/O 接口访问信号。三态输出，当 $M/\overline{IO}$ = 1 时，表示当前 CPU 正在访问存储器；$M/\overline{IO}$ = 0 时，表示 CPU 当前正在访问 I/O 接口。

（7）READY：准备就绪信号。由外部输入，当 READY = 1 时，表示 CPU 访问的存储器或 I/O 接口已准备好传送数据。当 READY 无效时，要求 CPU 插入一个或多个等待周期 T_W，直到 READY 信号有效为止。

（8）INTR（Interrupt Request）：可屏蔽中断请求信号。由外部输入，电平触发，高电平有效。INTR = 1 时，表示外部向 CPU 发出中断请求。CPU 在每条指令的最后一个时钟周期对 INTR 进行测试，一旦测试到中断请求，并且当前中断允许标志 IF = 1 时，则暂停执行下一条指令转入中断响应周期。

（9）NMI（Non Maskable Interrupt Request）：不可屏蔽中断请求信号。由外部输入，上升沿触发，不受中断允许标志的限制。CPU 一旦测试到 NMI 请求有效，当前指令执行完后自动从中断入口地址（中断向量）表中找到类型 2 中断服务程序的入口地址，并转去执行。显然这是一种比 INTR 高级的中断请求。

（10）$\overline{TEST}$：测试信号。由外部输入，低电平有效。CPU 执行 WAIT 指令时，每隔 5 个时钟周期对$\overline{TEST}$进行一次测试，若测试$\overline{TEST}$无效，则 CPU 处于踏步等待状态，直到$\overline{TEST}$有效，CPU 才继续执行下一条指令。

（11）RESET：复位信号。由外部输入，高电平有效。RESET 信号至少要保持 4 个时钟周期。CPU 接收到 RESET 信号后，停止进行操作，并将标志寄存器、段寄存器、指令指针寄存器 IP 和指令队列等复位到初始状态。

（12）CLK（Clock）：主时钟信号。由 8284 时钟发生器输入。8086 CPU 可使用的最高时钟频率随芯片型号不同而异，8086 为 5MHz，8086-1 为 10MHz，8086-2 为 8MHz。

（13）Vcc（电源）：8086 CPU 只需要单一的 +5V 电源，由 Vcc 引脚输入。

（14）GND：地线，0V。

2. 8086/8088 的工作模式　8086/8088 CPU 为适应不同的应用环境，设置有两种工作模式，即最大工作模式和最小工作模式。CPU 两种工作模式的选择由硬件决定，其主要区别体现在第 24 ~ 31 号引脚的功能定义不同。下面分别介绍两种模式下的基本配置及引脚功能。

（1）最小工作模式。所谓最小工作模式，是指系统中只有一个 8086/8088 微处理器。所以，最小模式也称单处理器模式。在最小模式系统中，所有的总线控制信号都由 8086/8088 CPU 直接产生，构成系统所需的总线控制逻辑部件最少，因此，称最小工作模式。将 CPU 的引脚信号 MN/$\overline{MX}$接高电平（+5V）可使它工作于最小模式。

图 2-4 所示为以 8086 和 8088 CPU 构成的最小模式下系统总线构成。由图可知，在最小模式系统中，除 8086/8088 CPU 外，还包括时钟发生器 8284、3 片地址锁存器 8282 及 2 片总线收发器 8286。所有的总线控制信号，M/$\overline{IO}$、$\overline{RD}$、$\overline{WR}$、INTR、ALE、DT/$\overline{R}$、$\overline{DEN}$、$\overline{BHE}$等均由 CPU 直接产生。其引脚功能如下：

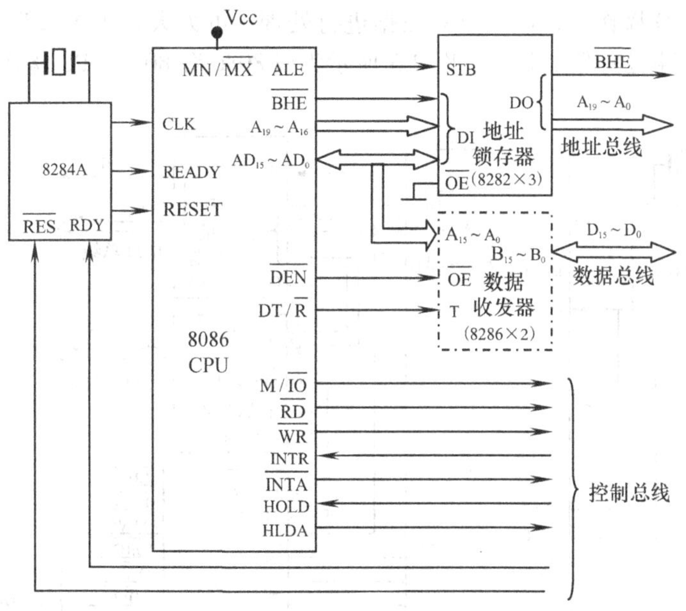

图 2-4　8086 最小模式下的系统总线构成

1）MN/$\overline{MX}$（Minimum/Maximum）：工作模式选择信号。由外部输入，MN/$\overline{MX}$为高电平，CPU 工作在最小模式；MN/$\overline{MX}$为低电平，CPU 工作在最大模式。

2）HOLD（Hold Request）：总线请求信号。由外部输入、高电平有效。表示有其他共享总线的处理器/控制器向 CPU 请求使用总线。

3）HLDA（Hold Acknowledge）：总线请求响应信号。向外部输出，高电平有效。CPU 一旦测试到有 HOLD 请求，就在当前总线周期结束后，使 HLDA 有效，表示响应这一总线请求，并立即让出总线使用权（所有三态总线处于高阻态）。在不要求使用总线的情况下，CPU 中指令执行部件（EU）可继续工作。HOLD 变为无效后，CPU 也将 HLDA 置成无效，并收回对总线的使用权，继续操作。

4）$\overline{\text{INTA}}$（Interrupt Acknowledge）：中断响应信号。向外部输出，低电平有效。在中断响应周期，该信号表示 CPU 响应外部发来的 INTR 信号，用作读中断类型的选通信号。

5）DT/$\overline{\text{R}}$（Data Transmit/Receive）：数据发送/接收控制信号。三态输出，CPU 写数据到存储器或 I/O 接口时，DT/$\overline{\text{R}}$输出高电平；CPU 要从存储器或 I/O 接口读取数据时，DT/$\overline{\text{R}}$为低电平；进行 DMA 传输时，DT/$\overline{\text{R}}$被置为高阻态。

6）$\overline{\text{DEN}}$（Data Enable）：数据允许信号。三态输出，低电平有效。$\overline{\text{DEN}}$通常作为数据收发器的选通信号，仅当$\overline{\text{DEN}}$ = “0” 时，才允许收发器收发数据。

7）ALE（Address Latch Enable）：地址锁存允许信号。向外部输出，高电平有效。在最小模式系统中用作地址锁存器的片选信号。

（2）最大工作模式。所谓最大工作模式，是指系统中包含有两个以上的微处理器。其中一个为主处理器，就是 8086/8088 CPU，其他是协处理器。常与主处理器 8086/8088 CPU 相配的协处理器有两个：一个是专用于数值运算的协处理器 8087，使用它可大幅度提高系统数值运算速度；另一个专用于 I/O 操作的协处理器 8089。8089 是一个高性能的 I/O 处理器，它除了完成 I/O 操作外，还可以对数据进行处理。可大大减少主 CPU 在 I/O 操作中所占用的时间，提高主处理器的效率。图 2-5 所示为以 8086 和 8088 CPU 构成的最大模式下系统总线构成。

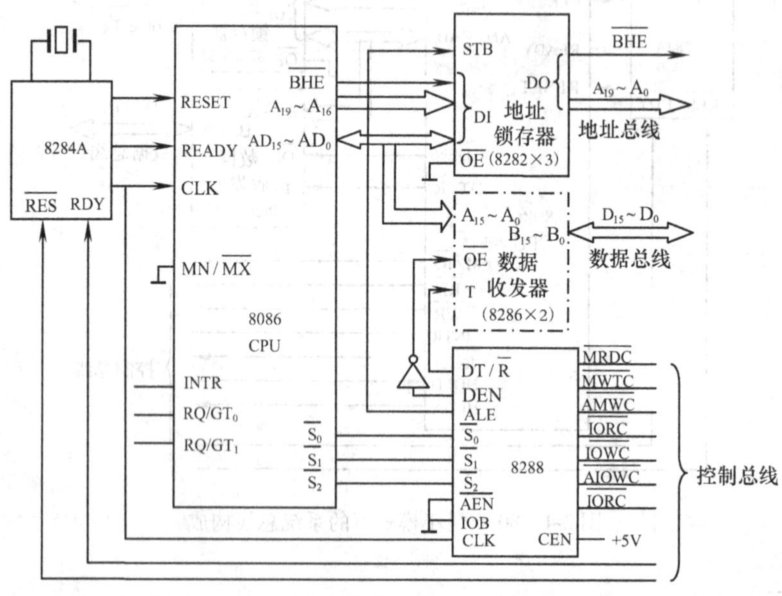

图 2-5　8086 最大模式下的系统总线构成

下面对 8086 CPU 工作在最大模式下几个重新定义的引脚作简要说明。

1）$\overline{S_2} \sim \overline{S_0}$（Bus Cycles Status）：总线周期状态信号。三态输出，这三个信号是在最大模式中由 CPU 传送给总线控制器 8288 的总线周期状态信号。其不同的组合表示了 CPU 在当前总线周期所进行的操作类型，见表 2-3。最大模式中，总线控制器 8288 就是利用这些状态信号进行组合，产生访问存储器和 I/O 接口的控制信号。

表 2-3 $\overline{S_2} \sim \overline{S_0}$的代码组合和对应的总线操作

$\overline{S_2}$	$\overline{S_1}$	$\overline{S_0}$	操作过程	经总线控制器 8288 产生的信号
0	0	0	发出中断响应信号	$\overline{\text{INTA}}$(中断响应)
0	0	1	读 I/O 接口	$\overline{\text{IORC}}$(I/O 读)
0	1	0	写 I/O 接口	$\overline{\text{IOWC}}$(I/O 写)，$\overline{\text{AIOWC}}$(提前 I/O 写)
0	1	1	暂停	无
1	0	0	取指令	$\overline{\text{MRDC}}$(存储器读)
1	0	1	读内存	$\overline{\text{MRDC}}$(存储器读)
1	1	0	写内存	$\overline{\text{MWTC}}$(存储器写)，$\overline{\text{AMWTC}}$(提前存储器写)
1	1	1	无源状态(无效状态)	无

2）$\overline{\text{LOCK}}$：总线封锁信号。三态输出，低电平有效。$\overline{\text{LOCK}}$有效时表示 CPU 不允许其他总线主控者占用总线。这个信号由软件设置，当在指令前加上$\overline{\text{LOCK}}$前缀时，则在执行这条指令期间$\overline{\text{LOCK}}$保持有效，阻止其他主控者使用总线。

3）$\overline{RQ}/\overline{GT_0}$、$\overline{RQ}/\overline{GT_1}$（Request/Grant）：请求/同意信号。双向，低电平有效，输入时表示其他主控者向 CPU 请求使用总线；输出时表示 CPU 对总线请求的响应信号。两条线可同时与两个主控者相连，$\overline{RQ}/\overline{GT_0}$比$\overline{RQ}/\overline{GT_1}$有较高优先级。

4）QS_1、QS_0（Instruction Queue Status）：指令队列状态。向外部输出，用来表示 CPU 中指令队列当前的状态，其含义见表 2-4。

表 2-4 QS_1、QS_0 编码的含义

QS_1	QS_0	含　义
0	0	无操作
0	1	从队列中取第一字节
1	0	队列已空
1	1	从队列中取后续字节

3. 8086 CPU 与 8088 CPU 的部分引脚区别

（1）由于 8088 的外部数据线只有 8 条，因此分时复用地址数据线只有 $AD_7 \sim AD_0$，$AD_{15} \sim AD_8$ 专门用来传送地址而成为 $A_{15} \sim A_8$。

（2）第 28 号引脚在 8086 中是 $M/\overline{IO}$，在 8088 中改为 $IO/\overline{M}$，使用的信号极性相反。

（3）第 34 号引脚在 8086 中是$\overline{\text{BHE}}$，由于 8088 只有 8 根外部数据线，不再需要此信号，在 8088 中它被重新定义为 SS_0，它与 $DT/\overline{R}$、$IO/\overline{M}$一起用作最小模式下的周期状态信号。

2.3 8086/8088 的存储器组织

2.3.1 存储器的分段和物理地址的形成

1. 存储器的组成　8086/8088 系统中存储器的每一个存储单元（字节）都有一个独立

的地址编码，地址编码采用20位二进制表示，地址译码器是根据地址编码才找到目标存储单元的。20位二进制地址编码范围的十六进制表示为00000H～FFFFFH，最多可表示2^{20}（1MB）个地址编码惟一的存储单元，把20位二进制表示的地址称为物理地址。

2. 存储器的分段　因为8086/8088内部寄存器是16位的，对地址进行运算的能力也是16位，一个20位的物理地址在8086/8088内部是无法存储的，也无法运算。为此，提出了对内存进行分段。所谓分段，就是将整个1MB存储空间逻辑上划分成若干块，每块内存称作一个逻辑段。

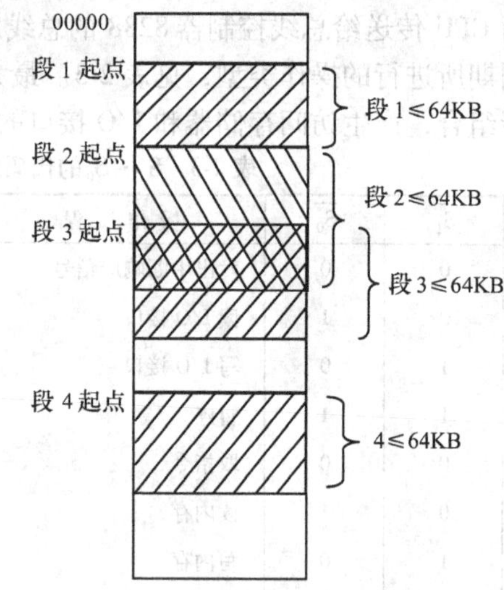

图2-6　存储器分段示意图

一个逻辑段用于存放不同的信息，例如程序、数据或者用作堆栈，这个段也相应称为程序段、数据段和堆栈段。每个逻辑段的容量在64KB以内。各个逻辑段之间可以紧密相连，也可以相互重叠（完全重叠或部分重叠），如图2-6所示。对于任何一个存储单元来说，它可以惟一地被包含在一个逻辑段中，也可能包含在多个相互重叠的逻辑段中。

由于系统中只设置4个段寄存器，任何时候CPU只能识别当前可寻址的4个逻辑段。如果程序量或数据量很大，超过64KB，那么可以定义多个代码段、数据段、附加段和堆栈段。但4个段寄存器中必须是当前正在使用的逻辑段的段基址。需要时可修改这些段寄存器的内容，以扩大程序的规模。

3. 存储器地址　一个段不能从任意地址处开始，它必须从物理地址的最末4位二进制数全为0（即十六进制数最末1位为0）的存储单元处开始，即段首单元的物理地址必须为“××××0H”这样的形式。将前16位二进制数称为段基址（段地址）。一般将段基址存放在相应的段寄存器中。

分段以后，对每个段内的存储单元用16位二进制数从0开始重新进行编址，这个地址称为段内偏移地址，简称偏移量。16位二进制数最多能表示2^{16}=64KB个数，即偏移地址范围是0000H～FFFFH。

程序中用来描述存储单元位置的地址称为逻辑地址，它以“段基址：偏移地址”的形式给出。这样，一个内存单元的位置即可以用实际地址（物理地址）表示，也可以用逻辑地址（段基址：偏移地址）的形式来表示。例如：若已知当前有效的代码段、数据段、附加段和堆栈段的段基址分别为2022H、3450H、6FFEH和BCD0H，那么各段在存储器中的分布情况如图2-7所示。

4. 物理地址和逻辑地址的转换　如上所述，编程时使用逻辑地址，但CPU在取指令、读写操作数时使用的是物理地址。CPU需要访问存储器时，必须完成如下的地址运算：

$$物理地址=段基址\times16+偏移地址$$

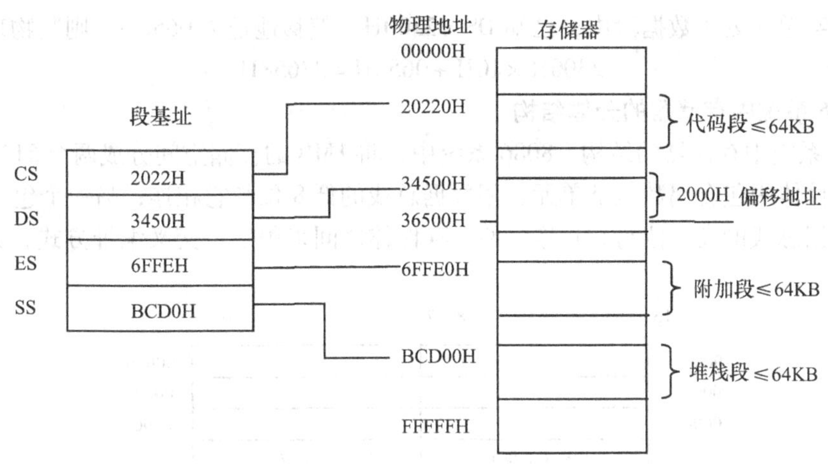

图 2-7　存储器分段实例示意图

当 CPU 访问存储器时，上述运算在 CPU 总线接口单元 BIU 的地址加法器中完成，其方法是段基址左移四位再加上偏移地址。物理地址的形成过程如图 2-8 所示。

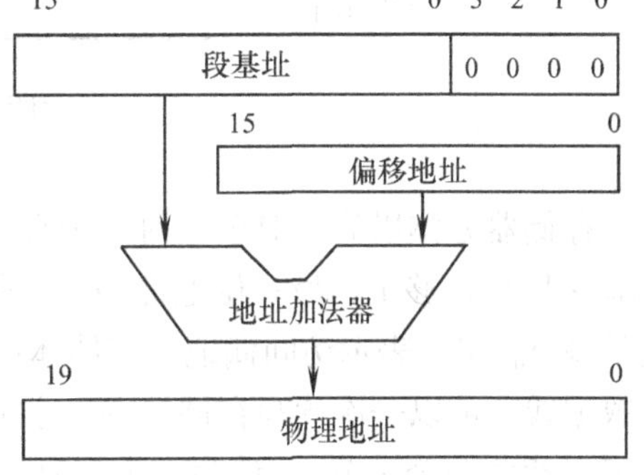

图 2-8　物理地址的形成过程

例如，8086/8088 某存储单元的逻辑地址是 3456H：1016H，则它的物理地址为 3456H × 10H + 1016H = 34560H + 1016H = 35576H。

5. 逻辑地址的来源　如果访问存储器的指令，则段基址来源于代码段寄存器 CS，偏移地址来源于指令指针 IP。如果访问存储器读写操作数，则通常由数据段寄存器 DS 给出段基址（必要时也可使用 CS、ES 和 SS），而其偏移地址要由 CPU 的指令执行部件 EU 根据指令中的寻址方式来进行计算，通常将这样计算得到的偏移地址称作“有效地址（EA）”。但如果所采用的寻址方式是通过基址指针寄存器 BP 寻址，则段基址要由堆栈段寄存器 SS 提供（必要时也可使用 CS、DS 或 ES）。

如果对堆栈进行操作，则段基址来源于堆栈段寄存器 SS，偏移地址来源于堆栈指针 SP。执行串操作指令，取源字符串时，段基址由数据段寄存器 DS 提供（必要时也可使用 CS、ES 和 SS），偏移地址由源变址寄存器 SI 提供，不允许修改。当取目标串时，段基址必须由附加段寄存器 ES 提供，不允许修改；偏移地址由目的变址寄存器 DI 提供，不允许修改。以上这些是系统内部约定，程序设计过程中必须遵守这些约定，表 2-5 列出了有关的规定。

表 2-5　逻辑地址来源

操作类型	段基址		偏移地址
	正常来源	其他来源	
取指令	CS	无	IP
堆栈操作	SS	无	SP
存/取变量	DS	CS、ES、SS	有效地址 EA
取源串	DS	CS、ES、SS	SI
存/取目标串	ES	无	DI
通过 BP 间接寻址	SS	CS、DS、ES	有效地址 EA

例如，某单元处于数据段中，已知 DS =2300H，偏移地址为 0658H，则其物理地址为

2300H ×10H +0658H =23658H

2.3.2 8086 系统中存储器的分体结构

1. 8086 系统中存储器的结构　8086 系统中，将 1MB 的存储空间分成两个 512KB 的存储体，一个存储体中包含偶数地址单元，用数据总线的低 8 位与它相连；另一个包含奇数地址单元，用数据总线的高 8 位与它相连。两个存储体之间采用字节交叉编址方式，如图 2-9 所示。

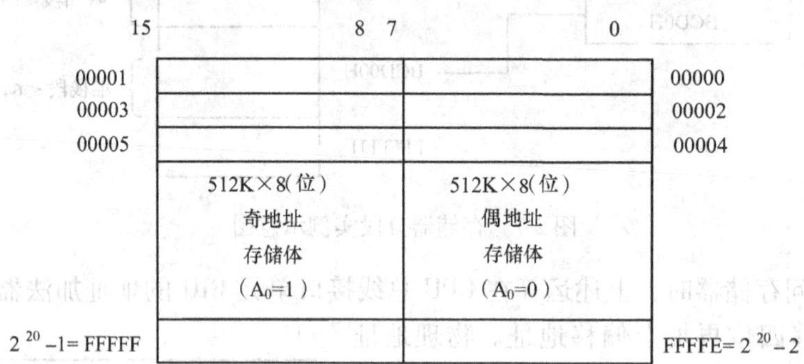

图 2-9　存储器结构图

存储器分体以后，对于任何一个存储体（偶地址体或奇地址体），只需要 19 位地址码（A_{19} ~ A_1）就够了，另一位地址码（最低位 A_0）可用来区分当前是访问哪一个存储体。也就是说 A_0 =0，表示访问偶地址存储体；A_0 =1，表示访问奇地址存储体。但由于 8086 有 16 根数据线，可以一次读写存储器一个字节（只使用其中的 8 根数据线），也可以一次读写一个字（相邻两个字节）。读写一个字时，CPU 只发出第一个字节的地址，这种情况下只用 A_0 的取值来控制读写操作就不够了。为此在该系统中，另增设一个总线高位有效控制信号 $\overline{BHE}$。当$\overline{BHE}$有效时，选定奇地址存储体，体内地址由 A_{19} ~ A_1 确定。当 A_0 =0 时，选定偶地址存储体，体内地址同样由 A_{19} ~ A_1 确定。$\overline{BHE}$和 A_0 的组合状态见表 2-6。

表 2-6　$\overline{BHE}$和 A_0 的不同组合状态

$\overline{BHE}$	A_0	操　作	使用的数据引脚
0	0	读或写偶地址的一个字	AD_{15} ~ AD_0
0	1	读或写奇地址的一个字节	AD_{15} ~ AD_8
1	0	读或写偶地址的一个字节	AD_7 ~ AD_0
0	1	读或写奇地址的一个字	AD_{15} ~ AD_0 第一个总线周期放低位数据字节
1	0		AD_7 ~ AD_0 第二个总线周期放高位数据字节

8086 系统中存储器与总线的连接如图 2-10 所示。

8086 CPU 读写 1B 时，如果地址为偶地址（A_0 =0），这时由 A_0 选定偶地址存储体，由 A_{19} ~ A_1 从偶地址存储体中选定某个字节单元，读写该单元中一个字节的信息，通过数据总线的低 8 位传送数据。此时$\overline{BHE}$ =1，奇存储体不工作。

如果是访问奇地址体（A_0 =1），则偶地址存储体不会被选中。系统将自动产生$\overline{BHE}$ =

0，作为奇地址存储体的选体信号，与 $A_{19} \sim A_1$ 一起选定奇地址存储体中的某个字节单元，读写该单元中一个字节的信息，通过数据总线的高 8 位传送数据。

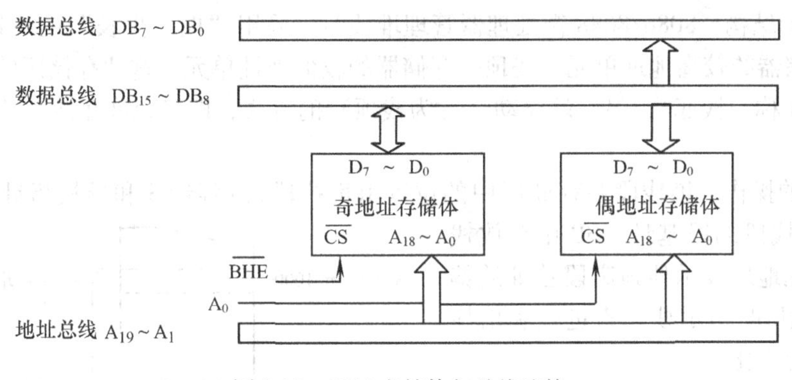

图 2-10　8086 存储体与总线连接

如果用户需要访问存储体中的某个字（16 位信息），那么要分两种情况来讨论。若需要访问的是从偶地址开始的两个字节（即高字节在奇地址中，低字节在偶地址中），这时 $A_0 = 0$，CPU 使 $\overline{BHE}=0$，两个存储体同时被选中，可一次读写两个字节（一个字）的信息。另一种情况是用户需要访问从奇地址开始的两个字节（即高字节在偶地址，低字节在奇地址中），这时需要分两次访问存储器才能读写这个字的信息。第一次访问存储器读写奇地址中的字节（低字节），第二次访问存储器读写偶地址中的字节（高字节）。通常将从偶地址开始的字称为“对准字”，而从奇地址开始的字称为“非对准字”。显然，按“对准字”访问存储器的速度比按“非对准字”访问的速度要快。

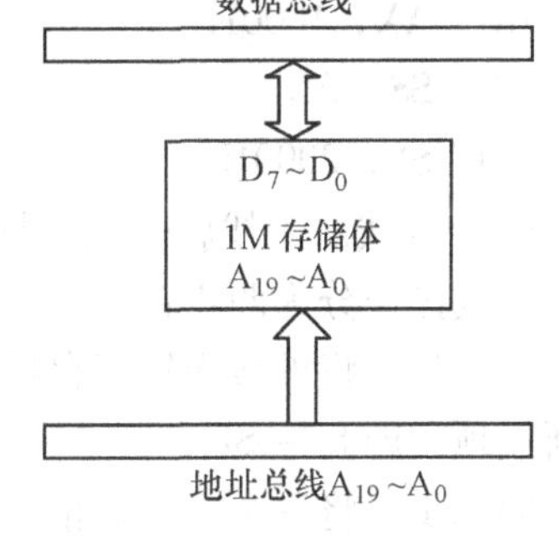

图 2-11　8088 存储体与总线的连接

另外，8088 系统中可直接寻址的存储器空间同样为 1MB，由于只有 8 根外部的数据总线，整个 1MB 的存储空间同属一个单一的存储体，它与总线之间的连接方式如图 2-11 所示。

8088 CPU 每访问一次存储器只读写一个字节信息，因此在 8088 系统的存储器中不存在对准存放的概念，任何数据字都需要两次访问存储器才能完成读写操作。所以 8088 系统中程序的运行速度会比在 8086 系统中慢些。

2. 存储器存放数据情况　若存放的数据是以字节为单位，在存储器中按顺序排列存放。例如，在 10000H 存储单元开始存放 01H、13H、0ABH、86H，则在存储器中存放数据的情况如图 2-12 所示。

若存放的数据是以字（16 位）为单位的，则将每个字的低字节存放在低地址，高字节存放在高地址，并以低地址作为该字的地址。例如，在 10004H 开始存放 1234H、567AH 两个字，在存储器中存放数据的情况如图 2-12 所示。

地址	数据
10000H	01H
10001H	13H
10002H	ABH
10003H	86H
10004H	34H
10005H	12H
10006H	7AH
10007H	56H

图 2-12　存储器存放数据情况

2.3.3 8086/8088 系统中的堆栈

堆栈是在计算机中的 RAM 存储区开辟的一个特定区域，按照“后进先出”的原则组织。主要用于暂存数据和断点地址。

1. 堆栈的结构 8086/8088 微处理器管理堆栈时，采用“向上生长”的编址方式。即：其栈底是存储器的较高地址单元，栈顶是存储器的较低地址单元。这片存储区的存储方式采用一端固定（称为栈底），另一端浮动（称为栈顶）的方式，即只允许在活动端进行数据的输入或删除。

2. 堆栈的操作 堆栈段在存储区中的位置由堆栈段寄存器 SS 和堆栈指针 SP 来确定。SS 中存放堆栈段的段基址，SP 中存放栈顶的地址，此地址表示栈顶离段首址的偏移量。因此用 SP 指示栈元素进栈和出栈的偏移地址的变化。

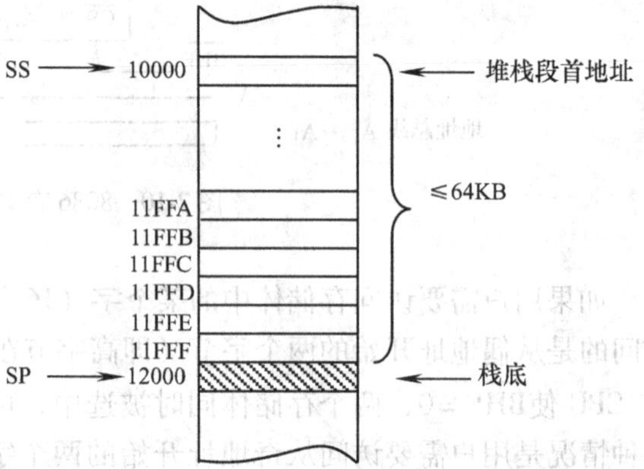

（1）建栈。建立堆栈就是设定堆栈的段基址和栈底，用户可以通过数据传送指令把堆段的段基址送入段寄存器 SS，把栈底的偏移地址送入堆栈指针寄存器 SP。此时栈中无数据，是一个空栈。

图 2-13 8086 堆栈在存储器中的分布情况

若 SS = 1000H，SP = 2000H，则堆栈的情况如图 2-13 所示，建立堆栈指令为

```
MOV AX，1000H
MOV SS，AX
MOV SP，2000H
```

（2）入栈。入栈就是把数据压入堆栈，又称进栈。8086 微处理器的入栈操作以字为单位。入栈操作分为两步：

第一步，将堆栈指针寄存器 SP 的内容减 2，即栈顶向低地址方向移动一个字单元，指向新栈顶。即 SP←SP-2

第二步，将一个字数据推入到 SP 所指向的栈顶字单元，即[SP]←字数据

注意：入栈字的低字节存入低地址单元，高字节存入高地址单元。

例 2 若 SS = 2000H，当前 SP = 1234H，将寄存器 AX 中的数据 7C9FH 压入堆栈。操作如下：

首先，修改 SP，使其指向新栈顶，即 SP = 1232H。

然后，AX 的内容压入栈顶字单元。即 AL 送 21232H 单元，AH 送 21233H 单元。其操作如图 2-14a 所示。

（3）出栈。出栈是从堆栈中弹出数据。出栈的操作顺序与入栈相反。

第一步，将栈顶的一个字送寄存器或存储器，即寄存器/存储器←[SP]

第二步，堆栈指针寄存器 SP 的内容加 2，指向新栈顶，即 SP←(SP) + 2

例 3 若 SS = 2000H，当前 SP = 1232H，将栈顶数据弹出送寄存器 AX。操作如下：

首先，栈顶字单元内容送 AX。即 21232H 单元内容 20H 送 AL，21233H 单元内容 5CH 送 AH。

然后，修改堆栈指针 SP，SP = 1234H，指向新栈顶。其操作如图 2-14b 所示。

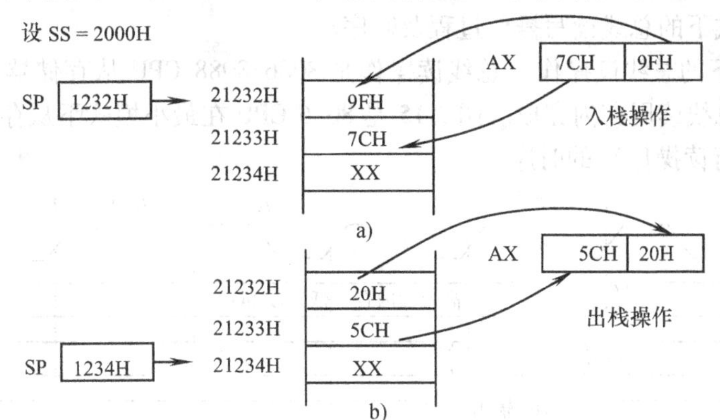

图 2-14　入栈、出栈操作示意图

a）入栈操作　b）出栈操作

2.4　8086/8088 的总线操作和时序

2.4.1　时钟周期、总线周期和指令周期

1. 时钟周期　时钟周期就是系统主时钟一个周期信号所持续的时间，大小等于它频率的倒数，它是 CPU 的基本时间计量单位。例如，某 CPU 的主频为 8MHz，则其时钟的周期 $T = 1/f = 1/8\text{MHz} = 125\text{ns}$；若主频为 25MHz，时钟周期为 40ns。

2. 指令周期　CPU 的一切操作都是在系统主时钟 CLK 的控制下按节拍有序地进行的。CPU 执行一条指令的时间（包括取指令和执行该指令所需的全部时间）称为指令周期。

3. 总线周期　在一个指令周期内，常常需要对总线上的存储器或 I/O 接口进行一次或多次读写操作。CPU 通过外部总线对存储器或 I/O 接口进行一次读写操作的过程称为总线周期。显然，一个指令周期应由若干个总线周期组成，而一个总线周期由若干个时钟周期（T）组成。

2.4.2　8086/8088 CPU 的基本总线周期

在 8086/8088 CPU 中，所有的外部操作（读写存储器或 I/O 接口）都是由总线接口单元 BIU 通过系统总线完成的。因此，把 BIU 通过系统总线对存储器或 I/O 接口作一次读写操作的过程称为一个总线周期。可见，只有当 BIU 需要访问内存或 I/O 接口时，才需要执行总线周期。也就是说，总线周期是根据需要才会出现的。

8086/8088 CPU 为了完成自身的功能，需要执行各种操作，如启动和复位操作、各种总线操作、中断操作、总线保持或总线请求操作等，这些操作的执行都是在时钟脉冲 CLK 的同步下，按时序一步一步地进行，这样，就构成了 CPU 操作的时序。

2.4.3　典型总线周期（总线操作）

前面已指出，8086/8088 CPU 凡是与存储器或 I/O 接口交换数据，或取指令填充指令队列时都需要通过 BIU 执行总线周期，即进行总线操作。

总线操作按数据传送方向可分为总线读操作和总线写操作。前者是指 CPU 从存储单元或 I/O 接口中读取数据，后者是指 CPU 将数据写入指定存储单元或 I/O 接口。下面介绍最小模式和最大模式下的总线读写操作过程及时序。

1. 最小模式下的总线读操作　总线读操作是 8086/8088 CPU 从存储器或 I/O 接口读取数据的操作，在总线读周期内完成。图 2-15 是 8086 CPU 在最小模式下从存储器或 I/O 接口读取数据（即执行读操作）的时序。

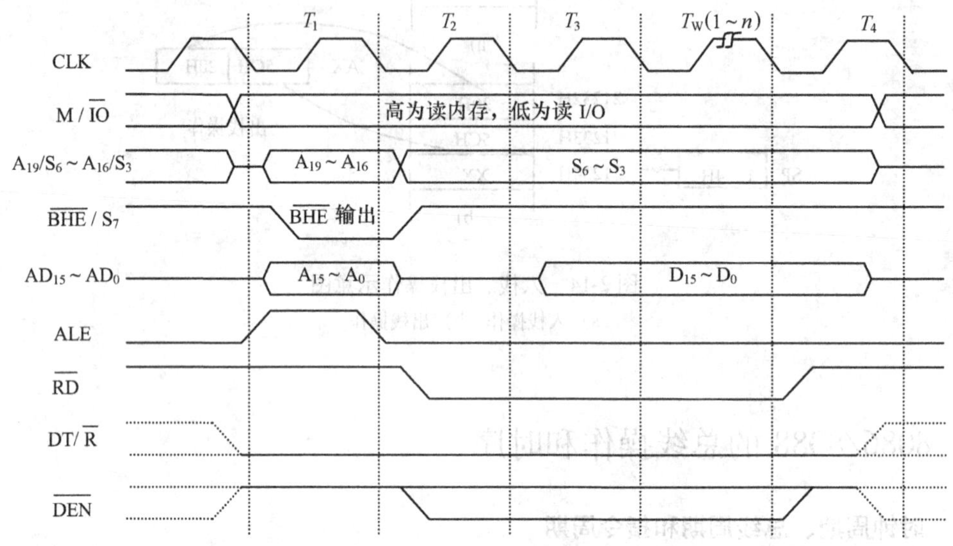

图 2-15　8086 最小模式下总线读周期的时序

由图 2-15 可知，在各个时钟状态下，所完成的操作功能如下：

（1）T_1 状态。M/$\overline{IO}$信号首先在 T_1 状态有效，以指出 CPU 是从内存还是从 I/O 接口读取数据。当 M/$\overline{IO}$为高电平时，从内存读；当 M/$\overline{IO}$为低电平时，表示从 I/O 接口读。M/$\overline{IO}$信号的有效高电平要求一直保持到总线读周期结束，即到 T_4 状态为止。

在 T_1 状态的开始，CPU 从地址/状态复用线（$A_{19}/S_6\sim A_{16}/S_3$）和地址/数据复用线（$AD_{15}\sim AD_0$）上发出读取存储器的 20 位地址或 I/O 接口的 16 位地址。

为了锁存地址，CPU 在 T_1 状态从 ALE 引脚输出一个正脉冲作为地址锁存信号。ALE 信号连接到地址锁存器 8288 的选通端 STB。在 T_1 状态结束时，M/$\overline{IO}$信号和地址信号均已有效，这时 ALE 的下降沿作地址锁存器 8282 的锁存信号，地址被锁入锁存器。这样，在总线周期的其他状态，系统地址总线上稳定地输出地址信号。

在 T_1 状态，CPU 还输出$\overline{BHE}$信号，以实现对奇地址体的寻址，它表示高 8 位数据线上的数据有效。$\overline{BHE}$和 A_0 分别用于奇、偶存储体的体选信号。

若系统中接有总线收发器 8286，则要用到 DT/$\overline{R}$和$\overline{DEN}$信号，控制总线收发器 8286 的数据传送方向和数据选通。在 T_1 状态，DT/$\overline{R}$端输出为低电平，表示本总线周期为读周期，即让 8286 接收数据。

（2）T_2 状态。地址信息撤销，此时地址/状态线 $A_{19}/S_6\sim A_{16}/S_3$ 上开始输出状态信息 $S_6\sim S_3$。$\overline{BHE}/S_7$ 引脚上输出状态 S_7，但其中 S_7 未赋予实际意义。状态信号 $S_7\sim S_3$ 要一直维持到 T_4。地址/数据线 $AD_{15}\sim AD_0$ 进入高阻态，以便为读取数据作准备。

读信号$\overline{RD}$开始变为低电平，此信号送到系统中所有存储器和 I/O 接口，但只对被地址信号选中的存储单元或 I/O 接口起作用，打开其数据缓冲器，将读出数据送上数据总线。

$\overline{DEN}$信号在 T_2 状态开始变为有效低电平，用来开放总线收发器 8286，以便在读出的数据送上数据总线（T_3）之前就打开 8286，让数据通过。$\overline{DEN}$信号的有效电平要维持到 T_4 状态中期结束。DT/$\overline{R}$信号继续保持有效的低电平，即处于接收状态。

（3）T_3 状态。在 T_3 状态的一开始，CPU 检测 READY 引脚信号，若 READY 为高电平（有效）时，表示存储器或 I/O 接口已经准备好数据。CPU 在 T_3 状态结束时读取该数据。若 READY 为低电平，则表示系统中挂接的存储器或外设不能如期送出数据，要求 CPU 在 T_3 和 T_4 状态之间插入 1 个或几个等待状态 T_W。

（4）T_W 状态。进入 T_W 状态后，CPU 在每个 T_W 状态的前沿（下降沿）采样 READY 信号，若为低电平，则继续插入等待状态 T_W。若 READY 信号变为高电平，表示数据已出现在数据总线上，CPU 从 $AD_{15} \sim AD_0$ 读取数据。

（5）T_4 状态。在 T_3 和 T_4 状态交界的下降沿处，CPU 对数据总线上的数据进行采样，完成读取数据的操作。在 T_4 状态的后半周数据从数据总线上撤消。各控制信号和状态信号处于无效状态，$\overline{DEN}$为高（无效），关闭数据总线收发器，一个读周期结束。

综上可知，在总线读周期中，CPU 在 T_1 状态送出地址及相关信号；T_2 使发出读命令和 8286 控制命令；在 T_3、T_W 等待数据的出现；在 T_4 状态将数据读入 CPU。

2. 最小模式下的总线写操作　8086/8088 的总线写周期与总线读周期有很多相同之处。和读操作一样，基本写周期也包含 4 个状态 T_1、T_2、T_3 和 T_4。当存储器或 I/O 设备速度较慢时，在 T_3 和 T_4 之间插入 1 个或几个等待状态 T_W。图 2-16 所示为最小模式下的总线写操作时序。

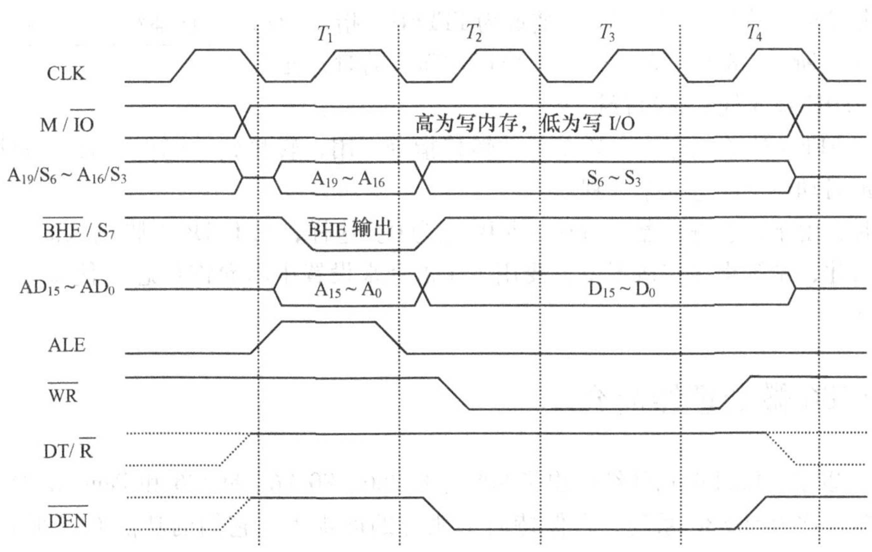

图 2-16　8086 最小模式下总线写周期的时序

总线写周期和读周期相比，有几点不同：

（1）在写周期中，由于从地址/数据线 $AD_{15} \sim AD_0$ 上输出地址（T_1）和输出数据（T_2）

是同方向的，因此，在 T_2 状态不再需要像读周期时维持一个时钟周期的高阻态（见图 2-16 中 T_2 状态）作缓冲。写周期中，在发完地址后便立即转入发数据，以使内存或 I/O 设备一旦准备好就可以从数据总线上取走数据。

（2）DT/$\overline{R}$信号为高电平，表示本周期为写周期，控制 8286 向外发送数据。

（3）写周期中$\overline{WR}$信号有效，$\overline{RD}$信号变为无效，但它们出现的时序类似。

3. 总线空闲状态（总线空操作） 若 CPU 内的指令队列已满且执行单元 EU 又未申请访问存储器或 I/O 接口，则总线接口单元 BIU 就不必和总线打交道，从而进入空闲状态 T_1。

在空闲状态，虽然 CPU 对总线不发生操作，但 CPU 内部的操作仍在进行，即执行部件 EU 仍在工作，例如 ALU 正在进行运算。从这一点上说，实际上总线空闲状态是总线接口部件 BIU 对 EU 的一种等待。

2.4.4 启动和复位操作

复位和启动操作由 RESET 引脚的正脉冲信号实现。8086/8088 CPU 要求加在 RESET 引脚上的复位正脉冲信号 RESET 至少维持 4 个时钟周期的高电平才能有效的复位。如果是上电复位则要求复位正脉冲的宽度不少于 50μs。

当 RESET 信号进入有效高电平状态时，8086/8088 CPU 就会结束现行操作，进入复位状态，直到 RESET 信号变为低电平为止。在复位状态，CPU 初始化，CPU 内部的各寄存器被置为初始态。CPU 初始化后的各寄存器的初始值见表 2-7。RESET 信号变为低电平后，CPU 被启动并按初始化后的条件开始执行程序。

表 2-7 复位后 8086/8088 CPU 各内部寄存器的初始值

FLAGS	清　零
IP	0000H
CS	FFFFH
DS	0000H
SS	0000H
ES	0000H
指令队列	空
其他寄存器	0000H

CPU 复位时，代码段寄存器 CS 被置为 FFFFH，指令指示器 IP 被清 0。所以，8086/8088 CPU 复位后重新启动时，便从内存的 FFFF0H 单元处开始执行指令。

一般在 FFFF0H 单元存放一条无条件转移指令，用以转移到系统程序的入口处。这样，系统一旦被启动便自动进入系统程序。

复位时，由于标志寄存器被清 0，使 IF 也为 0。这样，从 INTR 引脚进入的可屏蔽中断被屏蔽。为此，系统程序在适当位置要用 STI 指令来设置中断允许标志（使 IF 为 1）开放可屏蔽中断。

2.5 80X86 微处理器简介

1978 年以来，Intel 公司陆续推出了 8086、80286、80386、80486 和 Pentium 等不同型号的微处理器，称为 80X86 系列。在保持向上兼容的前提下，它们的功能有了很大的提高，结构上也产生了不少的变化。

80286 仍然是一个 16 位的微处理器，内部及外部数据总线都是 16 位的，但它的地址线是 24 位的，可寻址 16MB 字节的存储空间。80286 有两种工作方式，即实模式和保护模式。实模式与 8086 工作方式相同，但速度比 8086 快。保护模式除了仍具有 16MB 的存储器物理地址空间外，它还能为每个任务提供 1GB(2^{30})的虚拟存储器地址空间。保护方式把操作系统及各任务所分配到的地址空间隔离开，避免程序之间的相互干扰，保证系统在多任务环境下正常工作。

但是，80286 微处理器的多任务管理功能还不够完善，不能支持像 Windows 这样的多任务操作系统。

80386 是一个 32 位的微处理器，采用 32 位的数据总线和地址总线，可直接寻址 4GB，虚拟地址空间则为 64TB。除了采用 32 位的寄存器和运算单元外，最重要的扩展是增加了片内存储管理单元 MMU，它通过内存的段页两级管理实现了完善的虚拟内存管理。它对逻辑地址空间分段，实现了存储的模块性和保护性，从而为多任务提供支持。它把线性地址和物理地址空间分页，实现了虚拟存储器的管理。此外，80386 微处理器实现了六级流水线结构，使它的指令执行速度有了较大的提高。

80486 微处理器是 80386 微处理器、80387 协处理器和 8KB 的 Cache（指令与数据 Cache）的结合，是一种新型的 32 位处理器。采用了 RISC 技术（指令流水处理）；内部集成浮点运算部件 FPU；片内高速缓；内部新型总线。与 80386 相比在功能上有了很大的提高，80486 的主 CPU 功能与 80386 一致，其运算速度更快。

Pentium（奔腾）是 Intel 公司于 1993 年推出的新一代微处理器，它集成了 310 万个晶体管。Pentium 微处理器使用更高的时钟频率，最初为 60MHz 和 66MHz，后提高到 200MHz。64 位数据总线，16KB 的高速缓存。奔腾 CPU 的出现进一步加速了 CPU 的更新速度，CPU 厂商竞争愈加激烈。Intel 公司为了防止别的公司侵权，就为新的 CPU 取了“Pentium”的名字，而没有继续叫做 80586。接着 Intel 推出使用 MMX 技术的 Pentium MMX 的多能奔腾。它增加了 57 条多媒体指令，内部高速缓存增加到 32KB。最高频率是 233MHz。MMX 是 Multimedia Extension 的缩写，意即多媒体扩展，一种基于多媒体计算以及通信功能的技术。它能生成高质量的图像、视频和音频，加速对声音图像的处理。Cyrix 6X86、Cyrix Media GX 和 AMD K5 和 Pentium 是同一级别的 CPU；AMD-K6 和 Cyrix 6X86MMX 属于 Pentium MMX 同一级别的 CPU。Pentium Pro，中文称作高能奔腾，也称为 P6。它在 Pentium MMX 之前面市，使用大量新技术，还包含了 256KB 或 512KB 的高速缓存，主要应用在服务器上。

Pentium Ⅱ与以往的 Pentium 处理器使用了不同的封装方式，它将处理器放到了盒中。而且采用 SLOT 1 模式的插座，SLOT 1 插座看上去和扩展槽很像。该形式的封装结构为系统总线与 L2 高级缓存之间的接口提供了独立的连接电路。然后再将处理器、高速缓存芯片，都放置在一个小型电路板上，Intel 将其称为 SEC（Single Edge Contact，单边接触）卡盒的电路板，用塑料封装后，就是现在看到的 Pentium Ⅱ了。

Pentium Ⅲ就是大家关注已久的 Katmai，它采用了与 Pentium Ⅱ相同的 SLOT 1 结构，具有 100MHz 的外频，其内部集成了 64KB 的一级缓存，512KB 的二级缓存仍然安装在 SLOT 1 的卡盒内，工作频率是 CPU 的一半。不过仍提供了比 Pentium Ⅱ更强劲的性能，这主要表现在其新增加了 KNI 指令集。KNI 指令集中提供了 70 条全新的指令，可以极大提高 3D 运算、动画片、影像、音效等功能，增强了视频处理和语音识别的功能。这套指令集主要为浏览 WWW 网页设计的。目前推出了主频为 450MHz、500MHz 的型号。Pentium Ⅲ可以安装在 Pentium Ⅱ的 SLOT 1 的主板上，不过要更新 BIOS 的内容，才能支持新增的 KNI 指令。

赛扬属于 Pentium Ⅱ的低价位版本，被称为“Celeron”。它是将 Pentium Ⅱ处理器的二级 Cache 去掉，并简化了封装形式，没有塑料壳，另加一块散热片组成。因为没有了 Cache，其速度明显下降。

新款的赛扬 Celeron 300A 处理器是包含了 128KB 二级缓存的 Pentium Ⅱ处理器，其缓存是集成在 CPU 内部的，速度和 CPU 相同，比 Pentium Ⅱ/Ⅲ的 Cache 速度还要高。这样，CPU 从二级缓存中读写数据时不需等待，可以提高计算速度；赛扬 300A 仍没有塑料外壳，采用了 SLOT 1 的结构，加了一个散热片和一块风扇。这也是最适合超频的，其外频设计为 66MHz，倍频系数是 4.5，已被锁定，工作电压是 2.0V。

Intel 不断地推出新一代的处理器，AMD、CYRIX 也紧追不舍，AMD 推出了与 Pentium Ⅱ抗衡的处理器 AMD K6-2 3D NOW!。AMD K6-2 内含 930 万个晶体管，支持 AGP，350MHz 以上的外频高达 100MHz。这是一款带有 3D 加速指令的 K6 芯片。这种 3D NOW! 的技术加强了 CPU 处理 3D 图像的能力。AMDK6-2 内部集成了 64KB 的一级高速缓存，是 Pentium Ⅱ的一倍，并且和 CPU 同频率。3D NOW! 技术可提高三维图形、多媒体以及浮点运算密集的个人计算机应用程序的运算能力，使“逼真的运算平台”成为现实。3D NOW! 是一组共 21 条新指令，3D NOW! 技术使三维图形加速器可以全面发挥其性能。微软在 DirectX 6.0 中已经提供了对 3D NOW! 的支持。AMDK6-2 目前有 300MHz、333MHz、350MHz、400MHz、450MHz 频率的处理器。并且采用了传统的 Socket 7 结构，给用户的升级带来了方便。目前市场上出售的 SUPER 7 主板，都支持 AMDK6-2。

复习思考题

1. 试述指令执行单元和总线接口单元的功能及相互关系。

2. 8086 微处理器在内部结构上有什么特点？

3. 8086/8088 微处理器的寄存器分哪几部分？

4. 简述 8086/8088 微处理器标志寄存器中的各标志位的意义。

5. 8086/8088 微处理器的逻辑地址是由哪几部分组成的？怎样将逻辑地址转移为物理地址？

6. 如何设置用户堆栈？在入栈和出栈操作时，堆栈指针 SP 的内容如何变化？

7. 8086 CPU 与 8088 CPU 的主要区别是什么？

8. 8086 CPU 预取指令队列有什么好处？8086 CPU 内部的并行操作体现在哪里？

9. 简述 8086 系统中物理地址的形成过程。8086 系统中的物理地址最多有多少个？逻辑地址最多有多少个？

10. 8086/8088 系统中的存储器为什么要采用分段结构？有什么好处？

11. 段基址为 3FA0H，偏移地址为 A786H，物理地址为多少？

12. 某一存储单元的物理地址是 3F60AH，相对于当前代码段、数据段和堆栈段的偏移地址分别为 3A0AH、047AH 和 0F0AAH，段寄存器 CS、DS、SS 中的内容分别为多少？

13. 完成下列逻辑地址和物理地址的相互转换。

（1）将下列逻辑地址转换为物理地址。

1）4037H：000AH　2）5075H：002AH　3）8228H：037AH　4）0010H：E05BH

（2）设 IBM PC 内存某一单元的物理地址是 54321H，写出下列不同的逻辑地址。

1）5432H：________　2）______：0021H

（3）如果一个程序在执行前 CS = A7F0H，IP = 2B40H，该程序的起始地址是多少？

（4）如果一个堆栈是从地址 1250H：0100H 开始，SP = 0052H，试回答以下问题：

1）SS 段的段地址是多少？

2）栈顶的逻辑地址是多少？

3）栈底的物理地址是多少？

4）存入一个字数据后，SP 的内容是什么？

14. 完成下列各存储单元中数据的存取：

（1）有两个 16 位字 4321H 和 5936H，先后存放在 01000H 为首地址的存储单元中，用图表示存储数据的情况。

（2）设 SS = 2250H，SP = 2410H，在堆栈中压入双字数据 12AB34C0H，用图表示堆栈存储数据的情况。

15. 一数据区的起始地址是 30A0H：23F7H，它存有 26 个字节，写出这个数据区首末单元的物理地址。

16. 完成下列 8 位运算，并指出 8086 微处理器标志寄存器中各状态标志的值。

（1）47H + 38H （2）52H − 7FH

17. 标志寄存器 FLAGS 中有哪些标志位？各在什么情况下置位？下列各种情况下应判定哪个标志位并说明其状态。

（1）比较两个无符号数是否相等。

（2）两个无符号数相减后比较大小。

（3）两个有符号数运算后结果是正数还是负数。

（4）两个有符号数相加后是否产生了溢出。

18. 在某系统中，已知当前 SS = 2360H，SP = 0800H，请说明该堆栈段在存储器中的物理地址范围。若已知当前堆栈中存有 20 个字节数据，那么 SP 的内容是什么值？

19. 设当前 SS = E000H，SP = 2000H，AX = 2355H，BX = 2211H，CX = 8678H，则当前栈顶的物理地址是多少？若连续执行 PUSH AX，PUSH BX，POP CX 三条指令后，堆栈内容发生什么变化？AX、BX、CX 中的内容是什么？用图说明。

20. 8086/8088 工作在最小模式和最大模式下最主要的区别是什么？

第3章 指令系统

3.1 8086/8088 的寻址方式

指令是计算机执行各种操作的命令。一条指令对应着微处理器的一种基本操作。计算机为了完成不同的功能而要执行不同的指令。某一型号 CPU 能够识别和执行的全部指令称为该 CPU 的指令系统。

由于计算机只能识别二进制码，所以指令系统中的全部指令都必须以二进制编码的形式来表示，这种编码就是指令的机器码，或者称为机器指令。一条机器指令是由操作码和操作数两部分组成，其中操作码表示计算机执行什么操作，操作数给出参加操作的数的本身或操作数所在的地址。CPU 可根据指令中给出的地址信息求出存放操作数的地址，称为有效地址 EA，对存放在有效地址中的操作数进行存取操作。指令中关于如何求出存放操作数有效地址的方法称为操作数的寻址方式。

3.1.1 指令格式及操作数类型

1. 指令格式　一般汇编语言指令格式如下：

[标号:]　　指令助记符　　[操作数1,][操作数2][；注释]

其中方括号中的内容是可选的。汇编语言的指令主要由操作码和操作数组成，其中操作码指出指令的功能，操作数代表指令被处理的对象，其个数依指令需求而定。若需在指令后添加注释，应以分号开头。一条指令必须写在一行，每条指令后以回车键结束。

2. 操作数类型　按操作数在指令中所起的作用，8086/8088 系统的操作数可以分为目的操作数（OPD）和源操作数（OPS）。目的操作数为指令提供操作数据及操作结果的存放位置，它的值随执行结果而改变；源操作数提供被传送数据，指令执行后，源操作数不发生变化。

按操作数的存储位置分，8086/8088 系统中的操作数可以分为立即数操作数、寄存器操作数和存储器操作数。

（1）立即数操作数。立即数操作数就是在指令中直接给出常数，在汇编成机器码时这种操作数将作为指令代码的一部分出现在指令中。立即数操作数通常作为源操作数使用，其在源程序中的书写形式可以是二进制数、八进制数、十进制数和十六进制数，也可以表示为一个可求出确定值的表达式，具体允许多少种书写形式取决于所使用的汇编程序的要求，但最终在内存中以二进制形式存储。8086/8088 提供了立即寻址来描述这种操作数。

（2）寄存器操作数。寄存器操作数是指以 CPU 寄存器中的内容作为操作数，其书写形式就是寄存器名。由于寄存器既可读又可写，所以这种操作数即可作为源操作数又可作为目的操作数。8086/8088 提供了寄存器寻址方式来描述这种操作数。

（3）存储器操作数。存储器操作数将存储器中某些存储单元的内容作为指令的操作数，其书写形式是存储单元的逻辑地址。由于存储器既可读又可写，所以这种操作数即可作为源操作数又可作为目的操作数。由于程序所用到的数据绝大多数是放在内存中的，为此8086/8088提供了直接寻址、寄存器间接寻址、寄存器相对寻址、基址变址寻址和基址变址相对寻址5种寻址方式来描述这种操作数。对于存储器逻辑地址，它包括段基址和偏移地址两部分。段基址的描述方法是固定的，采用段寄存器名加一冒号，而对于偏移地址，5种寻址方式提供了不同的描述方案。

3.1.2　8086指令系统的基本寻址方式

8086指令系统的基本寻址方式就是操作数的寻址方式，是指寻找操作数存放地址的方法。8086的基本寻址方式共有7种。

1. 立即寻址方式　立即寻址方式所提供的操作数直接包含在指令中，紧跟在操作码之后，作为指令的一部分，这种操作数称为立即数。立即数可以是8位的，也可以是16位的。立即数只能作为源操作数，主要用来给寄存器或存储单元赋值。

例1　MOV　AL，20H

　　　MOV　BX，1820H

指令执行情况如图3-1所示。执行结果为AL=20H，BX=1820H。

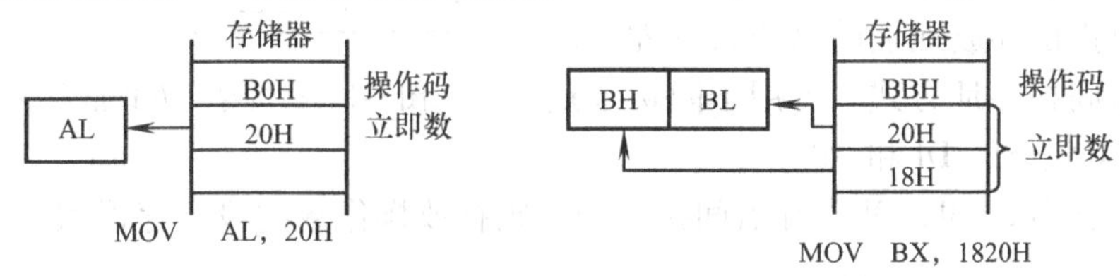

图3-1　立即寻址方式指令执行情况

2. 寄存器寻址方式　寄存器寻址方式的操作数存放在指令规定的寄存器中，寄存器的名字在指令中指出。寄存器可以是16位的，如AX、BX 、SI、SP等，也可以是8位的，如AH、AL、CL等。

例2　MOV　DL，AL

　　　MOV　AX，CX

如果AL=30H，CX=1002H，则上述指令的执行结果为：DL=30H，AX=1002H。

上述两种寻址方式的操作数或是由指令直接给出或是在寄存器中，形式简单，执行速度较快。但实际上大部分操作数存放在存储单元中。指令中寻找内存单元（称为内存寻址）采用逻辑地址。逻辑地址中，段基址相对变化较少，常在程序的首部把段基址送入段寄存器，后面的指令只需给出段内的偏移地址就可以了。

偏移地址又称为有效地址EA（Effective Address），在指令中可以直接或间接给出存储单元的偏移地址，以达到存取存储器操作数的目的。内存单元的寻址有以下几种不同的方式。

3. 直接寻址方式　直接寻址方式的有效地址EA在指令的操作码后面直接给出，它与指令的操作码一起，存放在存储器的代码段中。但是，操作数本身一般存放在存储器的数据段中。

例3　MOV　AX，[1000H]

如果DS=2000H，（21000H）=32H，（21001H）=45H，则指令执行情况如图3-2所

示。

该指令的功能是将一个有效地址是 1000H 的存储单元的内容传送到 AX。设此时数据段寄存器 DS = 2000H，则该存储单元的物理地址为

2000H × 10H + 1000H = 20000H + 1000H = 21000H

指令执行结果为 AX = 4532H。

注意这种寻址方式与前述的立即数寻址方式的区别。在直接寻址方式中，指令中表示源操作数地址的二进制代码，如上例中的 1000H 表示 16 位有效地址（操作数地址）而不是立即数（操作数）。指令中的直接地址必须用方括号括起来，否则就会和立即数寻址混淆。

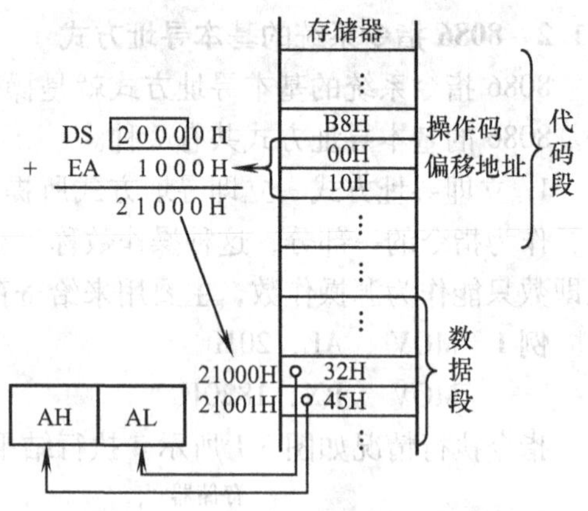

图 3-2　直接寻址方式指令执行情况

4. 寄存器间接寻址方式　这种寻址方式的操作数本身在存储器中。寻找这个操作数之前，先把它的地址（偏移地址）放入一个 16 位寄存器中，指令中指出存放地址的这个寄存器。所以称为寄存器间接寻址方式。可用于间接寻址的寄存器有：BX、SI、DI 和 BP。

（1）若选择 BX、SI、DI 寄存器间接寻址，则存放操作数的段寄存器默认为 DS，操作数的物理地址为 $DS \times 10H + \begin{cases} BX \\ SI \\ DI \end{cases}$

（2）若选择 BP 寄存器间接寻址，则对应的段寄存器应为 SS，即操作数的物理地址为：

SS × 10H + BP

例 4　MOV　AX, [SI]

如果 DS = 2000H，SI = 1000H，指令执行情况如图 3-3 所示。执行结果为 AX = 3240H。

5. 寄存器相对寻址方式　这种寻址方式的有效地址 EA 由两部分组成：一个寄存器的内容为基地址，另一是指令中给定的 8 位或 16 位位移量。可用作寄存器相对寻址方式的寄存器有 BX、SI、DI 和 BP。

（1）若选择 BX、SI、DI 寄存器相对寻址，存放操作数的段寄存器默认为 DS。即操作数的物理地址为

$$DS \times 10H + \begin{cases} BX \\ SI \\ DI \end{cases} + \begin{cases} disp8 \\ disp16 \end{cases}$$

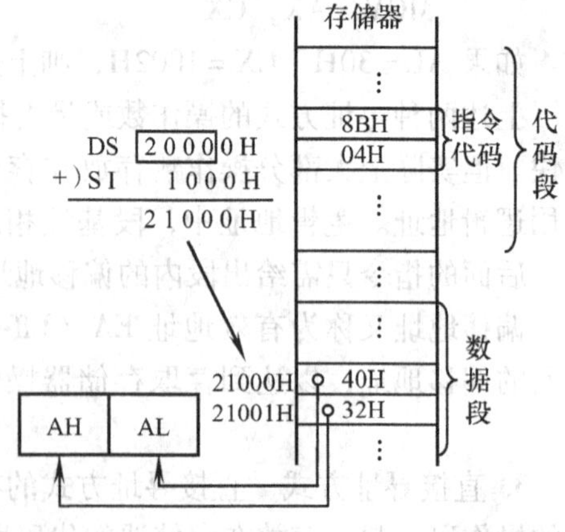

图 3-3　寄存器间接寻址方式指令执行情况

上式中 disp8/disp16 表示指令内给出的 8 位/16 位位移量。

（2）若选择 BP 寄存器相对寻址，则对应的段寄存器应为 SS。操作数的物理地址为

$$SS \times 10H \quad + \quad BP + \begin{cases} disp8 \\ disp16 \end{cases}$$

例 5　MOV　AX，[SI+10H]

如果 DS=3000H，SI=2000H，[32010H]=56H，[32011H]=12H，则指令执行情况如图 3-4 所示。执行结果为 AX=1256H。

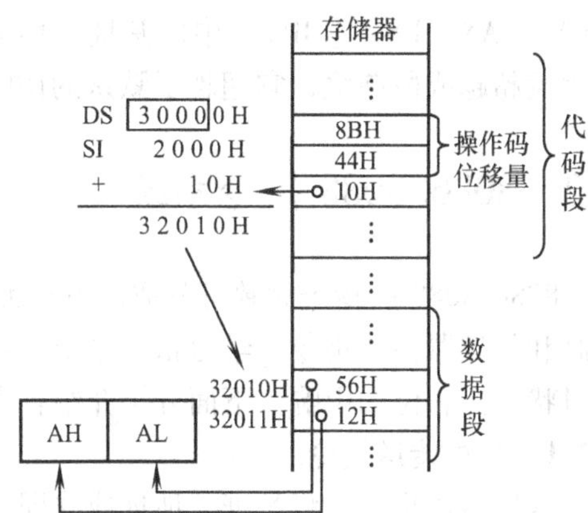

图 3-4　寄存器相对寻址方式指令执行情况

6. 基址变址寻址方式　这种寻址方式的有效地址 EA 是一个基址寄存器（BX 或 BP）和一个变址寄存器（SI 或 DI）的内容之和。

（1）若用 BX 作为基地址，则操作数在数据段中。操作数的物理地址为

$$DS \times 10H + BX + \begin{cases} SI \\ DI \end{cases}$$

（2）若用 BP 作为基地址，则操作数在堆栈段中。操作数的物理地址为

$$SS \times 10H + BP + \begin{cases} SI \\ DI \end{cases}$$

在汇编语言中可以表示为下列形式之一：

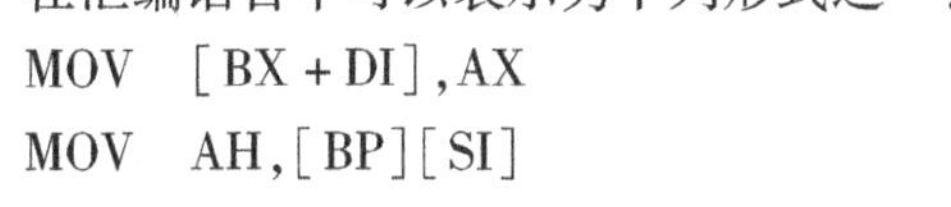

```
MOV   [BX+DI],AX
MOV   AH,[BP][SI]
```

7. 基址变址相对寻址方式　这种寻址方式的有效地址 EA 是一个基址寄存器内容和一个变址寄存器内容与由指令中指定的 8 位或 16 位位移量之和。

（1）若用 BX 作为基地址，则操作数在数据段中。即操作数的物理地址为

$$DS \times 10H + BX + \begin{cases} SI \\ DI \end{cases} + \begin{cases} disp8 \\ disp16 \end{cases}$$

（2）若用 BP 作为基地址，则操作数在堆栈段中。即操作数的物理地址为

$$SS \times 10H + BP + \begin{cases} SI \\ DI \end{cases} + \begin{cases} disp8 \\ disp16 \end{cases}$$

例 6　MOV　AX，[BX+SI+4500H]

若 DS=3000H，BX=2000H，SI=1000H，[37500H]=56H，[37501H]=12H，指令执行情况如图 3-5 所示，执行结果为 AX=1256H。

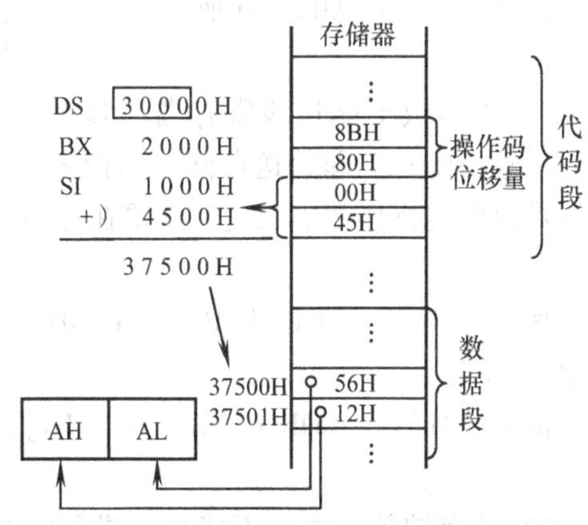

图 3-5　基址变址相对寻址方式指令执行情况

基址变址相对寻址方式也可以表示成几种不同的形式，其中 COUNT 为位移量。

```
MOV    AX,[BX+SI+COUNT]
MOV    AX,COUNT[BX][SI]
MOV    AX,[BX+COUNT][SI]
MOV    AX,[BX]COUNT[SI]
MOV    AX,[BX+SI]COUNT
MOV    AX,COUNT[SI][BX]
```

注意：上述 7 种寻址方式中，除立即寻址和寄存器寻址外，其他 5 种寻址方式的操作数都是通过访问存储器取得。对这 5 种寻址方式的段寄存器的使用情况如下：

（1）若不指出段基址，8086/8088 会采用默认的段寄存器。规则为：偏移量表达式出现 BP 则使用 SS；否则使用 DS。

（2）可以用“段寄存器名:”的形式指出段基址，此时默认规则不再起作用。如“MOV　AX，DS：[BP]”中段基址采用 DS 值，而不是默认的 SS 的值。在这里将“DS:”称为段超越或段前缀，它超越了默认的访问段。

3.2　8086/8088 指令系统

8086/8088 的指令大致可分成以下 6 种：数据传送、算术运算、位操作、串操作、程序控制和处理器控制指令。学习指令系统着重要掌握指令的基本操作功能、合法的寻址方式以及对状态标志位的影响。下面分类介绍各主要指令。

3.2.1　数据传送指令

数据传送指令是将数据、地址或立即数传送到寄存器或存储单元中。这类指令不影响状态标志位，只有两条涉及标志寄存器 FLAGS 的指令（SAHF 和 POPF）例外。

1. 通用数据传送指令

（1）数据传送指令

格式：　MOV　OPD，OPS

操作：　OPD ← OPS

说明：　MOV 指令将源操作数 OPS 的内容传送到目的地 OPD。指令执行后 OPD 与 OPS 的内容相等，即 OPD = OPS，源操作数本身不变。

操作数类型：

1）OPS 可以为存储器、通用寄存器、段寄存器和立即数。

2）OPD 可以为存储器、通用寄存器和段寄存器（CS 除外）。

数据传送方向如图 3-6 所示。

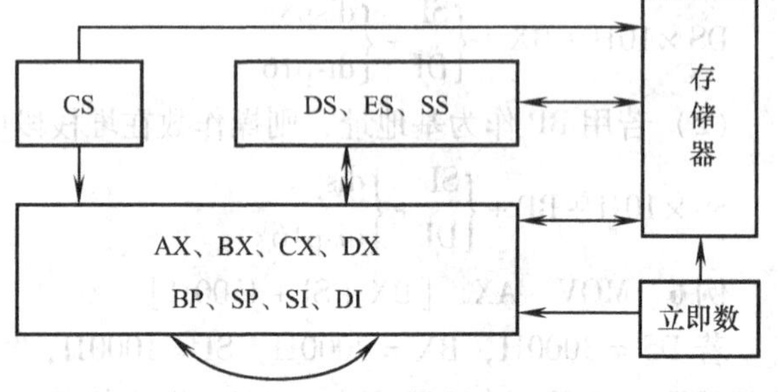

图 3-6　数据传送方向示意图

注意：

1）立即数不能送段寄存器，其余可以任意搭配；立即数送存储器的指令有时难以确定操作数的长度，需要在存储器操作数的前面加上类型说明 BYTE PTR 或 WORD PTR。

例如：MOV　BYTE PTR [SI + 10H]，30 ；8 位立即数 30 送偏移地址为 SI + 10H 的字节单元

例如：MOV　WORD PTR [BX + DI]，2 ；16 位立即数 2 送偏移地址为 BX + DI 的字单元

2）两存储单元之间不能直接进行数据传送；两个段寄存器之间不能直接进行传送信息。但可以用 CPU 内部寄存器为桥梁来完成这样的传送。

例如：MOV　AL，AREA1
　　　MOV　AREA2，AL

例如：MOV　AX，1000H
　　　MOV　DS，AX

3）指令 MOV　X，0，若 X 已经规定了它的类型为存储器操作数，X 表示符号地址属直接寻址可以不加方括号。指令 MOV　X，0 等同于 MOV　[X]，0 。

例 7　数据传送指令如下：

① 立即数送寄存器

```
MOV    AL, 10H
MOV    BX, 2100H
```

② 寄存器之间传送

```
MOV    DX, CX
MOV    AH, DL
MOV    DS, AX
MOV    DX, ES
```

③ 通用寄存器与存储器之间传送

```
MOV    AX, [1000H]
MOV    [BP], DX
```

④ 段寄存器与存储器之间传送

```
MOV    [BX][DI], ES
MOV    DS, 10[BP+DI]
```

例 8　指出下列数据传送指令中的错误。

① MOV　10H，AX　　；立即数不能作为目的操作数

② MOV　DS，2000H　　；立即数不能送段寄存器

③ MOV　CS，AX　　；CS 不能作为目的操作数

④ MOV　DS，ES　　；目的操作数和源操作数不能同时为段寄存器

⑤ MOV　[DI]，[SI]　　；目的操作数和源操作数不能同时为存储器

⑥ MOV　AL，BX　　；类型不匹配，AL 为 8 位、BX 为 16 位寄存器

⑦ MOV　DL，300　　；类型不匹配，DL 为 8 位寄存器，300 超过 1B

（2）堆栈操作指令。堆栈是内存中的一个特定的区域，用于暂存数据或断点地址，当这个段被指定为堆栈后，可用堆栈操作指令对它进行特殊规则的访问。由段寄存器 SS 确定堆栈段的段基址，由它可定位堆栈段的起始位置；用 SP 指示栈顶单元的段内偏移量，开始时堆栈内没有数据，栈顶就是栈底，故开始时要将栈底单元的偏移量赋给它，以指明栈底位置。堆栈的形态如图 3-7 所示。

对堆栈的操作有建栈、入栈和出栈 3 种，堆栈指令有入栈和出栈两种。

例 9　将物理地址为 10000H ~ 13000H 的内存区域设置为堆栈段。

解：只须将 SS = 1000H，SP = 3000H 即可，可用下述指令：

```
MOV   AX, 1000H
MOV   SS, AX
MOV   SP, 3000H
```

1）入栈指令

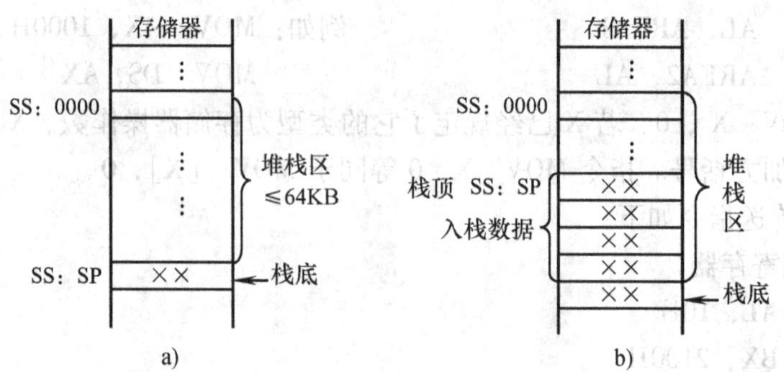

图 3-7 堆栈的形态
a）初始化时堆栈的形态 b）堆栈中存入数据时的形态

格式：PUSH OPS

操作：SP ← SP－2，［SP＋1］［SP］← OPS

操作数类型：OPS 可以是存储器、通用寄存器和段寄存器，但不能是立即数。

说明：PUSH 指令先将 SP 的内容减 2，然后再将操作数 OPS 的内容送入由 SP 指出的栈顶即偏移地址为 SP 和 SP＋1 的两个连续字节中。

例 10
```
PUSH  AX      ；通用寄存器内容入栈
PUSH  CS      ；段寄存器内容入栈
PUSH  [SI]    ；字存储单元内容入栈
```

2）出栈指令

格式：POP OPD

操作：OPD ←［SP＋1］［SP］，SP ← SP＋2

操作数类型：OPD 可以是存储器、通用寄存器或段寄存器（但不能是 CS），同样，不能是立即数。

说明：POP 指令先将堆栈指针 SP 所指示的栈顶存储单元的值弹出到操作数 OPD 中，然后再将 SP 的内容加 2。入栈和出栈操作如图 3-8 所示。

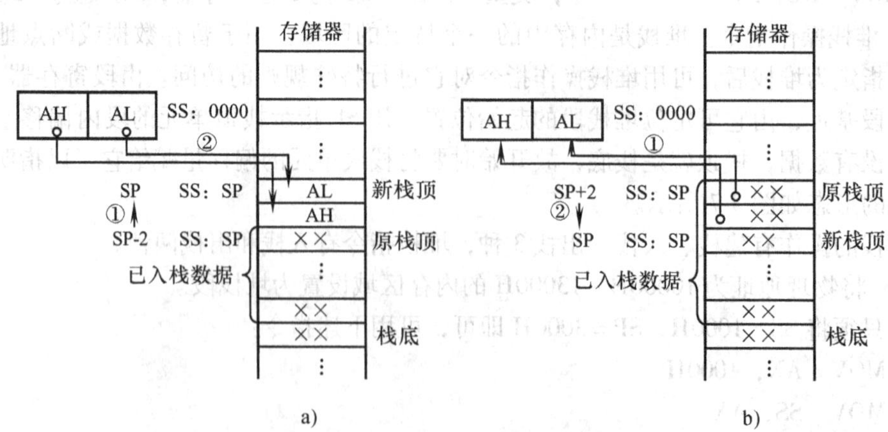

图 3-8 入栈、出栈操作示意图
a）PUSH AX b）POP AX

```
例11 POP   AX         ；栈顶内容弹出至通用寄存器
     POP   ES         ；栈顶内容弹出段寄存器
     POP   MEM［DI］  ；栈顶内容弹出至字存储单元
```

注意：

1）堆栈操作指令中的操作数必须是16位的字操作数。

2）由SP指示现行堆栈顶的位置。堆栈顶是浮动的。

3）编程中PUSH、POP指令应成对使用，以保持栈的平衡。

（3）数据交换指令

格式：XCHG　OPD，OPS

操作：OPD ⟷ OPS

操作数类型：OPD、OPS可以是寄存器或存储器，但不能二者同时为存储器。

说明：XCHG指令将两个操作数内容进行交换。交换的内容可以是一个字节（8位），也可以是一个字（16位），两个操作数的长度必须一致。即可以在寄存器与寄存器之间，或寄存器与存储器之间进行交换。段寄存器不能参加交换。

```
例12 XCHG  AL，CL          ；8位寄存器间内容交换
     XCHG  AX，DX          ；16位寄存器间内容交换
     XCHG  BX，DATA［SI］  ；寄存器与存储单元间内容交换
```

（4）字节转换指令

格式1：XLAT

格式2：XLAT　OPS-table

操作：AL ← ［BX + AL］

操作数类型：格式1隐含指令的操作数；格式2中操作数OPS-table为表格的首地址（一般为符号地址）如图3-9中的HTABLE。

说明：XLAT指令完成将一种代码转换成另一种代码。具体操作为执行前必须已在内存中预先建立一个换码表，并将表的首地址存入BX寄存器，然后把要被查的表元素序号存放在AL中。XLAT指令是将BX和AL的内容相加后作为偏移地址，取出该存储单元的内容送AL。表中元素的序号依次是0，1，2，3，…，表的最大长度为256个字节。

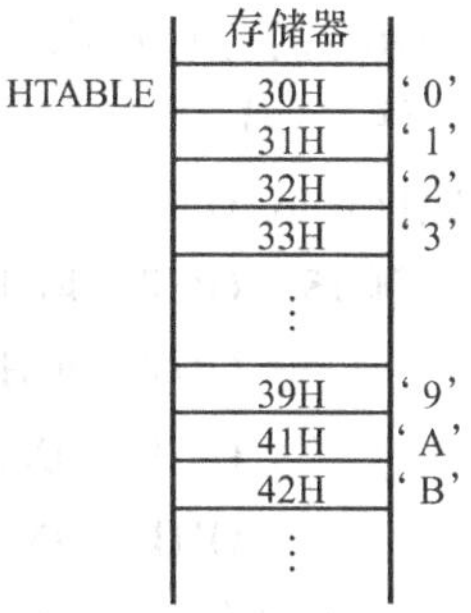

	存储器	
HTABLE	30H	‘0’
	31H	‘1’
	32H	‘2’
	33H	‘3’
	⋮	
	39H	‘9’
	41H	‘A’
	42H	‘B’
	⋮	

图3-9　ASCII码表

例13　内存数据段中存放有一张十六进制数字（0～9，A～F）的ASCII码表（见图3-9），其首地址为HTABLE，为了将运算结果转换成ASCII码输出，可用下列程序实现一位十六进制数（4位二进制数）向ASCII码的转换：

```
MOV   BX，OFFSET  HTABLE  ；BX←表首址
MOV   AL，N               ；AL←欲转换的数N（0000 0000B～0000 1111B）
XLAT  HTABLE              ；查表转换，转换结果的ASCII码在AL中
HLT
```

上面XLAT指令中，操作数HTABLE可以省略不写。

设N＝0000 1011B，上面程序执行后，AL＝0100 0010B（字母B的ASCII代码）。

2. I/O 指令　I/O 指令完成外设与 CPU 之间的数据传送。输入指令 IN 用于从外设端口接收数据，输出指令 OUT 则向端口发送数据。I/O 指令对 I/O 接口的寻址方式可以分为两大类：

• 直接寻址。端口地址直接在指令中给出，可寻址 256 个端口（0 ~ 255）；

• DX 寄存器间接寻址。将 DX 的内容作为端口地址，可寻址 64KB 个端口（0 ~ 65535）。

I/O 指令可进行 8 位数据传送，所传送数据在 AL 中，也可进行 16 位数据传送，所传送数据在 AX 中，不能使用其他的寄存器。

（1）输入指令

格式：IN　AL/AX，PORT

操作：AL/AX ←［PORT］

操作数类型：AL/AX 为 8 位/16 位累加器，PORT 为 I/O 接口地址。

说明：从指定端口 PORT 将 8 位或 16 位数据读入 AL 或 AX 中，端口 PORT 的寻址可用上述两种方式。

例 14
```
IN   AL,10H   ;AL←[10H]
IN   AX,20H   ;AX←[21H,20H]
IN   AL,DX    ;AL←[DX],DX 作为 8 位端口寄存器
IN   AX,DX    ;AL←[DX+1,DX],DX 作为 16 位端口寄存器
```

（2）输出指令

格式：OUT　PORT，AL/AX

操作：［PORT］←AL/AX

操作数类型：同输入指令

说明：将累加器 AL（8 位）或 AX（16 位）的内容输出到指令指定的 I/O 接口中，端口 PORT 的寻址可用上述两种方式。

注意：I/O 指令不影响标志位；使用 DX 寄存器间接寻址时，在执行 I/O 指令前要将端口地址送入 DX。

例 15
```
OUT  40H，AL    ；[40H] ←AL
OUT  20H，AX    ；[21H，20H] ←AX
OUT  DX，AL     ；[DX] ←AL
OUT  DX，AX     ；[DX+1，DX] ←AX
```

3. 地址传送指令　8086/8088 CPU 提供了三条把地址写入寄存器的指令，它们可以用来写入 16 位的近地址指针和 32 位的远地址指针。

（1）有效地址送寄存器指令

格式：LEA　REG，OPS

操作数类型：OPS 为存储器操作数，REG 为 16 位通用寄存器。

说明：将源操作数 OPS 的有效地址即 16 位偏移地址装入到 16 位通用寄存器 REG 中。

例 16　设 DS = 3000H，BX = 2000H，SI = 1000H，指令 LEA　AX，［BX + SI + 1000H］执行的结果是：AX = BX + SI + 1000H = 4000H，执行过程如图 3-10 所示。而 MOV AX，［BX + SI + 1000H］指令是将偏移地址为 BX + SI + 1000H 的内存单元的内容送到 AX 中，结果是

AX = 1256H。

LEA 指令的功能也可用 MOV 指令来实现，下面两条指令是等效的：

LEA　BX，BUFFER

MOV　BX，OFFSET　BUFFER

指令中的 OFFSET 称为取偏移地址操作符。上述两条指令均可完成将变量（或标号）BUFFER 的偏移地址送 BX 寄存器的功能。

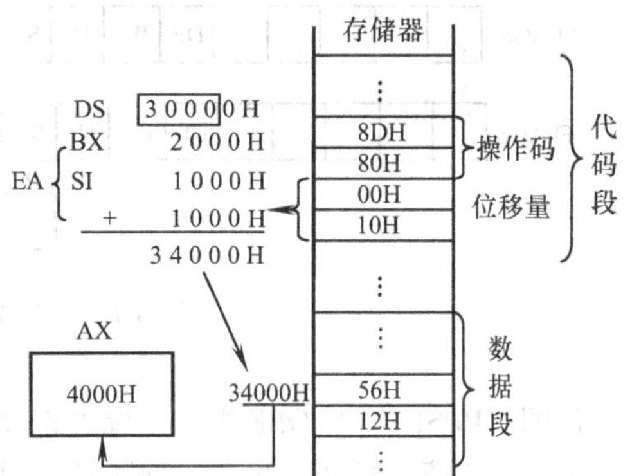

图 3-10　LEA 指令执行过程示意图

（2）地址指针装入 DS 指令

格式：LDS　REG，OPS

操作数类型：OPS 为存储器操作数，REG 为 16 位通用寄存器。

说明：将 OPS 指定的内存中读取双字（四个连续）存储单元内容，将其中的低字（前两个单元）的内容赋给 REG，高字（后两个单元）内容传赋给 DS。

例 17　LDS　SI，[0100H]

设原来 DS = 3000H，而有关存储单元的内容为(30100H) = 60H，(30101H) = 05H，(30102H) = 18H，(30103H) = 20H，上述指令执行后，SI = 0560H，DS = 2018H，执行过程如图 3-11 所示。

（3）地址指针装入 ES 指令

格式：LES　REG，OPS

操作数类型：OPS 为存储器操作数，REG 为 16 位通用寄存器。

说明：将 OPS 指定的内存中读取双字（4 个连续）存储单元内容，将其中的低字（前两个单元）的内容赋给 REG，高字（后 2 个单元）内容传赋给 ES。

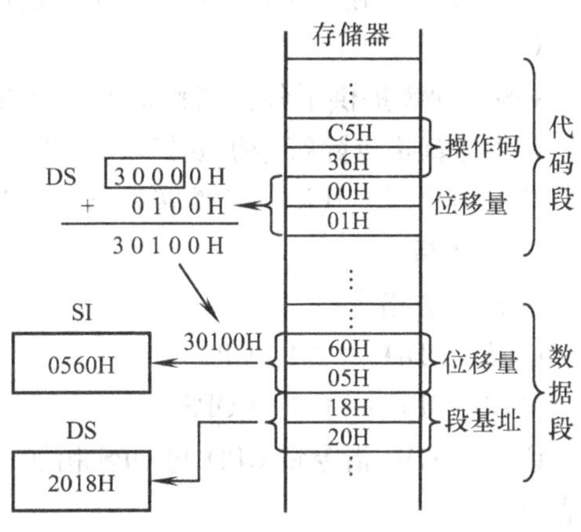

图 3-11　LDS 指令执行过程示意图

4. 标志寄存器传送指令　标志寄存器是比较特殊的寄存器，对标志寄存器操作不能用一般传送指令，在 8086/8088 中设置了对标志寄存器 4 条传送指令。

（1）标志传送指令

指令格式及操作：LAHF　；AH ← FLAGS 的低 8 位

SAHF　；FLAGS 的低 8 位 ← AH

说明：LAHF 和 SAHF 指令隐含的操作数为 AH 寄存器和标志寄存器 FLAGS 的低字节。涉及标志寄存器 FLAGS 中的 5 个状态标志位为 SF、ZF、AF、PF 以及 CF，如图 3-12 所示。

（2）标志入、出栈指令

指令格式及操作：PUSHF　;SP ← SP - 2,[SP + 1][SP] ← FLAGS

POPF　;FLAGS ← [SP + 1][SP],SP ← SP + 2

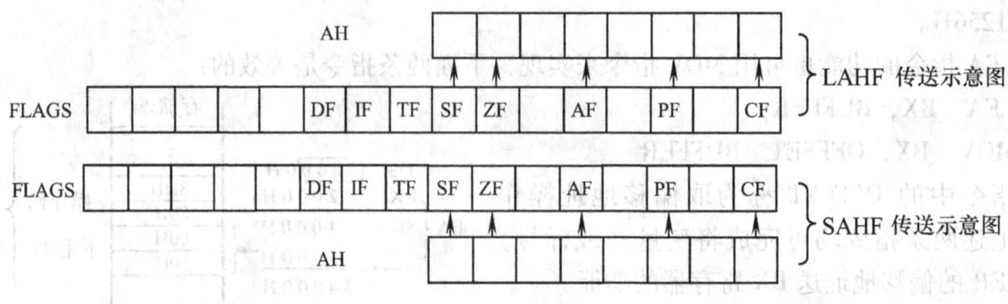

图 3-12　LAHF、SAHF 传送示意图

说明：PUSHF 和 POPF 指令使标志寄存器与堆栈之间进行数据交换。常用于在调用子程序之前把标志寄存器压入堆栈，保护调用以前标志寄存器的值，从子程序返回以后再弹出，恢复这些标志状态。这两条指令也可以用来修改标志寄存器中标志位的值。

3.2.2　算术运算指令

8086/8088 的算术运算指令包括加、减、乘、除指令。参与运算的数据可以是 8 位或 16 位，可以是无符号或带符号的二进制数、无符号压缩十进制（压缩型 BCD 码）数和非压缩十进制（非压缩型 BCD 码）数。若是带符号数，则用补码表示。十进制数是以压缩或非压缩十进制字节的形式存储。对于压缩十进制数每个字节存 2 位十进制数，即两位 BCD 码。而非压缩的十进制数每个字节存 1 位十进制数，即由一字节的低 4 位存放 1 位 BCD 码，高 4 位为 0。

8086/8088 提供了各种调整指令，可方便地进行压缩或非压缩十进制数的算术运算。

算术运算指令除符号扩展指令（CBW，CWD）外，其余指令都影响标志位，用来指示运算结果的状态。其后的条件转移指令通过测试这些标志位可以改变程序的流向。

1. 加法指令

（1）加法指令

格式：ADD　OPD，OPS

操作：OPD ← OPD + OPS

说明：ADD 指令将 OPD 与 OPS 相加，并将结果存回 OPD。加法指令影响全部 6 个状态标志位。

操作数类型：OPD 可以是寄存器或存储器，OPS 可以是寄存器、存储器或立即数。但是 OPS 和 OPD 不能同时为存储器。另外，OPD、OPS 不能为段寄存器。（段寄存器不能参加减、乘、除运算）。具体操作数组合见表 3-1，适合加、减、乘、除运算。

表 3-1　加、减、乘、除运算操作数类型组合

序　号	目的操作数 OPD	源操作数 OPS	结果 OPD
1	通用寄存器	立即数	通用寄存器
2		通用寄存器	
3		存储器	
4	存储器	立即数	存储器
5		通用寄存器	

例 18 已知 AL = 49H，DL = 6AH，执行 ADD AL，DL 后，AL = 0B3H。

解：

```
    49H  = 01001001B
+   6AH  = 01101010B
---------------------
    B3H  = 10110011B
```

各状态标志位为：SF = 1，ZF = 0，AF = 1，PF = 0，CF = 0，OF = 1。

上面指令中，如果 AL、DL 中的内容是无符号数，由于 CF = 0，所得结果正确。如果 AL、DL 中的内容是补码表示的带符号数，由于 OF = 1，所得结果 B3H 是错误的（49H + 6AH = 179 > 127，发生了溢出）。CPU 对带符号数和无符号数采用相同的运算方法和规则，程序编制者则应根据数据的类型处理相关的标志位，确定运算结果的正确性。

例 19

```
ADD  AL,20                      ;累加器内容与立即数相加
ADD  DX,SI                      ;寄存器内容相加
ADD  AX,[BX]                    ;寄存器与存储器内容相加
ADD  DATA[DI],AL
ADD  BYTE PTR[BP][SI],50H       ;存储器内容与立即数相加
```

（2）带进位加法指令

格式：ADC OPD，OPS

操作：OPD ← OPD + OPS + CF

说明：ADC 指令与 ADD 指令有些相似，但是它将 OPD 与 OPS 相加时，同时还要加上进位标志 CF 的内容，然后将结果送回 OPD。ADC 指令也将根据运算结果修改状态标志位。

带进位加法指令主要用于数据位数较长、需要分段运算的加法运算。在进行多字加法运算时，低位字用 ADD 指令相加，高位用 ADC 指令相加，以接受低位产生的进位。

例 20 计算两个四字节长整数之和，数 NA = 7A546C08H，NB = 12F0497DH，求 NA + NB。运算程序如下：

分析：这是两个 32 位二进制数的加法，ADD 指令一次只能完成两个 16 位二进制数的加法，32 位数的加法要分两次进行。用 ADD 指令先加低 16 位，低 16 位产生的 CF 值，通过高 16 位 ADC 指令加进去，以保证结果的正确。

解：

```
MOV   BX, 6C08H      ; 取加数的低字
ADD   BX, 497DH      ; 和另一个加数的相应字相加
MOV   AX, 7A54H      ; 取加数的高字
ADC   AX, 12F0H      ; 和另一个加数的相应字相加
```

上述程序段的运行结果：AX 中为和的高字，BX 中为和的低字。

（3）加 1 指令

格式：INC OPD

操作：OPD ← OPD + 1

说明：INC 指令将 OPD 加 1。该指令将影响状态标志位，如 SF、ZF、AF、PF 和 OF，但对进位标志 CF 没有影响。

注意：INC 指令中 OPD 可以是寄存器或存储器，但不能是段寄存器和立即数。INC 指

令常常用于循环程序中修改地址或者进行加法计数。

例 21
```
INC  SI                  ;将 SI 寄存器内容加 1
INC  BYTE  PTR[BX]       ;将存储器字节单元[BX]内容加 1
INC  WORD  PTR[SI]       ;将存储器字单元[SI]内容加 1
```

指令中的 BYTE PTR 或 WORD PTR 分别指定随后的存储器操作数的类型。

2. 减法指令　减法指令包括不带借位减法指令、带借位减法指令、减 1 指令、求补指令和比较指令。

（1）减法指令

格式：SUB OPD , OPS

操作：OPD ←OPD - OPS

说明：SUB 指令用 OPD 减去 OPS，结果送回 OPD。SUB 指令对状态标志位有影响。对操作数类型组合的要求与加法指令相同，见表 3-1。

例 22
```
SUB   AL,52H
SUB   DX,BX
SUB   [DI],AX
SUB   WORD  PTR [ BX ],30
```

（2）带借位减法指令

格式：SBB OPD , OPS

操作：OPD ← OPD - OPS - CF

说明：SBB 指令将 OPD 减去 OPS，同时减进位标志 CF，并将结果送回 OPD。该指令主要用于多字节数的分段减法。SBB 指令对标志位的影响与 SUB 指令相同。SBB 指令中操作数的类型组合也与 SUB 指令相同。

例 23
```
SBB  BX,2000H
SBB  AX,DX
SBB  [BP],AX
```

例 24　试编写一程序段，将数据段中偏移地址为 1000H 与 1001H 的存储单元内容之差存放在 1002H 单元中。程序如下：

解：
```
MOV   BX,1000H     ;偏移地址 1000H 送 BX,以便用 BX 间接寻址
MOV   AL,[BX]      ;1000H 单元内容送 AL
INC   BX           ;将 BX 指向 1001H 单元
SUB   AL,[BX]      ;两数相减
INC   BX           ;BX 指向结果存放单元
MOV   [BX],AL      ;存放差
HLT
```

（3）减 1 指令

格式：DEC OPD

操作：OPD ← OPD - 1

说明：DEC 指令使 OPD 减 1。指令对状态标志位 SF、ZF、AF、PF 和 OF 有影响，但不影响进位标志 CF。

注意：

① 指令中的操作数与 INC 一样，可以是寄存器或存储器（不可以是段寄存器），在循环程序中常常利用 DEC 指令来修改循环次数寄存器。

② 若 DEC 指令的目标操作数为存储器时，必须用 BYTE PTR 或 WORD PTR 等说明其类型。

例 25
```
DEC  CX                ；寄存器内容减 1
DEC  BYTE  PTR [DI]    ；存储单元内容减 1
```

（4）求补指令

格式：NEG OPD

操作：OPD ← 0 － OPD

说明：NEG 指令使操作数求补，即用“0”减去 OPD，结果送回 OPD。求补指令对状态标志位有影响。其操作数可以是寄存器或存储器。

例 26
```
NEG  AX
NEG  WORD  PTR [DI+20]
```

利用 NEG 指令可以由一个数的补码得到它相反数的补码，如果这个数是负数，那么，就得到它的绝对值。例如：

假设 AL = 1，执行指令 NEG AL 后，AL = 0FFH，为 －1 的补码。

假设 AL = 0FFH（0FFH 是 －1 的补码），执行指令 NEG AL 后，AL = 1，为 －1 的绝对值。

（5）比较指令

格式：CMP OPD , OPS

操作：OPD － OPS

说明：CMP 指令将 OPD 减去 OPS，但结果不送回 OPD。即只做减法运算，不保留差的值，指令结果反映在状态标志位上。这是比较指令 CMP 与减法指令 SUB 的区别所在。CMP 指令常常与条件转移指令结合起来使用，完成各种条件判断和相应的程序转移。

CMP 指令中 OPD 和 OPS 的类型与 SUB 指令相同。可以进行字节比较，也可以进行字比较。

例 27
```
CMP   AL, 0AH
CMP   AX, AREA1
CMP   [BX+5], SI
```

比较指令的执行结果将影响状态标志位。例如，若两个被比较数的内容相等，则 ZF = 1。又如，比较的两个无符号数中，目的操作数小于源操作数，则 CF = 1。

例 28 判断寄存器 AX 与 BX 的内容是否相等，若相等，使 DX = 1；否则，使 DX = 0。

解：程序如下：

```
       CMP   AX, BX      ；比较 AX 与 BX 的内容
       JZ    EQUAL       ；相等，转 EQUAL
       MOV   DX, 0       ；不等，向 DX 送 0
       JMP   NEXT
EQUAL: MOV   DX, 1       ；向 DX 送 1
```

NEXT： HLT

3. 乘法指令　乘法指令有两条，分别用于无符号数和带符号数的乘法。

格式：MUL　　OPS　　；无符号数乘法

　　　IMUL　　OPS　　；带符号数乘法

操作：OPS 为字节操作数时，做字节乘法。AX←AL × OPS

　　　OPS 为字操作数时，做字乘法。(DX，AX)←AX × OPS

操作数类型：OPS 可以是寄存器或存储器，但不能是立即数。

　　　　　　OPD 只能是 AL 或 AX。

说明：

① 乘法指令中只列出 OPS，OPD 是隐含的。两条指令都可以实现字节或字的乘法运算。如果两个 8 位数据相乘，其 16 位乘积存放在 AX 中。如果两个 16 位数据相乘，其 32 位乘积存放在 DX 和 AX 中，其中高 16 位存于 DX 中，低 16 位存于 AX 中。乘法操作指令示意如图 3-13 所示。

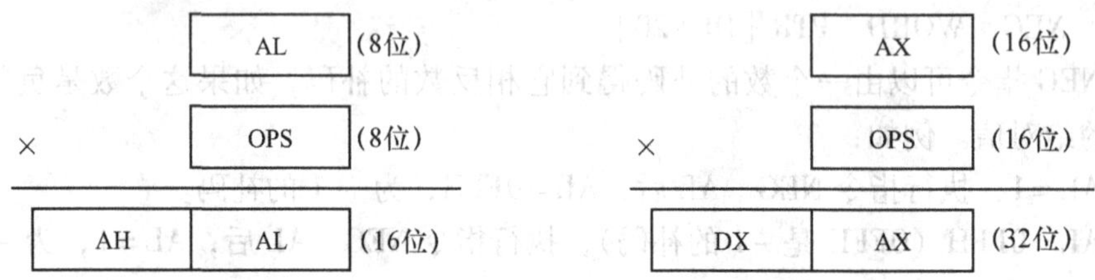

图 3-13　乘法操作指令示意图

② 两条指令的功能是一样的，但是对同样的机器数其运算结果是不同的。例如，计算（11111111B）×（11111111B）时，若将 11111111B 看成是无符号数时为 255 × 255 = 65025，而看成带符号数时为（-1）×（-1）=1。

对标志位的影响情况：

① 乘法指令影响 CF 和 OF 两个标志位，且它们的状态相同。

② 对 MUL 指令，如果乘积的高半部分（在 AH 或 DX 中）不为零，则状态标志位 CF = OF =1，否则 CF = OF =0。因此，状态标志位 CF = OF =1 表示 AH 或 DX 中包含着乘积的有效数字。

③ IMUL 指令将两个操作数均按带符号数处理。如果乘积的高半部分仅仅是低半部分符号位的扩展（没有有效数字），则状态标志位 CF = OF =0；反之，高半部分包含乘积的有效数字而不只是符号的扩展部分，则 CF = OF =1。

所谓乘积的高半部分仅仅是低半部分符号位的扩展，是指当乘积为正时，其符号位为零，AH 或 DX 的 8 位或 16 位全为零。当乘积是负值时，其符号位为 1，AH 或 DX 的 8 位或 16 位全为 1。这种情况表示所得乘积的绝对值较小，其有效数位仅仅包含在低半部分中。

4. 除法指令

格式：DIV　　OPS　　；无符号数除法

　　　IDIV　　OPS　　；带符号数除法

操作：OPS 为字节操作数时，做字节除法：AL ← AX/OPS 的商

AH ← AX/OPS 的余数

OPS 为字操作数时，做字除法：AX ←(DX，AX)/OPS 的商

DX ←(DX，AX)/OPS 的余数

说明：8086/8088 执行除法时规定除数只能是被除数的一半字长。当被除数为 16 位时，除数应为 8 位；被除数为 32 位时，除数应为 16 位。并规定：

① 被除数为 16 位时，应存放在 AX 中。除数为 8 位，可存放在寄存器或存储器中（不能为立即数）。得到的 8 位商放在 AL 中，8 位余数放在 AH 中。

② 被除数为 32 位时，应存放在 DX（高位）和 AX（低位）中。除数为 16 位，可存放在寄存器或存储器中（不能为立即数）。得到的 16 位商放在 AX 中，16 位余数放在 DX 中。

③ 除法指令操作如图 3-14 所示。

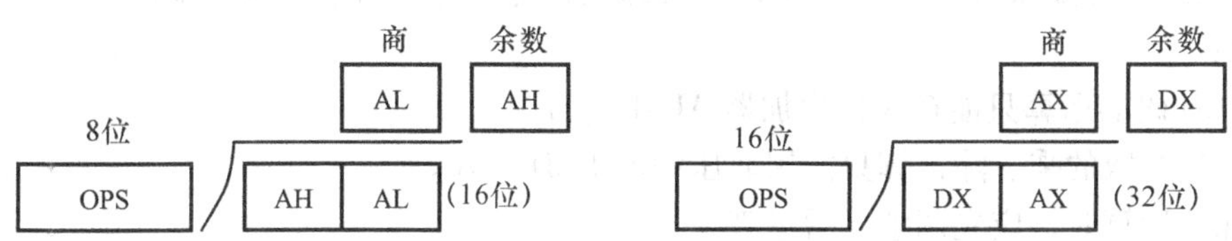

图 3-14　除法指令操作示意图

注意：① 使用除法指令，出现以下 3 种情形之一时，CPU 立即产生一个类型号为 0 的内部中断（有关中断的概念将在本书的第 7 章叙述）。

- 除数为零。
- 字节除法时，被除数高 8 位的绝对值大于除数的绝对值（此时的商超过了 8 位）。
- 字除法时，被除数高 16 位的绝对值大于除数的绝对值（此时的商超过了 16 位）。

前一种属于操作异常（除数为零），后两种属于运算结果溢出。

② 如果被除数和除数字长相等，则在用 IDIV 指令进行带符号数除法之前，必须先用符号扩展指令 CBW 或 CWD 将 AL 或 AX 中的被除数的符号位扩展，使之成为 16 位数或 32 位数。对于无符号数来说，应该用 8 位或 16 位零把被除数扩展成 16 位数或 32 位数。

5. 符号扩展指令

（1）字节扩展指令

格式：CBW

操作：把 AL 中的符号扩展到 AH。如果 AL < 80H，则 AH←00H，否则 AH←0FFH。

（2）字扩展指令

格式：CWD

操作：把 AX 的符号扩展到 DX。如果 AX < 8000H，则 DX←0000H，否则 DX←0FFFFH。

注意：上述两条指令仅限于将扩展数放在 AL 或 AX 中进行。

例 29　若 AL = 100，BL = 15，试编写程序段，求出 AL 除以 BL 的商和余数分别存放在 DL 和 DH 中。

解：程序如下：

```
CBW             ；字节扩展到字
DIV     BL      ；除法
MOV     DL，AL  ；存商
MOV     DH，AH  ；存余数
HLT
```

6. 十进制数（BCD 码）运算调整指令　以上介绍的是二进制数的算术运算。有的场合需要使用十进制数，计算机中十进制数用 BCD 码来表示。BCD 码有两类：一类叫压缩型 BCD 码，一类叫非压缩型 BCD 码。在用 BCD 码进行十进制数加、减、乘运算时，应分两步进行：

（1）先按二进制数运算规则进行运算，得到中间结果。

（2）用十进制调整指令对中间结果进行修正，得到运算结果的 BCD 码。

注意：

① BCD 码的运算只能在 8 位累加器 AL 中进行。

② 十进制数的乘、除运算只能用非压缩的 BCD 格式。

③ 除法运算时，应先调整，后运算。

（1）压缩型 BCD 码调整指令

格式：DAA　；加法调整

　　　DAS　；减法调整

说明：将加法（ADD 或 ADC）或减法（SUB 或 SBC）运算的结果（在 AL 寄存器中）调整为压缩 BCD 码。注意，参与运算的应是压缩 BCD 码。

例 30　48 + 29 = 77

```
   01001000B     48 的压缩 BCD 码
  +00101001B     29 的压缩 BCD 码
  ----------
   01110001B     ADD 运算后的结果
```

运算结果得不到 77 的压缩 BCD 码，是因为在进行二进制加法运算时，低 4 位向高 4 位有一个进位，这个进位是按十六进制进行的，即低 4 位逢 16 才向高 4 位进 1，而十进制数应是逢十进一。因此，比正确结果少 6。这时，调整指令应在相加结果的低 4 位上加 6。即

```
   01001000B     48 的压缩 BCD 码
  +00101001B     29 的压缩 BCD 码
  ----------
   01110001B     ADD 运算后的结果
  +00000110B       加 6 调整
  ----------
   01110111B     77 的压缩 BCD 码
```

上述运算过程用指令实现如下：

```
MOV     AL，48H     ；AL ← 48 的压缩 BCD 码
ADD     AL，29H     ；AL ← 48H + 29H = 71H
DAA                 ；调整，AL = 77H 即 77 的压缩 BCD 码
```

（2）非压缩型 BCD 码调整指令

1）加减法调整

格式：AAA ；加法调整

AAS ；减法调整

说明：将加法（ADD 或 ADC）或减法（SUB 或 SBB）运算的结果（在 AL 寄存器中）调整为非压缩 BCD 码。调整后的 AL 寄存器中高 4 位被清 0，如有进位或借位，则在 AH 中。

2）乘法调整

格式：AAM

说明：把 AL 中的数值调整为非压缩 BCD 码，并存入 AX 中。

在用此指令进行调整之前应先执行无符号数的乘法指令，相乘的两个数必须是非压缩 BCD 码，即 BCD 码在低 4 位中，相乘的结果在 AL 中（两个乘数均小于 10，它们的乘积小于 100）。执行调整指令 AAM 时，将 AL 内容除以 10，将商放在 AH 中作为结果的十位数（BCD 码），余数放在 AL 中，作为结果的个位数（BCD 码）。

3）除法调整

格式：AAD

操作：AL ← AH × 10 + AL，AH ← 0

说明：AAD 指令是一个隐含了寄存器操作数 AL 和 AH 的指令。其具体操作为将 AH 寄存器的内容乘以 10 并加上 AL 寄存器的内容，结果送回 AL，同时将 AH 清 0。其操作实质是将 AX 寄存器中的非压缩 BCD 码转换成二进制数，存放在 AL 中。

注意：该指令与其他调整指令在使用方法上是不同的。加、减、乘法调整在运算后进行，而除法调整应在除法运算之前。除法所得的商还需用 AAM 指令进行调整方可得到正确的非压缩 BCD 码的结果。

例 31　用非压缩 BCD 码做 58 ÷ 4 = 14…2 这一运算时，可用下列指令实现：

```
MOV   AX，0508H      ；AX←58 的非压缩 BCD 码
AAD                  ；非压缩 BCD 码除法调整，AX = 003AH = 58
MOV   BL，04H        ；BL←除数 4
DIV   BL             ；AH = 2（余数），AL = 0EH（商的二进制码）
MOV   BL，AH         ；余数存入 BL 中
AAM                  ；AX = 0104H（商的非压缩 BCD 码）
HLT
```

3.2.3　位操作指令

位操作指令可以对 8 位或 16 位的寄存器或存储单元中的内容按位进行操作。这一类指令包括逻辑运算指令、移位指令和循环移位指令。

1. 逻辑运算指令　8086/8088 指令系统的逻辑运算指令有“与”（AND）、“测试”（TEST）、“或”（OR）、“异或”（XOR）和“非”（NOT）5 条。这些指令对操作数的每一位分别进行布尔运算，不同位之间无运算关系。除了“非”指令对状态标志位不产生影响外，其余 4 条指令对状态标志位均有影响。这些指令将根据各自逻辑运算的结果影响 SF、ZF 和 PF 状态标志位，同时将 CF 和 OF 置“0”，但 AF 的值不确定。

（1）逻辑“与”指令

格式：AND　OPD，OPS

操作：OPD ← OPD ∧ OPS

说明：AND 指令将 OPD 和 OPS 按位进行逻辑“与”运算（即相“与”的两位均为 1 时结果为 1，否则为 0），将结果送回目的操作数。

操作数类型：OPD 可以是寄存器或存储器，OPS 可以是立即数、寄存器或存储器。但是指令的两个操作数不能同时是存储器。同加、减情况。

例 32

```
AND  AL,3CH        ;8 位二进制分别进行与运算
AND  AX,BX         ;16 位二进制分别进行与运算
AND  DX,BUFFER[SI]
AND  [DI],CX
```

AND 指令可以有选择地屏蔽某些位（有选择地清 0），而保留另一些位（不变）。

例 33

```
MOV  AL, 1011 0101B     ; AL=1011 0101B
AND  AL, 0FH            ; AL=0000 0101B，保留低 4 位，高 4 位清 0
```

（2）测试指令

格式：TEST　OPD ，OPS

操作：OPD ∧ OPS

说明：TEST 指令将 OPD 和 OPS 按位进行逻辑“与”运算。但逻辑运算的结果不送回 OPD，即仅做 OPD ∧ OPS 运算，两个操作数的内容均保持不变，但运算结果影响状态标志位。

TEST 指令常常用于位测试，它与条件转移指令一起，共同完成对特定位状态的判断，并实现相应的程序转移。

例 34　测试 AL 的最高位是否为零，若不为零，则转移到 NEXT。

```
TEST  AL, 1000 0000B
JNZ   NEXT
  ⋮
NEXT: …
```

（3）逻辑“或”指令

格式：OR　OPD ，OPS

操作：OPD ← OPD ∨ OPS

说明：将 OPD 和 OPS 按位进行逻辑“或”运算（即相“或”的两位中任一位为 1 时结果为 1，否则为 0），并将结果送回 OPD。OR 指令可将寄存器或存储器中的某些特定的位设置成“1”，同时使其余位保持原来的状态不变。

操作数类型：同 AND 指令。

例 35　若欲将 AL 寄存器的最高位置“1”，而保持其余位不变时，可用如下指令：

```
OR   AL, 1000 0000B          ; AL←AL∨（1000 0000B）
```

（4）逻辑“异或”指令

格式：XOR　OPD，OPS

操作：OPD ← OPD ⊕ OPS

说明：XOR 指令将 OPD 和 OPS 按位进行逻辑“异或”运算（即相“异或”的两位数不相同时结果为“1”，否则为“0”），并将结果送回 OPD。

XOR 指令操作数的类型与 AND、OR 指令均相同。XOR 指令可将寄存器或存储器中的某些特定的位“求反”，而使其余位保持不变。

例 36 使 AL 寄存器中的第 1、3、5、7 位求反，第 0、2、4、6 位保持不变，可将 AL 和 1010 1010B（即 0AAH）“异或”。

```
MOV  AL, 0FH              ; AL = 0FH
XOR  AL, 1010 1010B       ; AL = 1010 0101B (0A5H)
```

XOR 指令的另一个用途是将寄存器的内容清 0。

例 37 XOR AX, AX ；将 AX 清 0，同时将 CF 清 0

XOR 指令和 AND、OR 等指令一样，也会将进位标志 CF 清 0。

（5）逻辑“非”运算

格式：NOT OPD

操作：OPD ←$\overline{\text{DST}}$

说明：NOT 指令使 OPD 按位取反，即其中所有“0”的位变为“1”，而所有“1”的位变为“0”。

操作数类型：OPD 可以是 8 位或 16 位的寄存器或存储器，但不能是立即数。

例 38

```
NOT  AH
NOT  WORD  PTR [BX][DI]
```

2. 移位指令 8086/8088 指令系统的移位指令包括逻辑移位和算术移位指令，移位指令的操作对象是一个 8 位或 16 位的寄存器或存储器操作数。可以向左或向右移位，移位次数由 COUNT 决定，COUNT 为 1 时移动 1 位。要求移多位时，移动位数必须事先放在 CL 寄存器中。移位指令影响除 AF 外的其他状态标志位。

（1）逻辑左移/算术左移指令

格式：SHL OPD，COUNT；逻辑左移指令
  SAL OPD，COUNT；算术左移指令

操作：如图 3-15 所示。

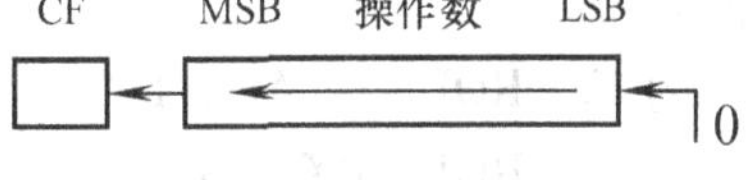

图 3-15 SHL/SAL 指令操作示意图

说明：SHL/SAL 指令将 OPD 顺序向左移 1 位或移 CL 寄存器中指定的位数。左移 1 位时，操作数的最高位 MSB 移入进位标志 CF，最低位 LSB 补 0，相当于无符号数乘上 2。由于两条指令具有相同的作用，故在 8086/8088 指令系统中只有一条 SHL。

例 39

```
① SHL  AH, 1                      ; AH 内容左移 1 位
② MOV  CL, 3
   SAL  SI, CL                     ; SI 内容左移 3 位
③ SAL  WORD  PTR[BX+50], 1        ; 字存储单元内容左移 1 位
```

（2）逻辑右移指令

格式：SHR OPD，COUNT

操作：如图 3-16 所示。

说明：SHR 指令将 OPD 顺序向右移 1 位或移 CL 寄存器中指定的位数。右移 1 位时，操作数的最低位移入进位标志 CF，最高位补 0。无符号数右移 1 位相当于除以 2。

例 40 MOV BL, 20H ; BL = 20H

SHR　BL，1　；BL = 10H

（3）算术右移指令

格式：SAR　OPD ，COUNT

操作：如图 3-17 所示。

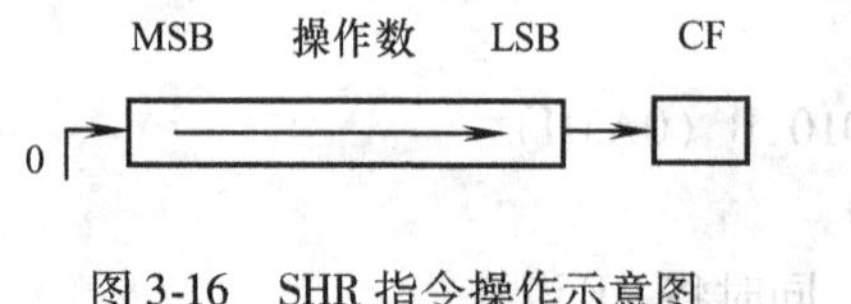

图 3-16　SHR 指令操作示意图

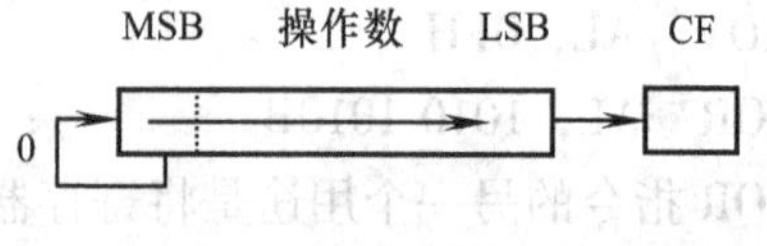

图 3-17　SAR 指令操作示意图

说明：SAR 指令将 OPD 向右移 1 位或由 CL 寄存器指定的位数。右移 1 位时，操作数的最低位 LSB 移入进位标志 CF，最高位 MSB 保持不变。算术右移 1 位相当于将该数除以 2。

例 41　SAR　AL，1

SAR　DI，CL

SAR　WORD　PTR TABLE[SI]，1

SAR　BYTE　PTR[BX]，CL

3. 循环移位指令　8086/8088 指令系统有 4 条循环移位指令，包括不带进位和带进位循环移位。循环移位指令的操作数类型与移位指令相同，可以是一个 8 位或 16 位的寄存器或存储器操作数。指令中指定的左移或右移的位数 COUNT 可以是 1 或由 CL 寄存器指定。所有循环移位指令都只影响进位标志 CF 和溢出标志 OF。

（1）循环左移指令

格式：ROL　OPD ，COUNT

操作：如图 3-18 所示。

说明：ROL 指令将 OPD 顺序向左移 1 位或移 CL 寄存器中指定的位数。左移 1 位时，操作数的最高位 MSB 移入进位标志 CF 的同时，还移到最低位 LSB 形成循环，进位标志位不在循环内。

例 42　ROL　　AH，1　　　；8 位二进制数循环左移 1 位

ROL　DX，CL　　　；16 位二进制数循环左移 CL 位

ROL　WORD　PTR[BX]，1

（2）循环右移指令

格式：ROR　OPD ，COUNT

操作：如图 3-19 所示。

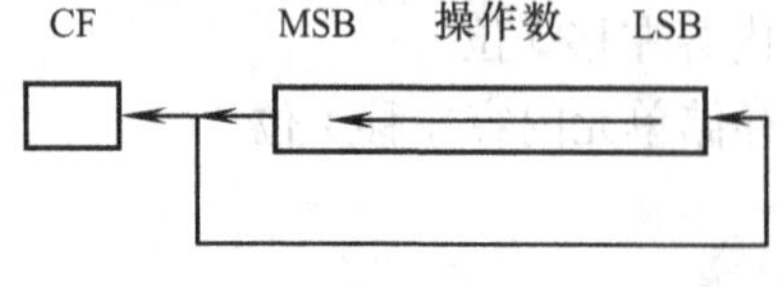

图 3-18　ROL 指令操作示意图

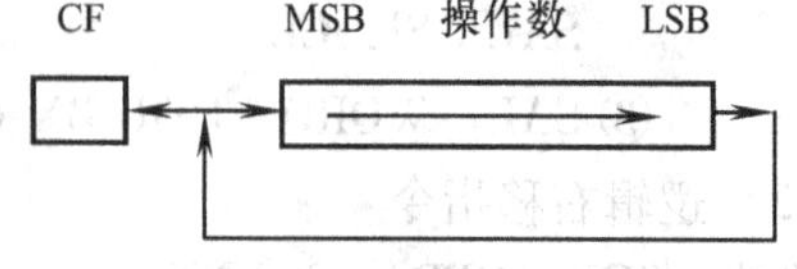

图 3-19　ROR 指令操作示意图

说明：ROR 指令将 OPD 顺序向右移 1 位或右移 CL 寄存器中指定的位数。右移 1 位时，操作数的最低位 LSB 移入进位标志 CF 的同时，还移到最高位 MSB 形成循环，进位标志位

不在循环环内。

例 43 ROR CX，1

ROR DX，CL

（3）带进位循环左移指令

格式：RCL OPD ，COUNT

操作：如图 3-20 所示。

说明：RCL 指令将 OPD 连同进位标志 CF 一起向左循环移动 1 位或 CL 寄存器中指定的位数。移动 1 位时，最高位 MSB 移入 CF，而原 CF 移入最低位 LSB。

例 44 RCL CX，1

RCL DX，CL

（4）带进位循环右移

格式：RCR OPD ，COUNT

操作：如图 3-21 所示。

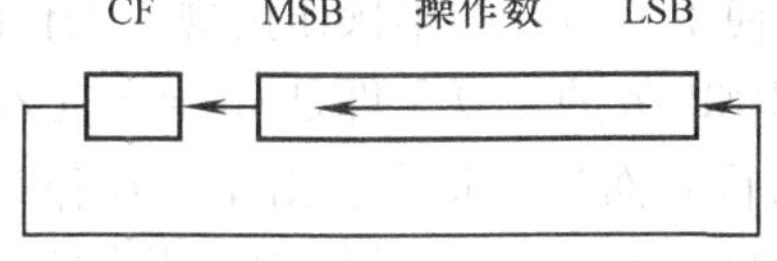

图 3-20 RCL 指令操作示意图

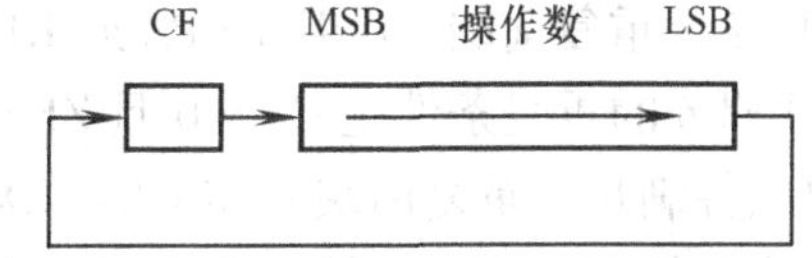

图 3-21 RCR 指令操作示意图

说明：RCR 指令将 OPD 连同进位标志 CF 一起向右循环移动 1 位或由 CL 寄存器中指定的位数。移动 1 位时，最低位 LSB 移入 CF，而原 CF 则移入最高位 MSB。

循环移位操作之后，操作数中原来各位的信息不会丢失，只是改变了位置，必要时可以恢复。

利用循环移位指令可以对寄存器或存储器中的任一位进行测试。

例 45 测试 AL 寄存器中第 5 位的状态，为“0”时转向 ZERO，否则向下继续执行。

方法 1 用循环移位指令实现：

```
        MOV     CL, 6
        ROR     AL, CL          ; 将 AL 的 bit5 移入 CF
        JNC     ZERO            ; 若 CF =0，则转向 ZERO 处
         ⋮                      ; 否则，继续执行
ZERO:…
```

方法 2 用测试指令实现：

```
        TEST    AL, 20H         ; 将 AL 与 20H 相“与”
        JZ      ZERO            ; 若结果为 0，则转向 ZERO 处
         ⋮                      ; 否则，继续执行
ZERO:…
```

3.2.4 串操作指令

8086/8088 指令系统中有一组串操作指令，能够对内存中地址连续的字节串或字串进行操作。串操作指令共有以下 5 条：串传送指令（MOVS）、串装入指令（LODS）、串送存指

令（STOS）、串比较指令（CMPS）和串扫描指令（SCAS）。

串操作指令具有以下几个共同特点：

（1）操作数的寻址

1）用寄存器 SI 寻址源操作数，且假定是在现行的数据段，隐含段寄存器 DS，但也允许段超越；用寄存器 DI 寻址目的操作数，且假定是在现行的附加段，隐含段寄存器 ES，不允许段超越。

2）每一次操作后自动修改地址指针，是增量还是减量修改由方向标志 DF 决定。当 DF =0 时，按增量修改；若 DF =1，按减量修改。增减的量值取决于所操作的数据类型。字节操作时，量值为 1，字操作时为 2。

（2）重复前缀 REP 和 REPE/REPZ

1）重复前缀 REP 加在串操作指令前，使串操作重复进行，重复的次数由 CX 的内容决定。因此，使用重复前缀以前应首先给 CX 赋值。重复前缀 REP 每执行一次，CX 的内容就减 1，直到 CX 减为 0 时，结束串指令操作。

2）条件重复前缀 REPE/REPZ 或 REPNE/REPNZ 使重复执行的串操作按规定条件结束。REPE/REPZ 的重复条件是 CX≠0 且 ZF =1，REPNE/REPNZ 的重复条件是 CX≠0 且 ZF =0。若重复条件满足，重复前缀先使 CX←CX -1，然后执行后面的串指令。由于串操作指令每次执行完后能自动修改地址，而重复前缀又能使其重复执行，所以带前缀的串指令相当于一段循环程序功能。

1. 串传送指令

```
格式：MOVS  目的串，源串      ；一般格式
      MOVSB                  ；字节格式
      MOVSW                  ；字格式
操作：[ES：DI] ← [DS：SI]
      SI ← SI ±1，DI ← DI ± 1（字节操作）
      或 SI ← SI ±2，DI ← DI ± 2（字操作）
```

说明：MOVS 指令将由 DS：[SI] 作为指针的源串中的一个字节或字内容传送到由 ES：[DI] 为指针的目的串单元中，然后自动修改地址指针，指向下一字节/字。MOVS 指令可与重复前缀 REP 联用，实现整个数据块的传送。

例 46 将数据区 DATA1 中的 20 个字节数据传送到 DATA2 区域内，可用以下两段程序分别实现。

程序段一：

```
         LEA   SI，DATA1     ；源数据区首单元的有效地址送 SI
         LEA   DI，DATA2     ；目的数据区首单元的有效地址送 DI
         MOV   CX，20        ；设置字节计数器 CX
NEXT：   MOV   AL，[SI]      ；取源数据区 [DS：SI] 中的一个字节
         MOV   [DI]，AL      ；存入目的数据区 [DS：DI]
         INC   SI            ；修改源数据区指针，指向下一字节
         INC   DI            ；修改目的数据区指针，指向下一字节
         DEC   CX            ；CX←CX -1
```

```
        JNZ     NEXT                ；若 CX≠0，转 NEXT
        HLT
```

程序段二：（使用重复前缀的串传送指令）

```
        MOV     AX，DS
        MOV     ES，AX              ；DS 和 ES 都指向同一个数据段
        LEA     SI，DATA1           ；装载地址指针
        LEA     DI，DATA2
        MOV     CX，20              ；设置字节计数器 CX
        REP     MOVSB               ；重复串传送
        HLT
```

上述两程序段完成相同的功能，显然使用串传送指令的程序段更简洁些。

2. 串比较指令

格式：CMPS 目的串，源串 ；一般格式

CMPSB ；字节串比较

CMPSW ；字串比较

操作：[DS：SI] - [ES：DI]

SI ← SI ±1，DI ← DI ±1（字节操作）

或 SI ← SI ±2，DI ← DI ±2（字操作）

说明：将由 SI 作为指针的源串中的一个元素（字节或字）与由 DI 为指针的目的串的相应元素相比较（目的串减源串，结果不送回目的串，但影响标志位），然后自动修改地址指针，指向下一元素。

CMPS 指令可加条件重复前缀 REPE 或 REPNE。用 REPE 作重复前缀时，检查两个字符串是否相同，发现不同立即停止比较。而用 REPNE 时则可检查两个字符串是否不同，发现相同立即停止比较。

例 47 试比较两个长度为 N 的字符串 STR1 和 STR2 是否相等。若相等，置 DL =1。否则，DL =0。

解：比较两字符串相等可采用对应字符逐个比较的方法。程序如下：

```
        LEA     SI，STR1
        LEA     DI，STR2
        MOV     CX，N
        CLD
        REPZ    CMPSB           ；未到串尾且对应字符相等时，继续比较
        JNZ     NOEQ            ；若串不等，转 NOEQ
        MOV     DL，1           ；若串相等，DL =1
        JMP     NEXT
  NOEQ：MOV     DL，0           ；串不等，DL =0
  NEXT：HLT
```

3. 串扫描指令

格式：SCAS 目的串

```
        SCASB                ；字节操作
        SCASW                ；字操作
```

操作：AL/AX -［ES：DI］

DI ← DI ± 1（字节操作）

或 DI ← DI ± 2（字操作）

说明：将 AL 或 AX 的内容减去由 DI 作为指针的目的串元素，结果影响标志位，但累加器及目的串的内容不变。该指令可用于搜索字符串中的关键字，欲搜索的关键字放在累加器中。用 REPNZ SCAS 指令可以在搜索到关键字后停下来。要注意的是搜索到关键字后，DI 内是该字符的下一个字符的地址。

例 48 搜索长度为 N 的数据块 BLOCK 中是否包含字符‘$’。若包含，则将第一个‘$’字符在该字符串中的位置记录在 DX 寄存器中；若不包含，则使 DX = 0FFFFH。

解：将要搜索的字符‘$’作为关键字，用串扫描指令。程序如下：

```
        LEA     DI，BLOCK
        MOV     AX，SEG  BLOCK
        MOV     ES，AX               ；装载 ES 和 DI
        MOV     BX，DI               ；保留起始地址
        MOV     CX，N
        MOV     AL,'$'
        CLD
        REPNE   SCASB
        JZ      FOUND
        MOV     DX，0FFFFH           ；未找到，DX = 0FFFFH
        JMP     NEXT
FOUND：DEC          DI
        SUB     DI，BX
        MOV     DX，DI               ；找到 BX = ‘$’字符位置
NEXT：  HLT
```

4. 串装入指令

```
格式：LODS  源串               ；一般格式
      LODSB                    ；字节操作
      LODSW                    ；字操作
```

操作：AL/AX ←［DS：SI］

SI ← SI ± 1（字节操作）

或 SI ← SI ± 2（字操作）

说明：将由 SI 作为指针的源串元素传送到 AL（字节操作）或 AX（字操作），然后自动修改指针，指向下一元素。LODS 指令一般不用重复前缀。

5. 串送存指令

```
格式：STOS  目的串             ；一般格式
      STOSB                    ；字节操作
```

STOSW ；字操作

操作：[ES：DI] ← AL/AX

DI ← DI ±1（字节操作）

或 DI ← DI ±2（字操作）

说明：将 AL 或 AX 的内容传送到由 DI 作为指针的目的串中，然后自动修改地址指针，指向下一元素。STOS 指令与 REP 联用时，可以把 AX 或 AL 中的内容存入一段指定长度的存储空间中。用 STOS 指令可方便地实现对一段存储区间的初始化。

3.2.5 控制转移指令

一般地，CPU 取指令的地址是由 CS 和 IP 决定的。通常情况下，指令是顺序执行的，每执行一条指令，CPU 都会把 IP 的内容加上这条指令的字节数，从而指向下一条指令。要想改变程序的流向，就必须改变 IP 或 CS、IP 的内容，使程序转向新的位置继续执行。

8086/8088 指令系统中有 4 组用于控制程序流向的指令，分别为转移指令、循环控制指令、过程调用指令和中断指令。这些指令以不同的方式修改 IP 或 CS、IP 的内容，实现控制程序转移的目的。

1. 无条件转移指令　无条件转移指令使程序无条件地跳转到指令中指定的目的地址去执行。根据转移目标的远近，可有以下几种情况：

（1）段内直接转移

格式：JMP 目标标号

操作：IP ← IP + disp16（目标标号所在处的偏移量）

说明：该指令将当前 IP 的内容加上 disp16，即：IP ← IP + disp16，代码段寄存器 CS 的内容不变，从而使控制转移到本程序段内的一个目的地址。相对位移量可正可负，其范围在 -32768 ~ +32767 之间。

例 49
```
      MOV   AX, BX
      …
      JMP   NEXT       ; 转到 NEXT 处执行
      …
NEXT: MOV   AX, 0
```

（2）段内直接短转移

格式：JMP SHORT 目标标号

操作：IP ← IP + disp8

说明：与段内直接转移类似，只是指令转移的相对位移量用 8 位二进制表示，范围在 -128 ~ +127之间。

（3）段内间接转移

指令格式：JMP 字地址指针

操　　作：IP ← EA

说　　明：指令中的操作数可以是一个 16 位的寄存器或字存储单元地址。指令用指定的寄存器或存储单元的内容作为转移目标的偏移地址 EA 取代原来 IP 的内容，以实现程序的转移。由于是段内转移，CS 寄存器的内容不变。

例 50
```
      JMP   AX         ; IP ← AX
```

JMP [BX] ; IP ←[BX+1][BX]

(4) 段间直接转移

格式：JMP 目标标号

操作：IP ← OFFSET 目标标号

CS ← SEG 目标标号

说明：目标标号是其他程序段内的一个标号。指令将目标标号的偏移地址取代指令指针寄存器 IP 的内容，同时将目标标号的段基址装入 CS（SEG 是取段基址操作符）。

例 51 JMP LABLE－NAME

(5) 段间间接转移

格式：JMP 双字地址指针

操作：IP ←[EA]

CS ←[EA+2]

说明：指令中的操作数是一个 32 位的双字存储单元。指令将存储单元前两个字节内容送到 IP 寄存器，后两个字节内容送到 CS 寄存器，以实现向另一代码段的转移。

例 52 JMP DWORD PTR [BX][SI]

其中：DWORD PTR 说明后面数据为双字。

2. 条件转移指令　条件转移指令都是依据标志寄存器状态标志位的值进行条件判断的。若条件符合，则转到操作数（一般位标号）指定的指令处执行；若条件不符合，则不转移，继续执行该指令后面的指令。条件转移指令共 18 条，有些是以单个标志位为条件，而有些以几个标志位的组合为条件。

(1) 根据单个标志位的条件转移指令，见表 3-2。其中 JCXZ 例外，是根据 CX 寄存器的值转移的。

表 3-2　单个标志位的条件转移指令

指令助记符	测试标志	转移条件	说　明
JC	CF	1	有进位或借位则转移
JNC		0	无进位或借位则转移
JZ/JE	ZF	1	为零或相等则转移
JNZ/JNE		0	不为零或不相等则转移
JS	SF	1	为负数则转移
JNS		0	为正数则转移
JP/JPE	PF	1	有偶数个“1”则转移
JNP/JPO		0	有奇数个“1”则转移
JO	OF	1	有溢出则转移
JNO		0	无溢出则转移
JCXZ	CX	0	CX 寄存器为零则转移

例 53 根据某一字节带符号数 X 是正、是零还是负使程序分别转移至标号为 PLUS、ZERO、MINUS 处执行，可用下列指令实现：

```
MOV   AL, X      ; AL←X
OR    AL, AL     ; AL 不变，但影响状态标志位
```

```
        JS      MINUS          ; X 为负，转向 MINUS
        JZ      ZREO           ; X 为零，转向 ZERO
PLUS：  …                      ; X 为正时的处理程序段
        ⋮
MINUS： …                      ; X 为负时的处理程序段
        ⋮
ZERO：  …                      ; X 为零时的处理程序段
```

注意：① 条件转移指令的目标标号必须是一个近标号，即目标地址到转移指令的下一条指令之间的距离必须在 -128 ~ +127 的范围内。如果指令规定的条件满足，则将这个位移量加到 IP 寄存器上，即 IP ← IP + disp8，实现程序的转移。

② 这些指令不影响标志位

(2) 根据复合标志位的条件转移指令。这类指令主要用于判断两个数的大小，根据相比较的数是无符号数还是带符号数而采用不同的复合标志位作为判断条件，指令见表 3-3。

表 3-3　复合标志位的条件转移指令

测试操作数类型	指令助记符	转移条件	说　明
无	JA/JNBE	CF = 0 且 ZF = 0	大于/不小于不等于转移
符	JAE/JNB	CF = 0 或 ZF = 1	大于等于/不小于转移
号	JB/JNAE	CF = 1 与 ZF = 0	小于/不大于不等于转移
数	JBE/JNA	CF = 1 或 ZF = 1	小于等于/不大于转移
带	JG/JNLE	SF = 0 且 ZF = 0	大于/不小于不等于转移
符	JGE/JNL	SF = 0 或 ZF = 1	大于等于/不小于转移
号	JL/JNGE	SF≠0 且 ZF = 0	小于/不大于不等于转移
数	JLE/JNG	SF≠0 或 ZF = 1	小于等于/不大于转移

注：上述带符号数比较的条件均假设 OF = 0，若 OF = 1，则各项判断条件相反。

比较两个数的大小时，既可选基于单个标志位的条件转移指令，又可根据数的特点选用有符号数或无符号数专用的比较转移指令，判断之前应先用比较指令做一次减法，设两数在 AX 与 BX 内，即为“CMP　AX, BX”，然后再选择条件转移指令，两数大小比较情况分析具体见表 3-4。

表 3-4　两数大小比较分析

比较类型	指　令	判断标志		结　果
两数相等	CMP　AX, BX	ZF = 1 ZF = 0		AX = BX AX≠BX
无符号数比较大小	CMP　AX, BX	CF = 1 CF = 0		AX < BX AX > BX
带符号数比较大小	CMP　AX, BX	OF = 0（无溢出） OF = 0（无溢出） OF = 1（有溢出） OF = 1	SF = 1 SF = 0 SF = 1 SF = 0	AX < BX AX > BX AX > BX AX < BX

3. 循环控制指令　程序中常常要重复执行一些程序段，形成循环。是否要重复执行某段程序是有条件的，例如使某段程序执行规定的次数，或满足某一条件时结束循环。循环转移指令控制转移的距离在 -128 ~ +127 的范围内。

表3-5给出了循环控制指令的定义，以LOOP为例，其指令格式为：

格式：LOOP　　目标标号

LOOP指令等效于下列指令：

DEC　　CX

JNZ　　目标标号

因此，欲使用循环控制指令，应在循环程序开始前，将循环次数送CX寄存器。

表3-5　循环控制指令

指令助记符	指　令　操　作
LOOP	CX←(CX)-1，若(CX)≠0，则转移(循环)；否则，顺序执行下一条指令(退出)
LOOPE/LOOPZ	CX←(CX)-1，若(CX)≠0且(ZF)=1，则转移；否则，顺序执行下一条指令
LOOPNE/LOOPNZ	CX←(CX)-1，若(CX)≠0且(ZF)=0，则转移，否则，顺序执行下一条指令

4. 过程调用和返回指令　编写程序时，常常会有一些程序段需要在不同的地方多次反复使用，则可以将这些程序段设计成为子程序，在需要时进行调用。调用子程序后，控制便转移到该子过程，执行子程序中的指令。子程序执行完后，控制又返回到调用处。调用及返回过程如图3-22所示。

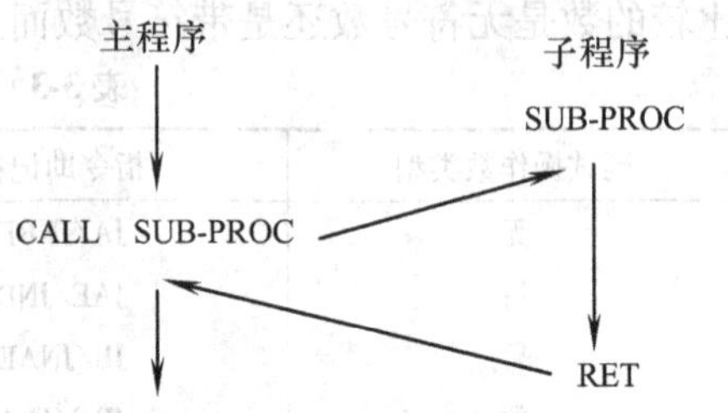

图3-22　调用返回过程示意图

（1）过程调用指令。执行CALL指令时，先将主程序的返回地址（CALL指令的下一条指令的地址）压入堆栈，然后转移到被调用的子程序处。

子程序有近程和远程两类。近程子程序只能被同一代码段内的程序所调用（段内调用），调用时CALL指令改变IP的值，从而转向子程序执行；远程子程序可以被本代码段，也可以被其他代码段的程序所调用（段间调用），调用时CALL指令要同时改变CS和IP的值，才能转入该子程序执行。

1）段内直接调用

格式：CALL　过程名

操作：SP ← SP －2，[SP+1][SP] ← IP，IP ← IP+disp16

说明：被调用过程是一个近过程，在本代码段内。CALL指令将IP（返回地址）压入堆栈，然后将CALL的下一条指令与被调用过程入口地址之间的16位相对位移量disp16加到IP上，使控制转到被调用的过程。

2）段内间接调用

格式：CALL　字地址指针

操作：SP ← SP －2，[SP+1][SP] ← IP，IP ← EA

说明：指令中的操作数是一个16位的寄存器或字存储单元，其中的内容是一个近过程的入口地址。CALL指令将返回地址IP压入堆栈，然后将寄存器或字存储单元的内容作为有效地址装入IP。

3）段间直接调用

格式：CALL　　FAR　PTR过程名

操作：SP ← SP －2，[SP+1][SP] ← CS，CS ← SEG　FAR－PROC

SP ← SP - 2, [SP+1] [SP] ← IP, IP ← OFFSET FAR-PROC

说明：被调用过程是一个远过程，该过程不在现行代码段内。段间直接调用指令首先将CS（断点的段基址）压入堆栈，并将远过程所在的段基址 SEG FAR-PROC 送 CS；再将 IP（断点的偏移地址）压入堆栈，然后将远过程的偏移地址 OFFSET FAR-PROC 送 IP。

4）段间间接调用

格式：CALL 双字地址指针

操作：SP ← SP - 2, [SP+1] [SP] ← CS, CS ← [EA+2]

SP ← SP - 2, [SP+1] [SP] ← IP, IP ← [EA]

说明：指令操作数是一个32位的双字存储单元，指令将CS寄存器的内容压入堆栈，并将操作数指向的存储器的后两个字节送CS；再将IP寄存器的内容压入堆栈，然后将存储器的前两个字节送IP。

例54
```
CALL  SUB-PROCA              ; 段内直接调用
CALL  AX                     ; 段内间接调用
CALL  WORD PTR [BX]          ; 段内间接调用
CALL  FAR PTR SUB-PROCX      ; 段间直接调用
CALL  DWORD PTR [BP] [SI]    ; 段间间接调用
```

（2）过程返回指令。子过程执行的最后一条指令必须是返回指令，用于返回到调用该子程序的断点处。返回指令的类型是隐含的，它自动与过程定义时的类型匹配。如为近过程，返回时将栈顶的一个字弹出到IP寄存器；如为远过程，返回时先从栈顶弹出一个字到IP，接着再弹出一个字到CS。

1）返回指令

格式：RET

操作：从近过程返回时 IP ←[SP+1][SP],SP ← SP+2

从远过程返回时 IP ←[SP+1][SP],SP ← SP+2;CS ←[SP+1][SP],SP ← SP+2

2）带弹出值的返回指令

格式：RET POP_ VALUE

操作：先执行与RET相同的操作，再修改SP：SP ← SP+POP_ VALUE。

说明：弹出值应为一个16位立即数，通常是偶数。弹出值表示返回时从堆栈中舍弃的字节数。例如：RET 4，返回时舍弃堆栈中的4个字节。

5. 中断指令 8086/8088指令系统中设置了在功能上类似于外部中断的操作来改变程序执行方向，调用一个类似于子程序的“中断服务程序”，这类操作叫做软件中断。

所有的中断操作均把标志寄存器入栈并通过一个中断矢量表，实现间接调用。所谓中断矢量，就是处理中断的“中断服务程序”的入口地址。每个矢量占4个字节，前2个字节为偏移地址，后2个字节为段地址。每一个中断有一个用8位二进制表示的编号，称为“中断类型”。中断矢量表存放在内存的物理地址为0~3FFH的1KB内，一共可存放256个不同中断类型的矢量。响应中断时，或者在执行中断指令时，把对应的中断矢量传送给寄存器IP和CS。

中断指令共有3条，指令格式为：

(1) INT n; n = 0 ~ 255

操作：$SP \leftarrow SP - 2, [SP+1][SP] \leftarrow (FLAGS), TF \leftarrow 0, IF \leftarrow 0;$

$SP \leftarrow SP - 2, [SP+1][SP] \leftarrow (CS), CS \leftarrow [4\times n+3][4\times n+2];$

$SP \leftarrow SP - 2, [SP+1][SP] \leftarrow (IP), IP \leftarrow [4\times n+1][4\times n];$

说明：执行 INT n 指令时，首先将标志寄存器 FLAGS 的内容入栈，其次，清除 TF 和 IF 标志以禁止单步方式并且屏蔽中断；然后将程序断点的段基址（CS）和偏移地址（IP）入栈。从中断矢量表的［4×n］~［4×n+3］单元取出两个字分别传送给 IP 和 CS，随后控制便转向中断服务程序。

(2) INTO

说明：INTO 指令检测到溢出标志 OF = 1 时，则启动一个中断类型号为 4 的中断过程。该指令可写在算术运算指令后面，处理溢出中断。

(3) IRET

说明：IRET 作为任何类型中断的中断服务程序执行的最后一条指令，用于退出中断。其操作是使断点的段基址（CS）和偏移地址（IP）及标志寄存器 FLAGS 的内容出栈，返回到中断时的断点处。

3.2.6 处理器控制类指令

1. 标志操作指令

CLC	; $CF \leftarrow 0$	清进位标志
CMC	; $CF \leftarrow \overline{CF}$	进位标志求反
STC	; $CF \leftarrow 1$	置进位标志
CLD	; $DF \leftarrow 0$	清方向标志
STD	; $DF \leftarrow 1$	置方向标志
CLI	; $IF \leftarrow 0$	清中断允许标志
STI	; $IF \leftarrow 1$	置中断允许标志

2. 其他处理器控制指令

(1) NOP　　；空操作

NOP 指令不做任何操作，它是一字节指令，放在程序中有两个作用：一是让它占有一定的存储单元，以便以后用其他指令代替；二是在一些对时间有严格要求的场合，可以用 NOP 来调整运行时间。

(2) HLT　　；暂停

HLT 指令使 CPU 处于暂停状态，直到下一次中断来到为止，中断处理结束后执行 HLT 指令的下一条指令。暂停状态也可以用复位清除掉。

(3) ESC　　；处理器交权

处理器执行 ESC 指令时把控制权交给协处理器如 8087，8087 能从 8086 指令流中接收自己所需的指令，并能利用 8086 的寻址方式为 8087 获取一个存储器操作数。

(4) WAIT　　；等待

处理器处于空转状态下工作，它对外的所有状态都保持原状。当外部中断到来后，开始执行中断处理程序，但中断结束后仍返回 WAIT 状态。WAIT 指令可用于使 CPU 与外部硬件相同步。

（5）LOCK　　；总线锁定前缀

LOCK 是一个一字节的指令前缀。执行该指令时，8086/8088 CPU 的总线锁定信号 LOCK 有效，使 CPU 在执行该前缀后的一条指令期间，将总线锁定，使其他主设备不能控制总线。

3.3　8086/8088 指令系统的简单应用

例 55　设 AX 、BX 内均为无符号数，编写 CX = | AX - BX | 的程序段。

方法一及方法二的流程图如图 3-23a、b 所示。

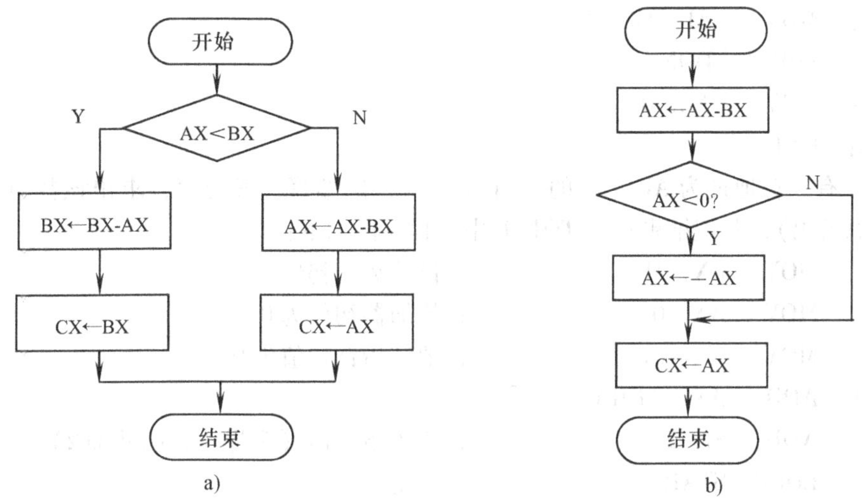

图 3-23　例 52 流程图

a）方法一流程图　b）方法二流程图

方法一程序如下：

```
        CMP   AX, BX
        JC    NEXT
        SUB   AX, BX
        MOV   CX, AX
NEXT:   SUB   BX, AX
        MOV   CX, BX
        HLT
```

方法二程序如下：

```
        SUB   AX, BX
        JNC   NEXT
        NEG   AX
NEXT:   MOV   CX, AX
        HLT
```

例 56 编写完成以下功能的程序段（其中 BL 内为有符号数）$AL=\begin{cases}1 & BL>0\\0 & BL=0\\-1 & BL<0\end{cases}$

程序如下：

```
        CMP    BL, 0
        JZ     ZERO
        JS     NEXT
        MOV    AL, 1
        JMP    DONE
NEXT:   MOV    AL, 0FFH
        JMP    DONE
ZERO:   MOV    AL, 0
DONE:   HLT
```

例 57 有一首地址为 ARRAY 的 M 个字数组，试编写一段程序，求出该数组的内容之和（不考虑溢出），并把结果存入 TOTAL 中，程序段如下：

```
        MOV   CX, M              ; 设计数器初值
        MOV   AX, 0              ; 累加器初值为0
        MOV   SI, AX             ; 地址指针初值为0
START:  ADD   AX, ARRAY [SI]
        ADD   SI, 2              ; 修改指针值（字操作，因此加2）
        LOOP  START              ; 重复
        MOV   TOTAL, AX          ; 存结果
```

例 58 有一字符串，存放在 ASCII STR 的内存区域中，字符串的长度为 L。要求在字符串中查找空格（ASCII 码为 20H），找到则继续运行，否则转到 NOTFOUND 去执行。实现上述功能的程序段如下：

解：

```
        MOV   CX, L                  ; 设计数器初值
        MOV   SI, -1                 ; 设地址指针初值
        MOV   AL, 20H                ; 空格的ASCII码送AL
  NEXT: INC   SI
        CMP   AL, ASCIISTR [SI]      ; 比较是否空格
        LOOPNZ  NEXT
        JNZ   NOTFOUND
        …
        …
```

复习思考题

1. 8086/8088 的主要寻址方式有哪几种？分别指出下列指令中源操作数和 OPD 的寻址方式。

(1) MOV　CX，100　　　　(2) MOV　AX，[1000H]

(3) MOV [BX], AL (4) MOV DX, DELTA [SI]

(5) MOV DS, AX (6) MOV TABLE [BP] [DI], DX

(7) MOV AH, ES: [BX + SI] (8) MOV 3 [BX], 1234H

2. 设 DS = 2100H, ES = 3000H, SS = 3500H, BX = 0200H, BP = 0120H, SI = 0540H, DELTA = 0100H, 试求出下列指令中存储器操作数的物理地址。

(1) ADD AL, [0020H] (2) XCHG 10 [BX], DX

(3) MOV CL, DELTA [SI] (4) CMP BYTE PTR [BP] [DI], 0FFH

(5) MOV ES: [1020H], CH

3. 指出下列指令的错误。

(1) MOV 3AH, AL (2) MOV AL, BX

(3) XCHG 20H, [BX] (4) MOV CS, AX

(5) MOV DS, 2000H (6) MOV BL, 300

(7) IN BL, 30H (8) OUT [DX], AX

(9) PUSH CL (10) CMP [DI], [SI]

4. 已知 AL = 0A5H, CL = 03H, CF = 1, 分别执行下列指令后, AL 的值是多少?

(1) MOV AL, CL (2) XCHG AL, CL

(3) ADD AL, CL (4) ADC AL, CL

(5) MUL CL (6) AND AL, CL

(7) SHR AL, CL (8) CBW

DIV CL

5. 已知 AX = 3452H, BX = 187FH, SP = 0100H, 试指出分别执行下列指令或指令组后, 相关寄存器的内容。

(1) PUSH AX, 执行后, AX、SP 的值是多少?

(2) PUSH AX

PUSH BX

POP DX

POP AX

执行后, AX、DX、SP 的值是多少?

6. 选用合适的指令分别完成下列任务。

(1) 将数 45F6H 传送给寄存器 DX。

(2) 将数据段中偏移地址为 100H 的存储单元内容传送给 BL 寄存器。

(3) 将段寄存器 DS 的内容入栈。

(4) 将累加器 AX 的内容清 0。

(5) 从 AX 寄存器中减去 036AH。

(6) 屏蔽 CX 寄存器的低 5 位。

(7) 将 BX 寄存器的高 3 位置 1。

(8) 将 AL 寄存器的第 0、3、7 位求反。

(9) 将 AL 寄存器的内容乘以 2。

(10) 把 BX 寄存器和 DX 寄存器的内容相加, 结果存入 DX 寄存器中。

7. 写出实现下列功能的指令组:

(1) 传送 25H 到 AL 寄存器。

(2) 将 AL 的内容乘以 2。

(3) 传送 15H 到 BL 寄存器。

(4) AL 的内容乘以 BL 的内容。

问：最后结果 AX = ?

8. 假定 BX = 1110 0011B，变量 VALUE 的值为 0111 1001B，确定下列各条指令单独执行后的结果。

(1) AND　BX, VALUE　　(2) AND　BX, 0

(3) OR　BX, VALUE　　(4) TEST　BX, 01H

(5) XOR　BX, 0FFH

9. 假定 DX = 1010 0101B，CL = 03，CF = 1，试确定下列各条指令单独执行后，DX 的值。

(1) SHR　DX , 1　　(2) SHL　DH, 1

(3) SAL　DL , 1　　(4) SAR　DX, CL

(5) ROL　DH , CL　　(6) ROR　DL, CL

(7) RCL　DX , CL　　(8) ROL　DX, CL

10. 下列指令组执行后，BX 寄存器中的内容是什么？

```
MOV     CL, 3
MOV     BX, 0B7H
ROL     BX, 1
ROR     BX, CL
```

11. 试分析下列程序完成什么功能。

```
MOV  CL, 4
SHL  DX, CL
MOV  BL, AH
SHL  BL, CL
SHR  BL, CL
OR   DL, BL
```

12. 假定 AX 和 BX 中的内容为无符号数，CX 和 DX 中的内容为带符号数，请用比较指令和条件转移指令实现以下判断。

(1) 若 AX 的内容大于 BX，则转移到 EXCEED。

(2) 若 DX 的内容大于 CX，则转移到 EXCEED。

(3) CX 的内容与 DX 相减，会产生溢出吗？若溢出，则转移到 OVERFLOW。

(4) BX 的内容为零吗？若为零，则转移到 ZERO。

(5) 若 AX 的内容与 BX 相等，则转移到 EQUAL。

(6) 若 CX 的内容小于 DX，则转移到 SMALL。

13. 若 AL = 03H，BL = 0FFH，指出下列指令单独执行后 SF、OF、ZF、PF、CF 的状态。

(1) ADD　AL, BL　　(2) SUB　AL, BL

(3) CMP　AL, BL　　(4) AND　AL, BL

(5) OR　AL, BL　　(6) XOR　AL, BL

(7) INC　BL　　(8) SHL　AL, 1

14. 试分析下列程序段：

```
ADD     AX, BX
JNC     L2
SUB     AX, BX
JNC     L3
JMP     SHORT L5
```

如果 AX、BX 的内容给定如下：

AX	BX
(1) 14C6H	80DCH
(2) B568H	54B7H

问该程序在上述情况下执行后，程序转向何处？

15. 编写一段程序，比较两个 5B 的字符串 OLDS 和 NEWS，如果 OLDS 字符串不同于 NEWS 字符串，则执行 NEW_ LESS，否则顺序执行。

16. 试编写一程序段，使数据段中偏移地址为 0200H 开始的 256B 单元的内容清 0。

17. 试编写一程序段，将字符串 STRING1 中的 20 个字符传送到 STRING2 中。

18. 已知存储器中存放有 100 个 8 位带符号数，存储区的首地址为 AREA，试编写一程序段，将各数取绝对值后放回原存储单元。

19. 已知存储器中存放有 100 个 8 位带符号数，存储区的首地址为 ARRAY，试将其中的最大值和最小值找出来，分别存放到 MAX 和 MIN 单元中。

20. 写出实现下列计算的指令序列。(假定 X、Y、Z、W、R 都为字变量)

(1) Z = (W * X)/(R + 6)　　　　(2) Z = ((W - X)/5 * Y) * 2

第4章 汇编语言程序设计

4.1 汇编语言简介

4.1.1 汇编语言的基本概念

汇编语言是面向机器的语言，它同具体机器紧密联系。用汇编语言编写程序可以充分利用机器的硬件资源特性，如寄存器、标志、存储器、中断系统等，能更有效地使用机器。此外，用汇编语言编程能准确地计算指令的执行时间，适于实时控制的应用场合，而且方便对I/O接口电路的控制管理。所以汇编语言常用于编写计算机系统程序、实时通信程序、实时控制程序，在程序分析和查错中也有着重要的作用，是诊断差错的强有力的工具。

用汇编语言编写的程序叫做汇编语言源程序，简称源程序。它在交付计算机执行之前也需要翻译成目标程序，机器才能执行。这个翻译过程叫做汇编，完成汇编任务的程序称为汇编程序。它是系统软件之一，是由机器生产厂家配置好交给用户使用的。目前，大多数微型机都配置有由 Microsoft 公司开发的具有宏汇编功能的宏汇编程序，即由 DOS 支持下的 MASM 程序。

4.1.2 汇编语言源程序的结构及语句格式

汇编语言源程序采用分段式结构，一个汇编语言源程序由若干个逻辑段组成，每个逻辑段以 SEGMENT 语句开始，以 ENDS 语句结束，整个源程序以 END 语句结束。下面给出一个简单的汇编语言源程序。

```
DATA    SEGMENT                         ;定义一个名字为 DATA 的段
DAT     DB  1,2,0                       ;在 DATA 段内定义 3 字节数据
DATA    ENDS                            ;DATA 段结束
;-----------------------------------------------------------------------------------------
STACK   SEGMENT  PARA  STACK            ;定义名字为 STACK 的堆栈段
        DW  20  DUP(0)                  ;堆栈段大小为 20 个字
STACK   ENDS                            ;堆栈段结束
;-----------------------------------------------------------------------------------------
CODE    SEGMENT                         ;定义一个名为 CODE 的程序代码段
        ASSUME  CS:CODE,DS:DATA,SS:STACK
BEGIN:  MOV   AX,DATA
        MOV   DS,AX                     ;给 DS 赋初值
        MOV   AL,DAT
        ADD   AL,DAT+1                  ;前两个数据相加
        MOV   DAT+2,AL                  ;和存入第三个数据的位置
        MOV   AH,4CH
        INT   21H                       ;使用系统调用返回操作系统
```

```
CODE    ENDS                              ;代码段结束
;-----------------------------------------------------------------------
        END    BEGIN                      ;源程序结束,入口地址为 BEGIN
```

从上面的例子可以看出,汇编语言源程序由若干段组成,最上面是数据段,接下来是堆栈段,最后是代码段。

4.2 汇编语言的语句

同高级语言一样,语句是汇编语言的基本组成单位,一个汇编语言源程序中有 3 种基本语句:指令语句、伪指令语句和宏指令语句。

4.2.1 指令语句

汇编语言的指令语句和伪指令语句的格式是类似的,格式如下:

[标号:] 操作码　操作数 [;注释]

其中,标号是标识符,应遵循标识符命名规则;操作码由所要做的操作来定;操作数可以是常量,也可以是表达式;注释项,用来加上必要的程序注释。

1. 标号字段　这是一个任选字段,标号实质上是指令的符号地址。不是所有指令语句都有标号,如果一条指令语句前面有一个标号,则程序的其他部分可以引用这个标号,如程序的跳转指令就是根据指令的标号来确定下面要执行的语句。

标号有 3 种属性:段、偏移量和类型。

标号的段属性是定义标号的程序段的段基值。

标号的偏移量属性表示该标号在段内的偏移地址,偏移量是一个 16 位无符号数。

标号的类型属性有两种:NEAR 和 FAR。前一种标号只能供同一段内的指令调用,后一种标号可以被其他段指令引用。

2. 指令助记符字段　该字段是汇编语言语句中不可省略的主要部分,是用符号表示的机器指令操作码,如:MOV,ADD 等,它表示这条语句要求 CPU 完成什么具体操作。

3. 操作数字段　指令助记符之后是操作数,按照指令助记符字段的要求,具体指明对哪些变量或常数进行操作。操作数字段可以包含两个操作数、一个操作数或无操作数。如 MOV、ADD 等指令要求有两个操作数,它们之间用逗号隔开;NEG、INC 等指令只需一个操作数;而 CLC 等指令的操作数已隐含在助记符中,不再需要操作数。操作数要依据指令系统所允许的寻址方式来表示。

可以作为操作数的有:常量、变量、表达式、寄存器和标号。

(1) 常量。常量就是指令中出现的一些固定值,可以分为数值常量和字符串常量。例如,立即寻址时所用的立即数,直接寻址时所用的地址,ASCII 码字符串等都是常量。常量除了自身值以外,没有其他的含义。在源程序中,数值常量可以用二进制数、八进制数、十进制数和十六进制数书写,用不同的后缀加以区别。还应指出,汇编语言要求数值常量的第一位必须是数字,如 FFH 应写成 0FFH,否则汇编时将会被看成是标号。

(2) 变量。变量是存放在存储单元或寄存器中的数据,这些数据在程序运行期间随时可以修改。寄存器有它固定的名字。存储单元的数据常以变量名的形式出现，它是存储单元的符号地址。变量也有3个属性：段、偏移量和类型。

（3）表达式。表达式是操作数常见的形式，它由常数、变量、标号通过操作运算符连接而成。表达式的值是在汇编时计算确定的，不是在程序运行时求得的。汇编语言中操作符分为算术运算符、逻辑运算符和关系运算符等。

1）算术运算符：常用的算术运算符有+(加)、-(减)、*(乘)、/(除)和MOD(模运算)等，算术运算的结果是一个数值。

例1 MOV AX，VARX+2

表示VARX的地址加2后对应的存储字单元内容送给AX。

2）逻辑运算符：逻辑运算符有：AND(逻辑"与")、OR(逻辑"或")、NOT(逻辑"非")和XOR(逻辑"异或")。逻辑运算用于数值表达式中对数值进行按位逻辑运算，并得到一个数值结果。

例2 MOV AL，0FH AND 35H

表示将0FH与35H按位相与后得到05H送给AL，这条指令与MOV AL，05H等效。

3）关系运算符：关系运算符有EQ(等于)、NE(不等于)、LT(小于)、GT(大于)、LE(小于等于)和GE(大于等于)。参加运算的必须是两个数值或同一个段中的两个存储单元地址，运算结果只能是"0"（全0）或"1"（全1）。关系式成立时，结果为"全1"（真）；关系式不成立时，结果为"全0"（假）。

例3 MOV AX，4 NE 3

由于4 NE 3关系式成立，故将0FFFFH送AX，这条指令与MOV AX，0FFFFH等效。

4）分析运算符：分析运算符有SEG、OFFSET、TYPE、LENGTH和SIZE。

①SEG运算符：利用SEG运算符可以得到一个标号或变量的段基值。下面的指令将ARRAY的段基值送给DS寄存器。

例4 MOV AX，SEG ARRAY
MOV DS，AX

②OFFSET运算符：利用OFFSET运算符可以得到一个标号或变量的偏移量。下面的指令将STRING的偏移地址送给DX。

例5 MOV DX，OFFSET STRING

③TYPE运算符：运算符TYPE的运算结果是一个数值，这个数值与操作数类型的对应关系见表4-1。

表4-1 TYPE返回值与操作数类型的对应关系

TYPE返回值	操作数的类型	TYPE返回值	操作数的类型
1	BYTE	-1	NEAR
2	WORD	-2	FAR
4	DWORD		

下面是使用TYPE运算符的例子：

例6 VAR DW 1234H
ARRAY DB 56H

```
        ⋮
    MOV     AX, TYPE VAR
    MOV     BX, TYPE ARRAY
```

前面两句定义变量 VAR 的类型为字(两个字节)，变量 ARRAY 的类型为字节。后面的指令中使用了 TYPE 运算符，执行后 AX 的值为 2，BX 的值为 1。程序中的 DW、DB 为定义“字”和“字节”的伪指令。

④LENGTH 运算符：这个运算符加在数组变量的前面，返回数组变量的元素个数。若使用了 DUP，则返回外层 DUP 给定值；如果没有使用 DUP，则返回的值是 1。下面是使用 LENGTH 运算符的例子。

例 7
```
D1  DB    10  DUP(0FH)
D2  DB    'ABCDEFGHIJK'
             ⋮
    MOV   BH, LENGTH D1
    MOV   BL, LENGTH D2
```

前面两句定义变量 D1、D2 的类型为字节，DUP 为重复操作符，表示从 D1 开始连续设定 10 个字节的空间，并且将其内容定为 0FH。后面两句指令使用了 LENGTH 运算符，执行后 BH 的值为 10，BL 的值为 1。

⑤SIZE 运算符：这个运算符加在数组变量的前面，返回数组变量所占的字节总数。它等于 LENGTH 和 TYPE 两个运算符返回值的乘积，下面是使用 TYPE 运算符的例子：

例 8
```
D3      DW   00H
D4      DB   10  DUP(0AH)
         ⋮
        MOV AH, SIZE D3
        MOV AL, SIZE D4
```

前面两句定义变量 D3 的类型为字，定义 D4 为连续 10 个字节，它们内容为 0AH。后面两句指令使用了 SIZE 运算符，执行后 AH 的值为 2，AL 的值为 10。

5）属性修改运算符：属性修改运算符是用来对变量、标号和存储器操作数的类型属性进行修改。属性修改运算符有 PTR、THIS 和 SHORT。

①PTR 运算符：运算符 PTR 可以指定或修改存储器操作数的类型。注意，这种修改是临时性的，仅在该语句内有效。下面是使用 PTR 运算符的例子。

例 9
```
INC    BYTE   PTR[BX]
```

该语句的目的操作数是内存单元，用寄存器作为地址指针。如果仅仅使用[BX]来表示该操作数，则汇编该语句时，不能确定该存储单元是字节单元还是字单元。因此，必须使用 BYTE PTR 说明它为字节操作数(若为字操作数,则使用 WORD PTR 说明)。

②THIS 运算符：运算符 THIS 也可以指定存储器操作数的类型。使用 THIS 运算符可以使标号或变量具有灵活性。例如，对同一个数据区，要求既可以以字节为单位存取数据，又可以以字为单位进行存取数据，则可由下面语句实现

例 10
```
DATA-B    EQU   THIS   BYTE
DATA-W    DW   20   DUP(00H)
```

上面的 DATA-B 和 DATA-W 实际上表示同一个数据区地址，由 20 个字组成，DATA-B 的类型为字节，而 DATA-W 的类型为字。

③SHORT 运算符：运算符 SHORT 指定一个标号的类型为“短标号”，即当前指令位置到这个标号的距离在 -128 ~ +127 个字节的范围内。短标号使用在转移指令之中，使用短标号的指令比缺省的“近标号”指令少一个字节。

6）其他运算符

①冒号运算符：冒号跟在段寄存器名之后，给一个存储器操作数指定段属性，而不管其原来的隐含段是什么。例如，取出 ES 段内偏移地址由 DI 指定的存储单元内容送 AX 的指令如下。

例 11 MOV AX，ES：[DI]

②字节分离运算符 LOW 和 HIGH：使用运算符 LOW 和 HIGH 可以分别得到一个数值或表达式的低位和高位字节。

例 12
```
DATAX   EQU   1234H
MOV   AL，LOW   DATAX
MOV   AH，HIGH   DATAX
```

第一行定义 DATAX 等于 1234H。第二行语句取 DATAX 的低位，即 34H 送入 AL 寄存器。第三行语句取 DATAX 的高位，即 12H 送入 AH 寄存器。

（4）运算符的优先级。当一个表达式中有几个运算符时，汇编程序要按以下规则进行运算：

- 先执行优先级别高的运算。
- 优先级别相同的运算，从左向右顺序进行。
- 可以使用圆括号改变运算顺序。

表 4-2 给出了运算符的优先级别。

表 4-2 运算符的优先级别

优先级别	运算符
高	LENGTH，SIZE，( )，[ ]
	:
	PTR，OFFSET，SEG，TYPE，THIS
	HIGH，LOW
	+，-（单项运算符）
	*，/，MOD，SHL，SHR
	+，-
	EQ，NE，LT，LE，GT，GE
	NOT
	AND
↓ 低	OR，XOR
	SHORT

4. 注释字段 这是一个任选字段，在汇编语言语句的最后。注释字段必须以分号“；”开始。如果注释的内容超出一行，则第二行也要以分号开始。程序设计人员可以用它对程序或指令加上注释，以便提高程序的可读性。注释字段的内容不影响程序的功能，也不出现在

汇编后的机器代码中。

4.2.2 伪指令语句

伪指令语句本身不会产生可执行的机器指令代码，它仅仅是告诉汇编程序有关源程序的某些信息，或者用来说明内存单元的用途。伪指令在汇编过程中由汇编程序进行处理。

1. 数据定义伪指令　数据定义伪指令用于定义变量的类型、给存储器赋初值或给变量分配存储单元。常用的数据定义伪指令有 DB，DW，DD 等。

数据定义伪指令的一般格式为：

［变量名］　　伪指令助记符　　数据表项

方括号中的变量名为任选项，变量名后面不跟冒号(:)。数据表项可以包含多个数据，它们之间用逗号分隔开，数据项可以是常量或常量表达式。数据定义伪指令助记符有以下 3 种：

（1）DB。定义变量类型为字节(BYTE)，DB 后面的每个数据占一个字节。DB 定义字符串，存的是字符的 ASCII 码值。

（2）DW。定义变量类型为字(WORD)，DW 后面的每个数据占一个字，即两个字节。在内存中，低字节在前，高字节在后。

（3）DD。定义变量类型为双字(DWORD)，DD 后面的每个数据占两个字。在内存中，低位字在前，高位字在后。

例 13　有下列数据定义语句：

```
D1  DB  1, -12
D2  DW  1, 2010H
D3  DD  1, 1020 3040H
```

图 4-1 表示出经过上述数据定义之后数据区的分配情况。这些伪指令能将其后的数据存入指定的内存单元，即在给变量定义名字的同时，也给变量一个初始化值。也可以只分配存储空间，而不放入具体数据。也就是说，数据表项中除了常数、表达式和字符串外，还可以是问号“?”，它仅给变量保留相应的存储单元，而不给变量赋初值。

例 14　有下列定义语句：

```
ABC     DB  0,?,?, 0
DEF     DW  ?, 52,?
```

其结果如图 4-2 所示。

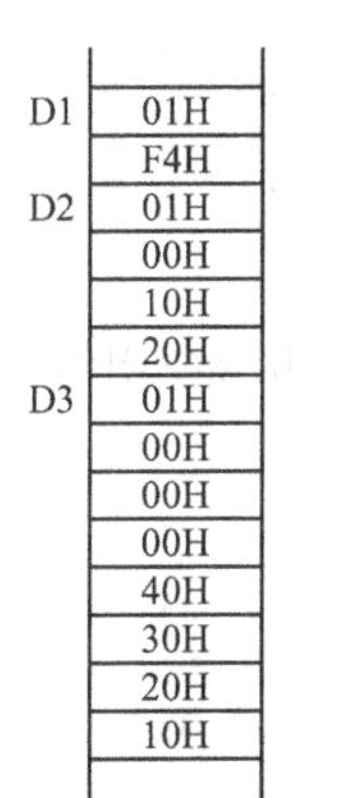

图 4-1　数据区的分配情况

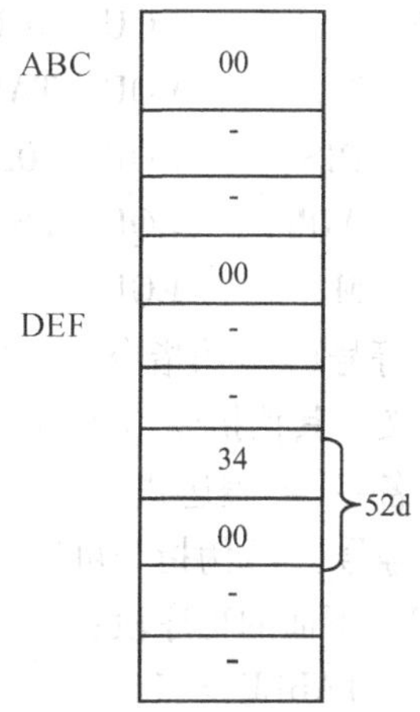

图 4-2　语句执行后结果

操作数也可以是字符串。

例 15 分别执行下列数据定义语句：

```
MESSAGE    DB  'HELLO'
MESSAGE    DB  'AB'
MESSAGE    DW  'AB'
```

则存储器存储情况如图 4-3 所示。

相同的操作数重复出现时，可用重复符号“DUP”表示，其格式为

n DUP(初值[,初值])

下面是用 DUP 表示操作数的例子。

ARRAY DB 1000 DUP(0)

第一行给字节变量 ARRAY 分配 1000 个字节的存储空间，每个存储单元的初值为 0。在使用这类数据定义伪指令时需要注意数据按顺序存放和类型匹配问题。

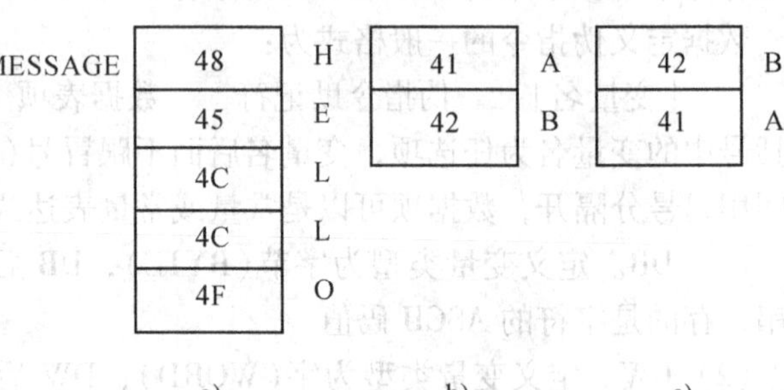

图 4-3 语句执行后结果

a) 字符串的存储 b) DB ‘AB’ c) DW ‘AB’

2. 符号定义伪指令 符号定义伪指令用于给一个符号重新命名或定义新的类型属性等。

(1) EQU 伪指令。EQU 伪指令将表达式的值赋予一个名字，以后可以用这个名字来代替对应的表达式。表达式可以是一个常数、符号、数值表达式或地址表达式，EQU 伪指令的格式如下：

名字 EQU 表达式

EQU 伪指令可以使程序更加简练。如果源程序中需要多次引用某个表达式，可以用一个比较简短的名字通过 EQU 伪指令来代表这个表达式。如果将来需要修改表达式，只需修改 EQU 语句中的表达式，而不必修改多处，便于程序的维护。需要注意的是，EQU 伪指令的表达式中若有变量、标号或常量名时，必须在该语句之前定义过；并且 EQU 伪指令不允许对同一符号重复定义。EQU 伪指令具体应用举例如下：

例 16

```
CR    EQU  0DH            ；定义 CR 为常数(回车的 ASCII 代码)
TAB   EQU  TABLE-ASCII    ；定义变量
DIS   EQU  1024*768       ；定义数值表达式
ADR   EQU  ES:[DI+3]      ；定义地址表达式
M     EQU  MOV            ；定义助记符
```

(2) 等号(=)伪指令。等号(=)伪指令的功能与 EQU 伪指令相仿，它可以对同一个名字重复定义。其伪指令格式如下：

名字 = 表达式

利用等号(=)伪指令可以使程序设计更加灵活。

例 17 下面的程序段：

```
TABLE = 1
MOV   AX, TABLE
```

```
RRRR: ADD   AX, 1
      ⋮
      TABLE = TABLE + 1
      MOV   AX, TABLE
      CMP   AX, 100
      JNE   RRRR
      ⋮
```

（3）LABEL 伪指令。LABEL 伪指令定义标号或变量的类型，其格式如下：

名字　　LABEL　类型

其中名字可以是标号或变量，LABEL 伪指令通常要与指令语句或 DB、DW、DD 伪指令语句连用。与指令连用，类型属性有 NEAR 和 FAR 两种；与 DB 等伪指令语句连用，可以使同一个数据区既有 BYTE 属性，又有 WORD 属性和 DWORD 属性，这样在以后的程序中根据不同的需要分别以字节或字为单位存取其中的数据。LABEL 伪指令具体使用如下：

例 18

```
DATAW    LABEL    WORD            ; 变量 DATAW 类型为 WORD
DATAB    DB   20   DUP (?)        ; 变量 DATAB 类型为 BYTE
         ⋮
         MOV   DATAW, AX          ; 按字存入
         MOV   DATAB[2], AL       ; 按字节存入
```

LABEL 伪指令也可以将属性已经定义为 NEAR 的标号再定义为 FAR 属性。

例 19

```
ABCF  LABEL     FAR           ; 过程入口(远程调用)
ABC:  MOV       AX, 0000H     ; 过程入口(段内调用)
      ⋮
```

上面的过程既可用标号 ABC 在本段调用，也可以用标号 ABCF 被其他段调用。

3. 段定义伪指令　段定义伪指令在汇编语言源程序中定义逻辑段。常用的段定义伪指令有 ASSUME、SEGMENT 和 ENDS 等。

（1）SEGMENT 和 ENDS。SEGMENT 和 ENDS 伪指令用于定义一个逻辑段，给逻辑段赋予一个段名，并在后面的任选项中给出这个逻辑段的其他特性，如定位类型、组合类型和类别。

段定义伪指令格式如下：

```
段名    SEGMENT [定位类型] [组合类型] ['类别']
        ⋮
段名    ENDS
```

SEGMENT 伪指令定义一个逻辑段的开始，ENDS 伪指令则表示一个逻辑段的结束，这两个伪指令总是成对出现，而且前面的段名必须一致。两个伪指令语句之间的部分是该逻辑段的内容。汇编语言的逻辑段包括代码段、数据段和堆栈段等。代码段主要是程序指令和某些伪指令；数据段用于定义数据和存储单元；堆栈段为堆栈操作预留出存储空间。

SEGMENT 伪指令后面可以有 3 个任选项。如果出现，三者的顺序必须符合格式中的规定。这些任选项是对汇编程序和连接程序的命令，它们告诉汇编程序和连接程序如何确定段的边界、如何组合几个不同的段等。

1）定位类型：定位类型任选项是告诉汇编程序如何确定逻辑段的边界在存储器中的位置，定位类型有4种。

①BYTE：表示逻辑段边界可以从任何一个字节开始。这样，该逻辑段可以紧接在前一个逻辑段的后面。

②WORD：表示逻辑段边界从字地址开始，这样该逻辑段的起始地址必须是偶数。

③PARA：表示逻辑段边界从节地址开始，16个字节称为一个节。如果省略定位类型任选项，汇编语言程序默认该逻辑段为PARA。

④PAGE：表示逻辑段边界地址从页边界开始，256个字节称为一个页。

下面是SEGMENT伪指令定位类型的应用举例。

例20
```
STACK   SEGMENT   STACK
        DW     100   DUP(0)
STACK   ENDS
DATA    SGEMENT   BYTE
DDD     DB  1, 2, 3, 4, 5
DATA    ENDS
CODE    SEGMENT   WORD
                  ⋮
CODE    ENDS
```

2）组合类型：SEGMENT伪指令的第二个任选项是组合类型，它告诉连接程序，装入存储器时各个逻辑段如何进行组合。组合类型有6种。

①NONE：此项为不组合，如果编程时省略SEGMENT伪指令的组合类型，则连接程序认为这个逻辑段是不组合的，即使两个段有相同的类别名，也作为不同的逻辑段分别装入内存。

②PUBLIC：汇编程序连接时，对于不同程序模块中的逻辑段，只要具有相同的类别名，就把这些段顺序连接成一个逻辑段装入内存。

③STACK：组合类型为STACK时，编译程序把所有同名段连接成一个连续的堆栈段。

④COMMON：该组合类型产生一个覆盖段。模块连接时，如果有相同的类别名，则都从同一个地址开始装入，因而连接的逻辑段将发生重叠。连接以后段的长度等于原来最长的逻辑段的长度，重叠部分的内容是最后一个逻辑段的内容。

⑤MEMORY：组合类型为MEMORY时，表示本段在存储器中应定位在所有其他段的最高地址。如果有多个段使用MEMORY，则只把第一个遇到的段当作MEMORY处理，其余的段均按PUBLIC处理。

⑥AT：AT组合类型表示本段可以定位在表达式所指示的边界上。如：

```
AT   0830H     ；本段的地址从0830H开始。
```

3）类别名：类别名必须用单引号括起来，类别名可由程序设计人员自己选定任何字符串组成，但它不能再作为程序的标号、变量名或其他定义的符号。在连接处理时，LINK程序把类别名相同的所有段存放在连续的存储区内。

下面是一个分段结构的源程序框架：

```
STACK1   SEGMENT   PARA   STACK 'STACK1'
```

```
        ⋮
STACK1  ENDS
DATA1   SEGMENT  PARA  'DATA1'
        ⋮
DATA1   ENDS
STACK2  SEGMENT  PARA  'STACK2'
        ⋮
STACK2  ENDS
DATA2   SEGMENT  PARA  'DATA2'
        ⋮
DATA2   ENDS
CODE    SEGMENT  PARA  MEMORY
        ASSUME  CS：CODE，DS：DATA1，SS：STACK1
BEGIN：  …
        ⋮
CODE    ENDS
        END  BEGIN
```

（2）ASSUME。ASSUME 伪指令指示汇编程序，将段寄存器与某个逻辑段建立对应关系，该伪指令不产生任何目标代码，ASSUME 伪指令的格式如下：

ASSUME　段寄存器名：段名[,段寄存器名:段名]

其中段寄存器名是指 4 个段寄存器 CS、SS、DS、ES 中的一个，段名是指逻辑段的段名。在一个源程序中，如果没有另外的 ASSUME 伪指令重新设置，原有的 ASSUME 语句的设置一直有效。

需要注意的是，ASSUME 伪指令只是告诉汇编程序段寄存器与逻辑段的关系，并没有给段寄存器赋予实际的初值。若要给段寄存器赋值，可参考下面程序。

```
CODE    SEGMENT
        ASSUME  CS：CODE，DS：DATA1，SS：STACK1
        MOV   AX，DATA1
        MOV   DS，AX
        MOV   AX，STACK1
        MOV   SS，AX
        ⋮
CODE    ENDS
```

4. 过程定义伪指令　程序设计中，常常把具有一定功能的程序段设计成一个子程序，汇编程序用“过程”来构造子程序。过程定义伪指令的格式如下：

```
过程名  PROC [NEAR / FAR]      ；NEAR 与 FAR 只选一个，或都不选
          ⋮
        RET
过程名  ENDP
```

其中，过程名不能省略，过程的开始和结束应使用同一个过程名。过程名也就是子程序的程序名，可以通过 CALL 指令调用，它类同于一个标号的作用，具有 3 个属性：段、偏移量和类型。类型可以选择 NEAR 或 FAR，如果没有选择距离类型，则默认为 NEAR。一个过程应该写在某一个逻辑段内。

例 21

```
CODE   SEGMENT
       ASSUME   CS：CODE
PROC1  PROC   NEAR
       ⋮
       RET
PROC1  ENDP
       ⋮
       CALL   PROC1
       ⋮
PROC2  PROC   FAR
       ⋮
       CALL   PROC1
       ⋮
       RET
PROC2  ENDP
       ⋮
       CALL   PROC2
       ⋮
CODE   ENDS
```

上面的过程 PROC2 可以被调用，而且它还可以调用其他过程。每一个过程中一定含有返回指令 RET，如果一个过程有多个出口，它就会有多个返回指令。注意，一个过程执行的最后一条指令必须是返回指令，或者说，子程序必须通过 RET 指令返回调用它的程序。

5. 定位伪指令 ORG 和当前位置计数器 $　汇编程序内，为了指示下一个数据或指令在相应段中的偏移量，汇编程序使用了一个当前位置计数器 $ 。

定位伪指令的格式为

ORG　表达式

它表示把表达式的值赋给当前位置计数器。

例 22

```
DATA   SEGMENT
       ORG   20H
D1     DB   12H，13H
       ORG    $+01H
D2     DB   61H，62H，63H
DATA   ENDS
CODE   SEGMENT
       ASSUME   CS：CODE，…
```

```
        ORG      100H
BEGIN: MOV   AX, DATA
        ⋮
CODE   ENDS
        END  BEGIN
```

上面的数据段中，D1 的段内偏移量为 0020H 而不是 0000H，D2 的段内偏移量是 0023H。代码段里，指令代码从偏移量 0100H 处开始。

6. 标题伪指令 TITLE　标题伪指令 TITLE 的格式为

TITLE　字符串

该伪指令用于给程序一个标题，列表文件中每一页的第一行都会显示这个标题。它是用户任意选定的字符串，但是字符的个数不能超过 60。

7. 模块连接中的伪指令 PUBLIC 和 EXTRN　一个较大的汇编程序往往是先编制若干个源程序(若干个程序模块)，然后通过连接程序把它们连成可执行程序。像这种多个模块的情况，它们之间存在着相互联系，而且这种联系通常是通过对符号的访问表达的。伪指令 PUBLIC 用于定义全局符号，EXTRN 说明本模块要访问的外部符号。未用上述伪指令说明的符号，默认为局部的符号。

全局符号伪指令语句的格式为

PUBLIC　符号 1，符号 2，…

外部符号伪指令的语句格式为

EXTRN　符号 1：类型，符号 2：类型，…

EXTRN 伪指令中的符号，不在本模块中定义，它们必须在其他模块中由伪指令 PUBLIC 定义，两者要相互对应。

下面是两个程序模块连接的例子。

例 23

```
TITLE    MODEL1
DATA1    SEGMENT
STR1     DB  'ABCDEF', '$'
DATA1    ENDS
STACK1   SEGMENT  PARA  STACK
         DW  20  DUP(0)
STACK1   ENDS
PUBLIC   STR1
EXTRN    DISP : FAR
CODE1    SEGMENT
         ASSUME  CS: CODE1, DS: DATA1, SS: STACK1
BEGIN:   MOV     AX, DATA
         MOV     DS, AX
         CALL    DISP
         MOV     AH, 4CH
```

```
        INT     21H
CODE1   ENDS
        END   BEGIN

TITLE   MODEL2
PUBLIC  DISP
EXTRN   STR1: BYTE
CODE2   SEGMENT
DISP    PROC   FAR
        MOV DX, OFFSET   STR1
        MOV   AH, 09H
        INT   21H
        RET
DISP    ENDP
CODE2   ENDS
        END
```

4.2.3 宏指令语句

汇编语言中，如果源程序中需要多次使用同一组指令，可以将这组指令定义为一个宏指令，以后需要时，可以简单地用一条宏指令来代替。

宏汇编程序 MASM 提供了丰富的宏操作伪指令语句，下面介绍几种常用的宏指令语句。

1. MACRO 和 ENDM　MACRO/ENDM 宏指令的格式为

```
宏指令名    MACRO
            ⋮           ；宏定义体
            ENDM
```

它是把一个宏指令名定义为宏指令体中的指令组。汇编时，MASM 对每个宏指令名用相应的宏定义体中的指令组代替。下面是宏定义的例子。

```
ADD1    MACRO
        ADD   AX, BX
        ENDM
```

宏定义允许带参数，此时宏指令具有更强的通用性。带参数的宏定义的格式如下：

```
宏指令名    MACRO   参数，参数，…
            ⋮                           ；宏定义体
            ENDM
```

带参数的宏定义的例子如下：

例 24
```
ADD1   MACRO   D1, D2
       MOV     AL, D1
       MOV     BL, D2
       ADD     AL, BL
       MOV     D1, AL
```

ENDM

2. PURGE　PURGE 的用途是取消已有的宏定义。汇编程序允许所定义的宏指令名与机器指令的助记符或伪指令的名字相同，汇编程序优先考虑宏指令的定义。也就是说，与宏指令同名的指令助记符或伪指令原来的含义失效。用伪指令 PURGE 取消宏指令定义后，可恢复这些机器指令或伪指令的原来含义。对一个宏指令名重新定义时，也必须用伪指令 PURGE 取消原来的宏定义。PURGE 的格式如下：

PURGE　　宏指令名，宏指令名，…

4.3　汇编语言程序设计及应用

4.3.1　程序设计的基本方法

汇编语言程序设计需要经过几个阶段。但问题的复杂程度不同，编程者的经验不同，使得程序设计的具体过程会有所不同。简单的问题可以直接进入程序设计阶段。对于复杂问题，在实际的程序设计中常常要经过以下几个阶段。

1. 分析题目　对给出的题目进行全面细致的了解和分析。一个实际的题目往往比较复杂，要从手工处理该问题的过程出发，“身临其境”地理解处理过程，逐步深入理解。

2. 建立数学模型　在分析问题和明确要求的基础上，建立数学模型。所谓数学模型是将物理过程或某种工作状态用数学表达式写出，例如，Y = X + 1 可以表示这条直线上所有点的 X，Y 坐标对应关系。对于难以找到解析表达式的过程，可以自定义其离散关系式。

3. 确定算法和处理方案　数学模型建立后，要研究具体的算法，也就是适合于计算机使用的计算方法，并对算法进行优化。

4. 画出流程图　流程图是对算法和整个程序结构的描述，它以图形的方式把解决问题的先后次序形象地描述出来，有利于程序的编写和调试。对于复杂的程序，一定要先画出流程图，这样才能从全局的角度来规划程序结构。

5. 编制程序　编制程序时，应先分配好存储空间及所使用的寄存器，根据流程图及算法编写程序。应注意的是，编写程序要简洁，尽量提高程序的可读性。另外，复杂的程序应划分为多个程序模块，逐个编写和调试。

6. 上机调试　程序编写完成之后，要进行上机调试。在调试过程中往往会碰到语法错误，连接错误等问题，这时需要修改源程序，再反复调试。复杂的程序一般要分块解决，也就是先对独立的模块进行单独调试，最后将整个程序连接在一起调试。

7. 试运行　程序调试成功后，并不代表程序设计整个过程完成，试运行程序及分析程序各模块运行结果是检验程序是否达到要求的最后环节。有时程序调试通过了，但在执行过程中，却不能达到原设计要求，这时还要动态地分析程序。从分析问题开始，对源程序进行修改，再对程序进行调试，最终达到设计要求。程序的使用环境与操作界面，要能满足用户的要求。

4.3.2　顺序程序设计

顺序结构是解决简单问题的一种程序设计方法，它按语句书写的先后次序执行一系列操作。程序中没有分支、循环和转移指令。

顺序结构程序在设计上比较简单，这种程序也称为直线程序。下面举例对顺序结构程序的设计作具体说明。

例 25 试编制汇编语言程序，试按公式 $Z=((X+Y)\times 8-X)/4$ 计算 Z 值，并将结果保存在 RESULT 中。

解：按题意，本题为典型的顺序结构。在已知 X、Y 的情况下，只需按公式计算 Z 值即可，故在数据段设定了 X、Y 的值。编制程序如下：

```
DATA1     SEGMENT
    X     DW  2
    Y     DW  4
RESULT    DW  ?
DATA1     ENDS
STACK1    SEGMENT  PARA  STACK
          DW  20  DUP(0)
STACK1    ENDS
CODE      SEGMENT
          ASSUME  CS:CODE, DS:DATA1, SS:STACK1
BEGIN:    MOV   AX, DATA1
          MOV   DS, AX
          MOV   BX, X              ; 取数 X
          ADD   BX, Y              ; 相加
          MOV   CL, 3              ; 设移位次数
          SAL   BX, CL             ; 乘 8
          SUB   BX, X              ; 减法
          MOV   CL, 2              ; 设移位次数
          SAR   BX, CL             ; 除法
          MOV   RESULT, BX         ; 存结果
          MOV   AH, 4CH
          INT   21H                ; 返回 DOS
CODE      ENDS
          END  BEGIN
```

由于 STACK1 堆栈段没有使用，在程序中没有给 SS 和 SP 赋值，如果使用 STACK1 堆栈段，注意要赋值（见例 33）。程序的数据段中存放了 X，Y 的值和结果存入单元 RESULT。该程序运行后，屏幕上没有输出。可以执行 DEBUG 程序观察运行结果。操作命令格式为：

C：\ MASM \ DEBUG 文件名 . EXE（回车）

可以使用 DEBUG 的 G 命令运行程序，使用 DEBUG 的 D 命令观察运行结果。设该程序名为 E41. EXE，具体的操作是：

```
C:\MASM>DEBUG  E41.EXE（回车）
-G（回车）
Program terminated normally
-D DS:100（回车）
```

屏幕将显示数据段的内容如下：

```
0DF2:0100  02 00 04 00 0B 00 00 00-00 00 00 00 00 00 00 00
0DF2:0110  00 00 00 00 00 00 00 00-00 00 00 00 00 00 00 00
0DF2:0120  0F 3E 4F 03 02 00 00 00-00 00 00 00 00 00 02 0E
0DF2:0130  3C 08 21 00 F2 0D 06 72-00 00 00 00 00 00 00 00
0DF2:0140  B8 02 0E 8E D8 8B 1E 00-00 03 1E 02 00 B1 08 D3
0DF2:0150  E3 2B 1E 00 00 B1 02 D3-FB 89 1E 04 00 B4 4C CD
0DF2:0160  21 04 22 D3 40 04 22 D3-40 2F 21 D3 40 2F 21 6B
0DF2:0170  44 64 20 DE 40 7D 22 13-41 AF 21 13 41 AF 21 13
-
```

从偏移地址100H开始的6B的内容可以看出，X、Y和RESULT的值(十六进制)分别为0002、0004、000B。可使用Q命令退出DEBUG程序，返回DOS。

例26 用查表的方法将0~9转换成ASCII码，并显示出来。

解：用查表的方法转换数据，通常是把表的首地址送入作为间接寻址的寄存器中(本例使用BX)，把要查找的表内单元的位移量送入另一个寄存器(本例为AX)，通过加法运算，得到要查找的表内单元的实际地址。ASCI单元为预留的结果存放单元，后面的‘$’为字符串结束标志，通过INT 21H的09H号功能调用，显示结果字符串。

编制程序如下：

```
DATA1   SEGMENT
NUM     DB  6                                  ; 设被转换的数为6
ASCI    DB  0, '$'                             ; 被转换的数的ASCII码将存放于此
TABLE   DB  30H, 31H, 32H, 33H, 34H            ; 数字字符0~9的ASCII码表
        DB  35H, 36H, 37H, 38H, 39H
DATA1   ENDS
STACK1  SEGMENT  PARA  STACK
        DW  20  DUP(0)
STACK1  ENDS
CODE    SEGMENT
        ASSUME  CS: CODE, DS: DATA1, SS: STACK1
BEGIN:  MOV   AX, DATA1
        MOV   DS, AX
        MOV   BX, OFFSET TABLE                 ; 取ASCII码表的首地址送BX
        MOV   AH, 00H
        MOV   AL, NUM                          ; 取被转换数6送AL
        ADD   BX, AX                           ; 表首地址加上6
        MOV   AL, [BX]                         ; 取出ASCII码
        MOV   ASCI, AL                         ; 存ASCII码
        LEA   DX, ASCI                         ; 字符串首地址送DX
        MOV   AH, 09H                          ; 09H号DOS功能调用，显示字符串
        INT   21H
```

```
        MOV    AH, 4CH
        INT    21H
CODE    ENDS
        END    BEGIN
```

例 27 对两个 4 位十进制数进行加法运算，十进制数用 BCD 码表示(1234 +5678)。

解：根据题意，在程序的数据段放置 BCD 码形式的十进制数。在计算中，考虑到多位数相加，应先从低位开始进行加法运算，在计算高位时，要用到带进位加法指令，注意 BCD 码的校正工作。

编制程序如下：

```
DATA1     SEGMENT
  DAT1    DB  12H, 34H             ; 定义十进制数1234 的BCD 码
  DAT2    DB  56H, 78H             ; 定义十进制数5678 的BCD 码
  SUM     DB  ?,?                  ; 预留和的存储区
  DISP    DB  ?,?,?,? '$'          ; 开辟和的 ASCII 码存储区
  DATA1   ENDS
  STACK1  SEGMENT  PARA  STACK
          DW  20  DUP(0)
  STACK1  ENDS
  CODE    SEGMENT
          ASSUME  CS: CODE, DS: DATA1, SS: STACK1
  BEGIN:  MOV   AX, DATA1
          MOV   DS, AX
          MOV   AL, DAT1 +1              ; 取被加数(低位)
          ADD   AL, DAT2 +1              ; 相加(低位)
          DAA                            ; BCD 码调整
          MOV   SUM +1, AL               ; 存和数(低位)
          MOV   AL, DAT1                 ; 取被加数(高位)
          ADC   AL, DAT2                 ; 带进位相加
          DAA                            ; BCD 码调整
          MOV   SUM, AL                  ; 存和数(高位)
          AND   AL, 0F0H                 ; 转换 ASCII 码
          MOV   CL, 4
          ROL   AL, CL
          ADD   AL, 30H
          MOV   DISP, AL                 ; 存入 ASCII 码(千位)
          MOV   AL, SUM                  ; 转换 ASCII 码
          AND   AL, 0FH
          ADD   AL, 30H
          MOV   DISP +1, AL              ; 存入 ASCII 码(百位)
```

```
        MOV    AL, SUM+1            ; 转换 ASCII 码
        AND    AL, 0F0H
        MOV    CL, 4
        ROL    AL, CL
        ADD    AL, 30H
        MOV    DISP+2, AL           ; 存入 ASCII 码(十位)
        MOV    AL, SUM+1            ; 转换 ASCII 码
        AND    AL, 0FH
        ADD    AL, 30H
        MOV    DISP+3, AL           ; 存入 ASCII 码(个位)
        LEA    DX, DISP             ; 调显示
        MOV    AH, 09H
        INT    21H
        MOV    AH, 4CH              ; 结束
        INT    21H
CODE    ENDS
        END    BEGIN
```

该程序运行后将在屏幕上显示 1234 和 5678 相加的结果。DAT1、DAT2 存入的值是 1234、5678 的 BCD 码形式。也可以通过键盘输入的方法将数送入，但要将 ASCII 码转换为 BCD 码。计算时注意对 BCD 码的调整，即在加法指令之后，加入加法调整指令 DAA。

4.3.3 分支程序设计

分支结构是对问题的处理方法有两种以上不同选择时采用的程序设计方法，在程序中根据某一判断的不同结果执行不同的程序段。典型的分支结构的流程图如图 4-4 所示。

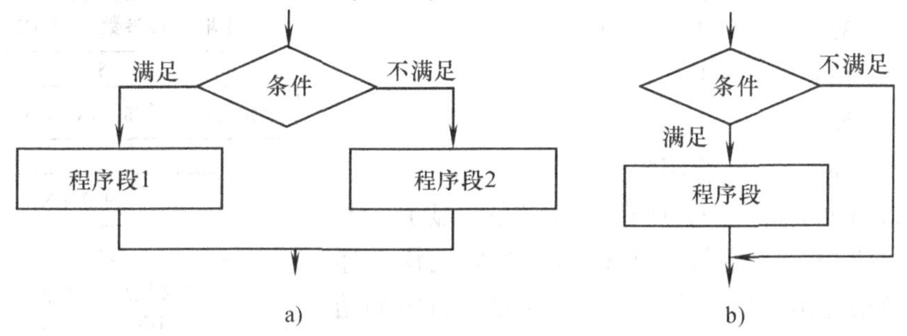

图 4-4 分支结构

a）分支结构 A b）分支结构 B

每一次对条件的判断都会产生两种可能的结果：真(条件满足)、假(条件不满足)。结构 A 中，判断的不同结果而决定执行不同的程序段；结构 B 中，判断的不同结果而执行或不执行某一程序段。

例 28 设计字符比较程序，两个字符相同时，显示 YES；不相同时，显示 NO。

解：根据题意，在数据段设定两个字节 D1、D2 存放待比较的字符，并开辟 MESS1、MESS2 区域分别存放表示结果的字符串 YES、NO。代码段的主要工作是取出两字符比较，并显示比较结果。本例属于图 4-4 中的分支结构 A。

编制程序如下：

```
DATA1     SEGMENT
D1        DB  'A'                ; D1 单元存入字符 A
D2        DB  'B'                ; D2 单元存入字符 B
MESS1     DB  'YES', '$'         ; 从 MESS1 开始的单元存入结果提示字符串 YES
MESS2     DB  'NO', '$'          ; 从 MESS2 开始的单元存入结果提示字符串 NO
DATA1     ENDS
STACK1    SEGMENT  PARA  STACK
          DW  20  DUP(0)
STACK1    ENDS
CODE      SEGMENT
          ASSUME  CS: CODE, DS: DATA1, SS: STACK1
BEGIN:    MOV    AX, DATA1
          MOV    DS, AX
          MOV    AL, D1          ; 取字符 1 送至 AL
          MOV    BL, D2          ; 取字符 2 送至 BL
          CMP    AL, BL          ; 比较两字符
          JNE    C1              ; 不等，转 C1
          LEA    DX, MESS1       ; 相等，调显示‘YES’
          JMP    C2
C1:       LEA    DX, MESS2       ; 调显示‘NO’
C2:       MOV    AH, 09H
          INT    21H
          MOV    AH, 4CH
          INT    21H
CODE      ENDS
          END    BEGIN
```

上例因为两个字符不同，所以运行程序后显示 NO。可以将 D1、D2 单元的字符设为相同，然后编译、连接、运行，观察输出结果。注意，字符 $ 是字符串的结束标志，遗漏时将连续显示下去，直到遇到字符 $ 的 ASCII 代码 24H 为止。

例 29 设计多路分支程序。现有 5 个程序段，各程序段的首地址分别为 P1，P2，P3，P4，P5，要求根据给定的参数转入相应的程序段。

解：根据题意，本题采用的多路分支结构，也是一种较常见的分支结构。程序框图如图 4-5 所示。将 5 个程序段的入口地址做成表 TABLE 放入数据段，程序根据给定的参数计算出欲转入的程序段的首地址在 TABLE

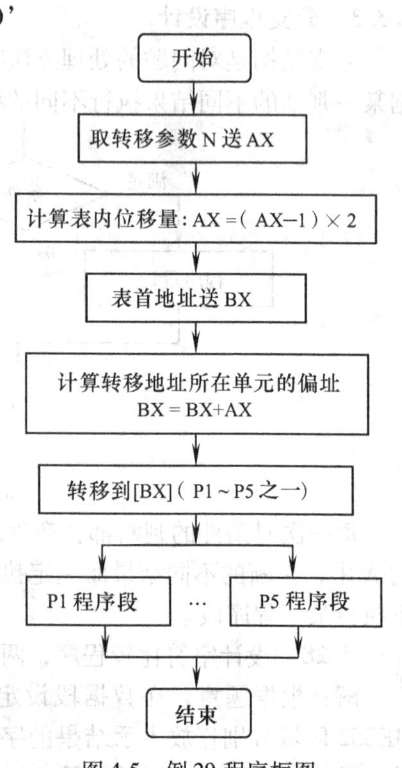

图 4-5　例 29 程序框图

中的位置后，取出该地址，跳转至该程序段。由于表中按“字”存放数据，则每个数据的位移量是0、2、4、6、8。对于给定参数N，计算位移量的公式是$N = (N-1) \times 2$。

编制程序如下：

```
DATA1   SEGMENT
TABLE   DW  P1, P2, P3, P4, P5           ; 转移地址表
DAT     DB  3                            ; 给定参数 N
CHAR1   DB  '1'                          ; 结果显示字符
CHAR2   DB  '2'
CHAR3   DB  '3'
CHAR4   DB  '4'
CHAR5   DB  '5'
DATA1   ENDS
STACK1  SEGMENT  PARA  STACK
        DW  20  DUP(0)
STACK1  ENDS
CODE    SEGMENT
        ASSUME  CS: CODE, DS: DATA1, SS: STACK1
BEGIN:  MOV     AX, DATA1
        MOV     DS, AX
        MOV     AL, DAT                  ; 取数送 AL
        MOV     AH, 00H
        DEC     AL                       ; AL 值减 1
        SHL     AL, 1                    ; AL 值乘 2
        LEA     BX, TABLE                ; 取表首地址
        ADD     BX, AX                   ; 形成转移地址
        JMP     [BX]                     ; 转移至相应程序段
P1:     MOV     DL, CHAR1                ; 调显示 1
        JMP     P6
P2:     MOV     DL, CHAR2                ; 调显示 2
        JMP     P6
P3:     MOV     DL, CHAR3                ; 调显示 3
        JMP     P6
P4:     MOV     DL, CHAR4                ; 调显示 4
        JMP     P6
P5:     MOV     DL, CHAR5                ; 调显示 5
P6:     MOV     AH, 02H                  ; 字符显示功能调用
        INT     21H
        MOV     AH, 4CH                  ; 结束
        INT     21H
```

```
CODE    ENDS
        END      BEGIN
```

运行后在屏幕上输出3，即运行了P3程序段。该程序利用了INT 21H显示功能演示了分支程序的走向。实际应用时，可以在各程序段中放入实际程序。

4.3.4 循环程序设计

循环结构按给定的条件重复做一系列的操作，直到条件满足为止。循环结构可以解决复杂的问题。注意，一个循环的内部可以有循环，但两个循环不能出现交叉。图4-6a是一种先比较的重复性结构(WHILE-DO型循环)，它表示如果某个条件成立，则重复做同一系列操作；图4-6b是先执行一系列操作，再去检查条件是否成立(REPEAT-UNTIL型循环)，如果条件尚未满足，则重复做上面的同一系列操作，这种循环结构至少要执行一次操作。

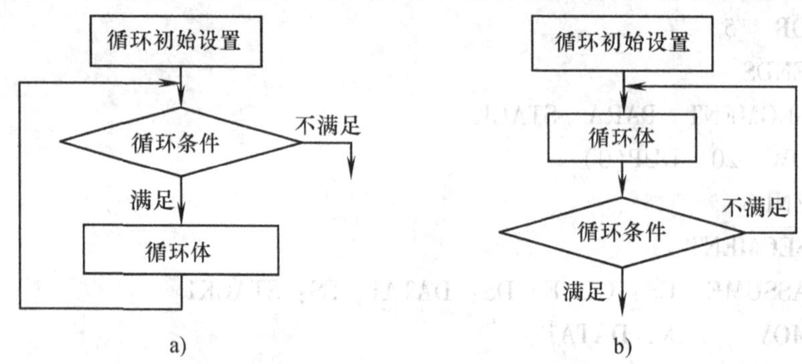

图4-6　循环结构

a）WHILE-DO型循环　b）REPEAT-UNTIL型循环

例30　设计字符串比较程序，当字符串相同时，显示YES；当字符串不同时，显示NO，设两组字符串的长度相同。

解：该题与例28类似，但由于需要多次进行字符的比较，因此程序采用了循环结构。具体做法是从第一个字符开始，取两个字符串的一个字符进行比较，如果相等，则取下一个字符继续比较；如果不等，则显示“NO”，并退出。重复以上过程，直到全部字符比较完毕。两个字符串完全相等时，显示“YES”。

编制程序如下：

```
DATA1   SEGMENT
S1      DB   'ARFJJFGFH'          ；字符串S1
S2      DB   'ARFJLKJGB'          ；字符串S2
MESS1   DB   'YES','$'
MESS2   DB   'NO','$'
DATA1   ENDS
STACK1  SEGMENT  PARA  STACK
        DW   20  DUP(0)
STACK1  ENDS
CODE    SEGMENT
        ASSUME   CS：CODE，DS：DATA1，SS：STACK1
```

```
BEGIN: MOV   AX, DATA1
       MOV   DS, AX
       MOV   CX, S2-S1          ; 取字符个数送计数器 CX
       LEA   SI, S1             ; 取字符串首地址
       LEA   DI, S2
NEXT:  MOV   AL, [SI]           ; 取串中一个字符
       MOV   BL, [DI]
       CMP   AL, BL             ; 比较
       JNE   P1                 ; 不相等，转 P1
       INC   SI                 ; 相等，地址加 1
       INC   DI
       DEC   CX                 ; 计数器 CX 减 1
       JNZ   NEXT               ; CX≠0，继续比较
       LEA   DX, MESS1          ; 调显示 'YES'
       JMP   P2
P1:    LEA   DX, MESS2          ; 调显示 'NO'
P2:    MOV   AH, 09H
       INT   21H
       MOV   AH, 4CH
       INT   21H
CODE   ENDS
       END   BEGIN
```

上例因为两个字符串不同，所以运行程序后显示 NO。可以将 S1、S2 单元的字符串设为相同，再编译、连接和运行后观察输出结果。

例 31 设计汇编语言程序，要求统计 DAT 数据区中 0、正数和负数的个数，结果存放在 D0、D1 和 D2 中。

解：根据题意，在数据段设定数据区 DAT 存放若干个带符号数，并开辟 D0、D1、D2 单元，用来分别存放 0、正数和负数的个数；程序逐个取出 DAT 中的数据与 0 比较，根据比较结果是等于、大于还是小于 0 来修改临时计数寄存器 BL、BH 和 DH，以统计 0、正数和负数的个数并最终存入 D0、D1 和 D2 中。程序框图如图4-7所示。

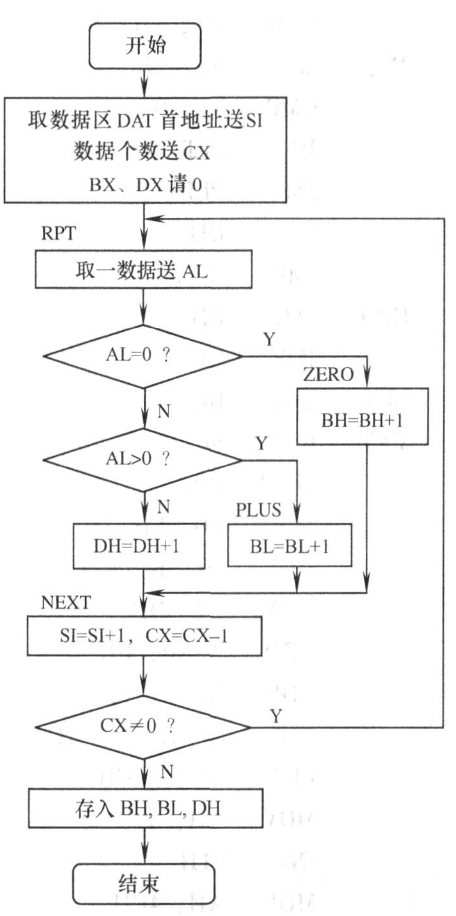

图 4-7　例 31 程序框图

编制程序如下：

```
DATA1  SEGMENT
DAT    DB -6,0,6,4,3,-5,0,-7,4,8
```

```
D0      DB  0
D1      DB  0
D2      DB  0
ASCII   DB  30H, ',', 30H, ',', 30H, '$'
DATA1   ENDS
STACK1  SEGMENT  PARA  STACK
        DW  20  DUP(0)
STACK1  ENDS
CODE    SEGMENT
        ASSUME  CS: CODE, DS: DATA1
        ASSUME  SS: STACK1
BEGIN:  MOV   AX, DATA1
        MOV   DS, AX
        MOV   BX, 0
        MOV   DX, 0
        LEA   SI, DAT             ; 取数据区首址
        MOV   CX, D0-DAT          ; 取数据区个数
RPT:    MOV   AL, [SI]            ; 取一数据
        CMP   AL, 0               ; 与0比较
        JE    ZERO                ; 相等，转ZERO
        JNS   PLUS                ; 为正，转PLUS
        INC   DH                  ; 为负，DH加1
        JMP   NEXT
ZERO:   INC   BH
        JMP   NEXT
PLUS:   INC   BL
NEXT:   INC   SI
        LOOP  RPT
        MOV   D0, BH
        MOV   D1, BL
        MOV   D2, DH
        ADD   ASCII, BH           ; 转换为ASCII码
        ADD   ASCII+1, BL
        ADD   ASCII+2, DH
        LEA   DX, ASCII           ; 调显示
        MOV   AH, 09H
        INT   21H
C2:     MOV   AH, 4CH
        INT   21H
```

```
CODE    ENDS
        END    BEGIN
```

程序运行后，屏幕显示“3，5，2”，它们分别代表0、正数和负数的个数。

例32 用减奇数法求10000的近似平方根。

解：用减奇数法可以求得近似平方根(算出平方根的整数部分)，方法是依据自然数中，1开始的连续 N 个奇数之和等于 N 的平方，例如：

$1+3+5=9=3\times3$

$1+3+5+7+9+11+13=49=7\times7$

$1+3+5+7+9+11+13+15+17+19=100=10\times10$

…

编制程序如下：

```
DATA1   SEGMENT
DAT     DW   10000
RESULT  DW   ?
DATA1   ENDS
STACK1  SEGMENT   PARA   STACK
        DW   20   DUP(0)
STACK1  ENDS
CODE    SEGMENT
        ASSUME  CS：CODE, DS：DATA1, SS：STACK1
BEGIN：  MOV    AX, DATA1
        MOV    DS, AX
        MOV    AX, DAT
        MOV    CX, 0
        MOV    DX, 1              ；设初始奇数
R1：     SUB    AX, DX             ；减奇数
        JB     R2                 ；不够减转R2
        ADD    DX, 2              ；够减，形成下一个奇数
        INC    CX                 ；统计奇数个数
        JMP    R1                 ；继续下一次减法
R2：     MOV    RESULT, CX         ；存结果
        MOV    AH, 4CH
        INT    21H
CODE    ENDS
        END    BEGIN
```

程序中DAT单元存放被开方数，运算结果(平方根)存在RESULT单元。执行DEBUG程序观察结果，RESULT单元的值为100(64H)。

4.3.5 子程序设计

在一个程序中，当不同的地方需要多次使用相同的某些处理过程时，常常将这些处理过

程单独编制一程序段，使用时就转移到这个程序段上，该程序段执行完毕后，又返回到原来的位置继续运行。这个单独编制的程序段称为子程序，转移到子程序的过程称为调用子程序。

1. 子程序的调用和返回　子程序的调用和返回可用指令 CALL 和 RET 实现。一般 CALL 指令在主程序中，而 RET 指令则在被调用子程序的末尾。当然，子程序还可以调用其他子程序或自身。

2. 现场信息的保护　由于子程序执行时可能要使用某些寄存器，而主程序在调用子程序的前后也可能正在使用这些寄存器，所以必须考虑现场信息的保护。例如，主程序中正在使用 AX、BX 和 CX 寄存器，子程序需要使用 BX，CX 寄存器，这时就要将 BX、CX 的内容压入堆栈，待子程序返回后，再从堆栈中恢复 BX、CX 的内容。在主程序中的调用子程序的格式为：

```
        ⋮
        PUSH  BX
        PUSH  CX
        CALL  SUBR
        POP   CX
        POP   BX
        ⋮
```

现场信息的保护也可在子程序中进行，这种情况下可以根据子程序要使用的寄存器来确定保存哪些寄存器。如子程序要用到 BX、CX，这时要在进入子程序后马上把 BX、CX 压栈，在结束子程序前，将 BX、CX 恢复。子程序中信息保护的格式为：

```
SUBR    PROC
        PUSH  BX
        PUSH  CX
        ⋮                 ；子程序功能段
        POP   CX
        POP   BX
        RET
SUBR    ENDP
```

3. 参数传递　子程序的设计要求有一定的通用性，主程序与子程序之间可以有参数传递。参数传递的主要方法有以下 3 种：

（1）用寄存器传递参数。这种参数传递方式通常是主程序将参数置入某寄存器中，而子程序则使用该寄存器中的参数；或子程序将处理结果存入某寄存器，返回给主程序后使用。

（2）用堆栈传递参数。这是一种通过堆栈这一公共存储区中进行参数传递的方法。主程序将参数依次压入堆栈，而子程序则按相反的顺序从堆栈中取出参数处理；或子程序向主程序回传参数。

（3）用公用数据区传递参数。这种方式是在内存中开辟一数据区，主程序和子程序均可对该区域进行数据的存取。

另外，当使用堆栈较多时，最好设立自己的堆栈区，并且给 SS 和 SP 赋值。同时要注意入栈与出栈的顺序，先入栈的信息最后出栈。下面例子中有给 SS 和 SP 赋值的方法。

例 33 将给定的一组字数据 X、Y 代入 Z = ((X + Y) ×2 − X) ×4 公式中，计算 Z 的值。

解：程序设计中选择 SI、DI 和 BX 作为数据区 X、Y、Z 的地址指针，CX 为计数器，并采用子程序完成 Z 的计算。编程中注意到在子程序中所用寄存器 BX、CX 内容的保护与返回主程序前的恢复。程序框图如图 4-8 所示。

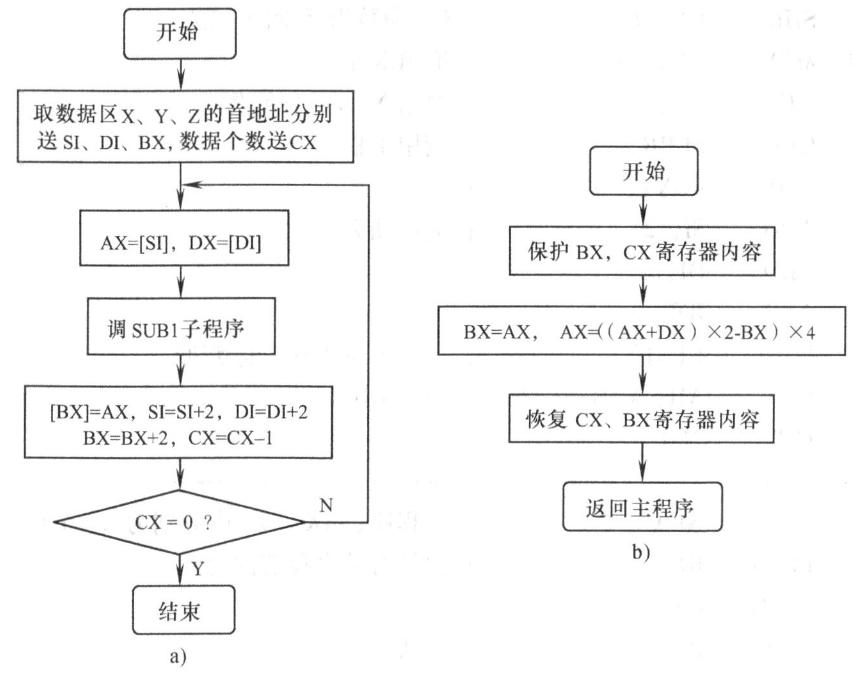

图 4-8 例 33 程序框图

a）主程序框图 b）子程序框图

编制程序如下：

```
DATA1   SEGMENT
X       DW  5, 3, 6, 4, 2, 0, 7, 9, 8, 1
Y       DW  2, 4, 3, 8, 9, 1, 5, 0, 6, 7
DATZ    DW  10  DUP(?)
DATA1   ENDS
STACK1  SEGMENT  PARA  STACK
        DW  40  DUP(0)
TOP1    LABEL  WORD
STACK1  ENDS
CODE    SEGMENT
        ASSUME  CS: CODE, DS: DATA1, SS: STACK1
BEGIN:  MOV     AX, STACK1
        MOV     SS, AX              ；对 SS 和 SP 赋值
```

```
        MOV     SP, OFFSET  TOP1
        MOV     AX, DATA1
        MOV     DS, AX
        LEA     SI, X              ; 取数据区首地址
        LEA     DI, Y
        LEA     BX, DATZ
        MOV     CX, Y-X            ; 数据区 X 所占字节数送计数器 CX
        SHR     CX, 1              ; CX 为数组元素的个数
REAPT:  MOV     AX, [SI]           ; 取出 X 的一个元素
        MOV     DX, [DI]           ; 取出 Y 的一个元素
        CALL    SUBR               ; 调用子程序
        MOV     [BX], AX           ; 存入 Z 中
        ADD     SI, 2              ; 地址加 2
        ADD     DI, 2
        ADD     BX, 2
        LOOP    REAPT              ; CX-1 不为 0，重复执行
EXIT:   MOV     AH, 4CH            ; 返回 DOS
        INT     21H
; ---------------------------------------------------------------------------
SUBR    PROC    NEAR               ; 子程序，AX、DX 中分别为 X、Y 的一个元素
        PUSH    BX                 ; 保护有关寄存器内容
        PUSH    CX
        MOV     BX, AX             ; 公式计算
        ADD     AX, DX             ; AX = X + Y
        SAL     AX, 1              ; AX = (X + Y) ×2
        SUB     AX, BX             ; AX = (X + Y) ×2 - X
        MOV     CL, 2
        SAL     AX, CL             ; AX = ((X + Y) ×2 - X) ×4
        POP     CX                 ; 恢复寄存器内容
        POP     BX
        RET                        ; 返回
SUB     ENDP
CODE    ENDS
        END     BEGIN
```

子程序运行时可以再调用其他子程序，下面是一个这方面例子。

例 34 设有两个无符号的数 7 和 8，存放在 DAT 开始的单元中，求它们的和，结果存在 SUM 单元里，最后将和转换成十六进制数，并显示出来。

解：程序设计中，主程序取出 DAT 地址后调用子程序 SUB1，进行求和运算，结果存入 SUM 单元。在 SUB1 中又调用了子程序 SUB2，SUB2 的作用是将 16 位二进制数转换为 4 位

十六进制数的 ASCII 码，并且显示。这里的显示采用 INT 21H 中断的 02H 功能，将 DL 寄存器里的 ASCII 代码送屏幕上显示。程序框图如图 4-9 所示。

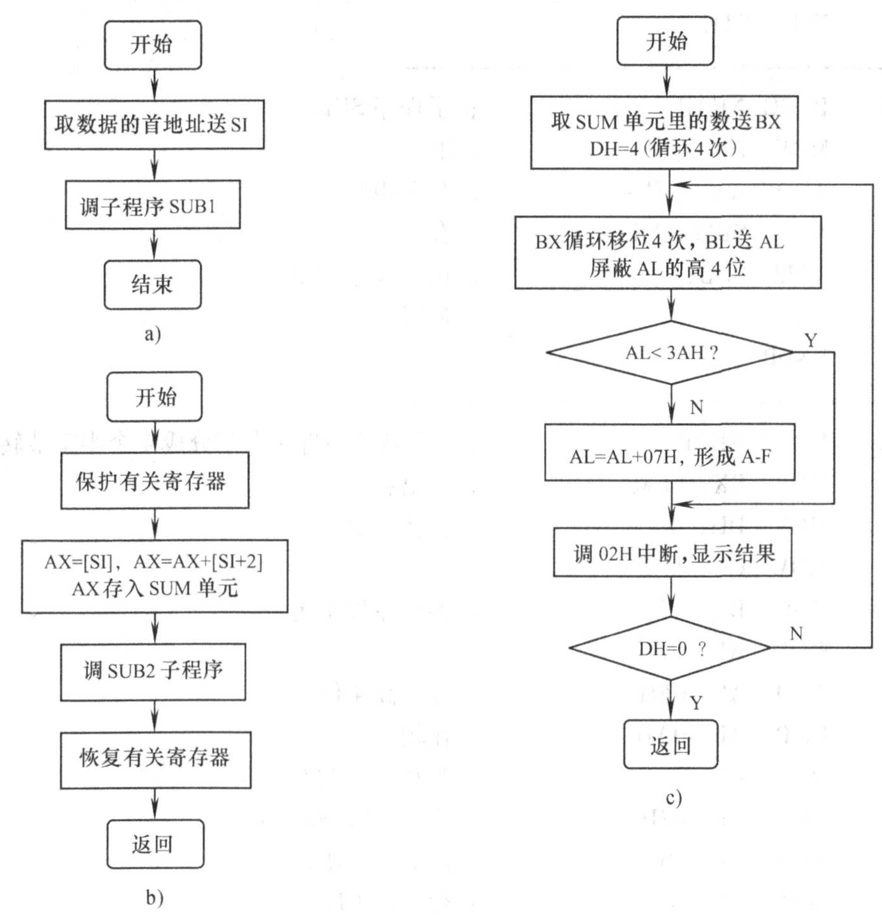

图 4-9　例 34 程序框图

a）主程序框图　b）SUB1 框图　c）SUB2 框图

编制程序如下：

```
DATA1   SEGMENT
DAT     DW   7, 8
SUM     DW   0
DATA1   ENDS
STACK1  SEGMENT   PARA   STACK
        DW   40   DUP(0)
STACK1  ENDS
CODE    SEGMENT
        ASSUME  CS: CODE, DS: DATA1, SS: STACK1
BEGIN:  MOV   AX, DATA1
        MOV   DS, AX
        LEA   SI, DAT                ；取 DAT 首地址
```

```
        CALL  SUB1              ；调子程序 SUB1
        MOV   AH，4CH           ；结束
        INT   21H
；------------------------------------------------
SUB1    PROC  NEAR              ；子程序 SUB1
        MOV   AX，[SI]          ；取出数 7
        ADD   AX，[SI+2]        ；与 8 相加
        MOV   SUM，AX           ；存数
        CALL  SUB2              ；调子程序 SUB2
        RET                     ；返回
SUB1    ENDP
；------------------------------------------------
SUB2    PROC  NEAR              ；子程序 2，将一个字分成 4 个半字节转换
        MOV   BX，SUM           ；取出和
        MOV   DH，4             ；转换次数
R1：    MOV   CL，4
        ROL   BX，CL            ；循环左移 4 次
        MOV   AL，BL
        AND   AL，0FH           ；屏蔽高 4 位
        CMP   AL，0AH           ；比较
        JL    R2                ；为 0～9，则转至 R2
        ADD   AL，07H           ；为 A～F，则加 7
R2：    ADD   AL，30H           ；形成 ASCII 码
        MOV   DL，AL            ；数据送 DL
        MOV   AH，02H           ；功能号为 02H
        INT   21H               ；调显示功能
        DEC   DH
        JNZ   R1
        RET                     ；返回
SUB2    ENDP
CODE    ENDS
        END   BEGIN
```

例 35　将四位十六进制数(ASCII 码)转换为十六位二进制数。

解：4 个十六进制数的 ASCII 码转换为两字节的二进制数的转换规律是数字字符 0～9 的 ASCII 码低 4 位与对应的二进制数相同，对这一范围内的数值进行转换时，只需对 ASCII 码的高 4 位清 0 就行了；而 A～F 的 ASCII 码与它们所表示的二进制数 1010～1111 刚好相差 37H(a～f 则相差 57H)，在处理这一范围的 ASCII 码时，要做适当的校正。

编制程序如下：

```
DATA1   SEGMENT
```

```
MESSAGE   DB  'PLEASE  INPUT  4  HEX  NUMBERS(0~F): $'
DHEX      DB  4, 0, 5  DUP(0)
DBIN      DW  0
DISP2     DB  0DH, 0AH, 'ERROR ! ', '$'
DISP3     DB  0DH, 0AH, 'OK ! ', '$'
DATA1     ENDS
STACK1    SEGMENT  PARA  STACK
          DW  20  DUP(0)
STACK1    ENDS
CODE  SEGMENT
      ASSUME  CS: CODE, DS: DATA1, SS: STACK1
BEGIN:   MOV    AX, DATA1
         MOV    DS, AX
         LEA    DX, MESSAGE
         MOV    AH, 09H
         INT    21H            ; 提示输入4位十六进制数
         LEA    DX, DHEX
         MOV    AH, 0AH
         INT    21H            ; 输入十六进制数
         LEA    SI, DHEX+2     ; 数据的首址送SI
         MOV    CH, 4          ; CH为十六进制数的位数
         MOV    AX, 0          ; 二进制数暂存AX中
CONV:    MOV    BL, [SI]       ; 代码转换，取出1位十六进制数
         CMP    BL, '0'        ; 与'0'比
         JB     ERR1           ; 小于0，转ERR1(错误处理)
         CMP    BL, '9'        ; 与'9'比
         JBE    ASCBIN         ; 小于等于'9'，转ASCBIN(转换)
         CALL   HEX            ; 调用字母转换成数据的子程序
         JC     ERR1           ; 有错，转ERR1
ASCBIN:  AND    BL, 0FH        ; 屏蔽高4位(置零)
         MOV    CL, 4
         SAL    AX, CL         ; 将AX左移4位
         OR     AL, BL         ; 将BL的低4位并入AX的低4位中
         INC    SI             ; 地址加1，指向下一位十六进制数
         DEC    CH
         JNE    CONV           ; 不到4位，继续转换
         MOV    DBIN, AX       ; 结果(二进制数)存入
         LEA    DX, DISP3
         MOV    AH, 09H
```

```
        INT     21H         ; 显示‘OK!’
        JMP     EXIT
ERR1:   MOV     DBIN, 0
        LEA     DX, DISP2
        MOV     AH, 09H
        INT     21H         ; 显示‘ERROR!’
EXIT:   MOV     AH, 4CH
        INT     21H
HEX     PROC                ; 处理字母子程序，判断是否为‘A’ ~‘F’之一
        CMP     BL, 'F'     ; BL与‘F’比较
        JA      ERR2        ; 大于‘F’，转至ERR2
        CMP     BL, 'A'     ; BL与‘A’比较
        JB      ERR2        ; 小于‘A’，转至ERR2
        SUB     BL, 07H     ; 转换为二进制数
        CLC                 ; 清标志位，表示正确
        RET                 ; 返回
ERR2:   STC                 ; 出错处理，置标志位
        RET                 ; 返回
HEX     ENDP
CODE    ENDS
        END     BEGIN
```

程序可用DEBUG调试运行，运行后在DATBIN单元中可以看到转换的结果。例如，输入7BFC，结果为0111 1011 1111 1100。

4.3.6 DOS系统功能调用

DOS为程序设计人员提供了许多功能调用，即功能子程序，供用户调用。调用时使用中断指令：

INT n

其中，n为中断调用类型号，其范围是10H~0FFH。在使用INT指令前，应将调用的功能号送入AH寄存器，有关入口参数送入指定的寄存器中。若有出口参数，中断返回后，放在指定的寄存器或存储单元中，用户可以取出使用。

DOS系统功能调用的类型号是21H。这些子程序的功能有基本I/O、磁盘读写控制、文件操作及目录管理、内存管理等。程序设计人员不必过问这些子程序的内部细节，只要遵照调用方法就行。全部的DOS系统功能调用见附录C。下面对部分功能调用举例说明。

1. 带显示的键盘输入[AH=01H]　该功能调用是等待键盘输入，按下一个键(字符键)后，将字符的ASCII码送入寄存器AL，并在屏幕上显示输入的字符。按<Ctrl+C>组合键，将中断程序运行，返回DOS。功能调用没有入口参数，出口参数放在寄存器AL中。

例36　从键盘输入一个字符，并在显示器上输出，按<Ctrl+C>组合键时结束。

编制程序如下：

```
DATA1   SEGMENT
```

```
PROMPT   DB 'PRESS  ANY  KEY  TO  DISPLAY ! ', 0DH, 0AH
         DB 'PRESS  CTRL + C  TO  EXIT ! ', 0DH, 0AH, '$'
DATA1    ENDS
STACK1   SEGMENT  PARA  STACK
         DW  20  DUP(0)
STACK1   ENDS
CODE     SEGMENT
         ASSUME  CS: CODE, DS: DATA1, SS: STACK1
BEGIN:   MOV  AX, DATA1
         MOV  DS, AX
         MOV  ES, AX
         LEA   DX, PROMPT        ; 显示“PRESS ANY KEY TO DISPLAY !”
                                   “PRESS CTRL + C TO EXIT !”
         MOV   AH, 09H           ;
         INT   21H
AGAIN:   MOV   AH, 01H           ; 功能调用(键盘输入)
         INT   21H
         JMP   AGAIN             ; 重复执行
CODE     ENDS
         END   BEGIN
```

2. 不带显示的键盘输入[AH = 08H]　该功能调用与 01H 号功能基本相同，差别是键盘输入的字符不在屏幕上显示，AL 寄存器中存放键入字符的 ASCII 码。功能调用格式如下：

```
MOV   AH, 08H
INT   21H
```

3. 不带显示的键盘输入[AH = 07H]　该功能调用与 08H 号功能基本相同，差别是在 07H 功能调用时不响应 <Ctrl + C>组合键。这一特点，可以禁止由 <Ctrl + C>引起的程序中断。调用格式如下：

```
MOV   AH, 07H
INT   21H
```

4. 字符串输入[AH = 0AH]　该功能调用是从键盘上输入一行字符。使用前，应在内存中建立一个输入缓冲区，存放键盘输入的数据。缓冲区的第一个字节存放 1 ~255 之间的数，定义该缓冲区的大小；第二个字节存放用户本次调用时实际输入的字符个数，这个数在中断返回时，由程序自动填入；输入的字符串从第三个字节开始存放。键盘输入时，按回车键结束字符串，并将回车代码(0DH)放在字符串的末尾。如果输入字符个数超过缓冲区的最大容量，后面的字符将被略去(铃声提示)，缓冲区的最后一个单元为回车符。

例 37　从键盘上输入字符串，以回车作为结束，字符串存入 BUFFER + 2 开始的单元中。

编制程序如下：

```
DATA1    SEGMENT
```

```
PROMPT   DB 'PRESS  RETURN  KEY  TO  EXIT', 0DH, 0AH, '$'
BUFFER   DB  80, 0
         DB  81  DUP(0)
         DB  '$'
DATA1    ENDS
STACK1   SEGMENT  PARA  STACK
         DW  20  DUP(0)
STACK1   ENDS
CODE     SEGMENT
         ASSUME  CS: CODE, DS: DATA1, SS: STACK1
BEGIN:   MOV   AX, DATA1
         MOV   DS, AX
         LEA   DX, PROMP       ; 调显示
         MOV   AH, 09H
         INT   21H
         LEA   DX, BUFFER      ; 缓冲区首地址送 DX
         MOV   AH, 0AH         ; 0AH 功能调用
         INT   21H
         MOV   AH, 4CH
         INT   21H
CODE     ENDS
         END   BEGIN
```

上例中最多可输入 80 个字符，BUFFER 中第 81 个内存单元可存放回车代码。

5. 字符显示[AH = 02H]　在屏幕上显示单个字符，调用时将需显示字符的 ASCII 码存入 DL 中。例如，要在屏幕上显示字符‘Y’，可以进行如下调用：

```
MOV   DL, 'Y'
MOV   AH, 02H
INT   21H
```

6. 字符打印[AH = 05H]　该功能调用是把 DL 寄存器的内容(ASCII 码)送到打印机输出，使用时可以进行如下调用：

```
MOV   DL, 'N'
MOV   AH, 05H
INT   21H
```

7. 字符串显示[AH = 09H]　该功能调用是在显示器上显示字符串。调用前要把字符串存入缓冲区，在字符串的结尾存入‘ $ ’符号(显示结束符号)，并将缓冲区的首地址送 DX 寄存器，段基址送 DS 寄存器。调用的格式如下：

例 38
```
DATA1    SEGMENT
STRING   DB  'ABCDEFG', '$'
    ⋮
```

```
DATA1   ENDS
          ⋮
    MOV     DS, SEG STRING
    MOV     DX, OFFSET STRING
    MOV     AH, 09H
    INT     21H
```

8. 控制台输入和输出[AH = 06H] 该功能调用可以执行键盘输入操作，也可以执行屏幕显示操作。DL = 0 ~ FEH 时，显示输出 DL 寄存器中内容，具体格式如下：

```
MOV     DL, 24H      ; 显示'$'
MOV     AH, 06H
INT     21H
```

当 DL = FFH 时，表示从键盘输入字符。该功能不同于 01H、07H 和 08H 功能调用。执行调用时，若键盘已经输入字符，则该字符的 ASCII 码存入 AL 寄存器中，且标志位 ZF = 0。若键盘没有按下，将标志位 ZF 置 1 后返回，此时 AL 中无有效内容。程序举例如下：

```
RPT:  MOV     DL, 0FFH
      MOV     AH, 06H
      INT     21H
      JZ      RPT
```

上面程序通过 06H 功能调用反复扫描键盘，直到取到字符。

复习思考题

1. 写出下列变量定义语句。

(1) 为缓冲区 BUF1 预留 240 个字节的存储空间。

(2) 将字符串'ABCD'，'1234'存放于某个存储区内。

(3) 用图示说明下列语句实现的内存分配。

```
DAT1  DB  12, 13, 5  DUP(0,23H)
DAT2  DB  10  DUP(2  DUP(8), 5)
DAT3  DB  'HELLO！'
DAT4  DB  0DH, 0AH, 24H
```

2. 计算 Z = ((X + Y) ×5 − Y)/ 2。设 X 值为 2，Y 的值为 1，结果存入数据段中的 DATZ 单元。

3. 统计寄存器 AX 内 16 位二进制中 0、1 的个数，0 的个数存 CH，1 的个数存 CL。

4. 设计一个判断 AX 中的数是正数、负数还是 0 的程序，若 AX > 0，在屏幕上显示 AX > 0；若 AX < 0，在屏幕上显示 AX < 0；若 AX = 0，在屏幕上显示 AX = 0。

5. 编制程序，将小写字母转换为大写字母，结果存入 STR2 开始的单元中，数据段的格式如下：

```
STR1  DB  'abcdefghijklmnopqrstuvwxyz'
STR2  DB  26  DUP(?)
```

6. 从键盘输入十进制数字符，并在显示器上显示，按 <Ctrl + C> 组合键退出。

7. 现有 10 个无符号数(0 ~ 255 之间)，找出其中的最大值和最小值。

8. 数据段中已经有 30 个学生的外语成绩(百分制)，成绩存在 DAT1 开始的单元中，要求对表进行排序：按学习成绩由高到低排列，排序后的数存入 SCORE 开始的单元中。

9. 数据段中有字符串'ASDFGHJKL'。从键盘输入一个数，用来指定字符串中某个字符的位置，把该字符与字符串中的第一个字符交换。

10. 编制一个程序，把字符串'1234567890'中的4567清除，将字符串变为'123890'。

11. 数据段中有两个字符串，分别存在STR1和STR2开始的单元中。比较两个字符串是否相同。

12. 编制一个程序，该程序的功能是从键盘输入4位十进制数，并将其转换为二进制数。

13. 用乘法指令实现32位二进制数与32位二进制数的相乘。

14. 编制一个程序，实现多精度数相加，数据段的格式如下：

```
DAT1   DB  4，12H，34H，56H，78H
DAT2   DB  3，12H，34H，56H
```

其中，DAT1和DAT2单元的第一个数据指定该数的字节数。

15. 编制一个程序，该程序用调用子程序的方法计算 Z = X × X + Y + 5。X和Y的值(1位十进制数)由键盘输入。

16. 编制一个程序，对DAT字节单元中的数(126)分别统计出有多少个10，余下有多少个5，再余下有多少个2，再余下有多少个1。统计得到的各数分别存在DAT10、DAT5、DAT2和DAT1中。

第5章 存 储 器

计算机要根据已编制的程序，对数据和信息自动快速地进行运算和处理就必须把指令、数据和计算机产生的中间结果存放在计算机内部。存储器就是这种具有记忆功能的部件。存储器中存放的程序与数据要不断地传送到运算器与控制器中去，处理结果又要不断存回到存储器中，因此存储器本身的性能会对整个计算机系统性能产生影响。

5.1 半导体存储器

5.1.1 存储器概述

存储器是一种记忆部件。存储器中最基本的存储电路是由具有两种稳态的元件组成，它可以存储1位二进制信息，称为位或bit（比特），用b表示，它具有0和1两种状态。

由于8086是16位微处理器，它每次访问存储器可以读写1个字节，也可以同时读写1个字（两个字节）。

存储单元的数据内容与其地址号之间并没有直接关系，即内容和地址是两件事。地址规定了存储单元的位置，而在这个位置内部的信息才是数据，它可能是指令操作码，可能是CPU要处理的数据，也可能是指令要寻址的数据的地址等。

随着计算机系统结构和器件的发展，存储器种类日益繁多，分类方法也有很多种。在微机中存储器常分为内存储器和外存储器，具体分类如图5-1所示。

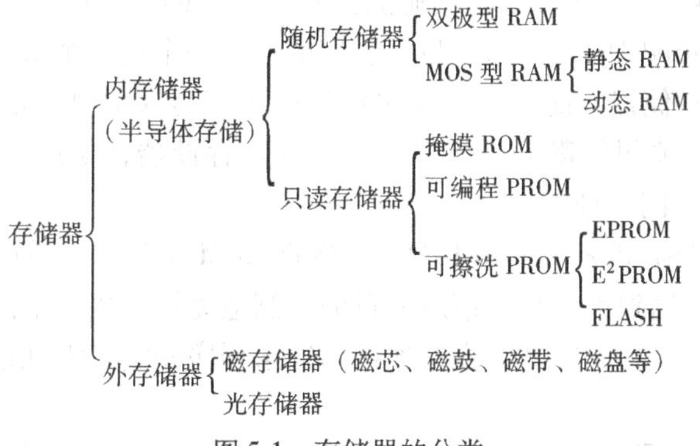

图5-1 存储器的分类

1. 内存储器 用于存放CPU当时正要处理的程序和数据，要求其存取速度应和CPU的处理速度相匹配，但存储容量可相对小一些。目前微机中通常采用半导体存储器。

（1）主存储器。主存储器用来存放计算机运行期间正在执行的程序和数据。CPU的指令系统能直接读写主存中的存储单元，主存储器是主机内部的存储器，故又称之为内存。

（2）高速缓冲存储器。通常位于主存储器和CPU之间，存放当前要执行的程序和数据，以便向CPU高速提供马上要执行的指令。目前，高速缓冲存储器一般采用双极型半导体存储器，速度较高，可以与CPU速度匹配，存储时间短，存储容量较小。

2. 外存储器　外存储器也称辅助存储器或后缓存储器。它用来存放程序，数据文件等大量信息。外存储器设在主机外部，容量极大而速度较低。CPU 不能直接访问它，必须通过专门的程序把所需的信息与主存储器进行成批的交换，调入主存储器后，才能使用。磁带、磁盘（软盘、硬盘）和光盘等都是常见的外存储器，属于外部设备的范畴。

本章着重介绍半导体存储器。

5.1.2 半导体存储器分类与性能

1. 半导体存储器的分类　半导体存储器是用半导体器件组成的存储器，按功能不同可分为随机存取存储器（Random Access Memory，RAM）和只读存储器（Read Only Memory，ROM）两大类。

（1）RAM。RAM 的读写是随机的，既可以读出，又可以写入，但是一旦断电，保存在其中的数据就会全部丢失。对 RAM 内部的任何一个存储单元的读出和写入时间是一样的，与其所处的位置无关，即存取时间是相同的，固定不变的。

RAM 按生产工艺又可分为双极型和 MOS 型两类，前者速度比后者高，但集成度低一些。MOS 型 RAM 又可分为静态 RAM（SRAM）和动态 RAM（DRAM）。SRAM 的读写速度远快于 DRAM，但集成度低于 DRAM，因此 SRAM 大都作为高速缓存（Cache）使用；DRAM 由于它的集成度高，容量大则作为普通的内存和显示内存使用。

1）静态存储器（Static RAM，SRAM）：所谓“静态”，是指它在通电情况下可以长时间保持电量，因此无须每隔一段时间重新加电。所以一般说来，SRAM 比 DRAM 的数据传输速度要快，但因为制造成本较高，工艺较复杂，所以容量不能做得很大。

2）动态存储器（Dynamic RAM，DRAM）。所谓“动态”，是指它在通电情况下不能长时间保持电量，需要每隔一段时间就进行一次重新加电，否则会因电量自然放尽而丢失数据。它的制作成本较低，容量可以做得较大。DRAM 按制造工艺的不同，又可分为动态随机存储器（Dynamic RAM）、扩展数据输出随机存储器（Extended Data Out RAM）和同步动态随机存储器（Synchronized Dynamic RAM），它们的速度一个比一个快。

（2）ROM。这类存储器只能随机地读出信息而不能写入信息。信息一旦写入存储器就固定不变了，不受电源关闭的影响，所以又称为固定存储器，常用来存放不需要改变的信息。ROM 有以下几种不同的种类。

1）掩膜 ROM（Mask Programmed ROM）：掩膜 ROM 用最后一道掩膜工艺来控制每一个基本存储电路的输出，达到预先写入信息的目的。制造完毕后用户不能更改所存信息。由于它结构简单、可靠性高、集成度高、容易连接，适于程序固定、大批量生产的场合。缺点是灵活性差。

2）可编程只读存储器 PROM（Programmable ROM）：这种 PROM 在产品出厂时并未存储任何信息，其初始内容为全“0”或全“1”。使用时，用户可利用专门设备（编程器或写入器）自行写入信息。必须注意，对 PROM 来说，信息一旦写入便是永久的，不可更改。因此，它是一种一次性可编程的 ROM。PROM 的典型应用是作为高速计算机的微程序存储器，高速是主要目标，其双极型产品的功耗较大，典型的 PROM 单片总功耗为 600 ~ 1000mW。

3）紫外光擦除可编程只读存储器（Ultraviolet Erasable Programmable ROM，EPROM）：用户既可以对 EPROM 写入信息，又可将信息全部擦除，擦除后还可重新写入。EPROM 芯片上有一个石英窗口，要擦除信息时，将窗口置于紫外线灯下照射20min以上，紫外线使浮栅上的电荷得以泄放，恢复到原来不带电荷的状态（“1”状态）。要写入信息时需使用专用的编程器。

EPROM擦除信息时需要将器件从系统上拆卸下来，并在紫外光下照射较长时间才能擦除信息，使用不太方便，也不能对芯片中个别存储单元进行修改。

EPROM常用作微型机的标准程序或专用程序存储器，通常主板BIOS都烧录在这里。

4）电可擦除可编程只读存储器（Electrical Erasable Programmable ROM，E^2PROM）：E^2PROM是一种可用电信号进行擦除、可编程的只读存储器，读作Double-EPROM。由于使用电信号来清除内部信息，清除时不必将器件从系统上拆卸下来，一次可擦除一个字，也可全部擦除，而后再用电信号重新写入。这种E^2PROM能在系统内进行擦除和写入，且是非易失性的。它既有类似于RAM的灵活性，也有ROM的非易失性，还克服了EPROM的不足之处。E^2PROM通常采用MNOS（金属—氮化物—氧化物—硅）工艺。E^2PROM用电信号擦去信息的时间为若干秒，比EPROM的擦去时间短得多，但E^2PROM写入数据的次数是有限的。

此外，还有两种ROM：一种为OTROM（ONE TIME ROM），顾名思义就是只能烧录一次的ROM。OTROM在工厂制造出来后，里面是空白的，人们可依需要烧录资料进去。另一种为Flash ROM（闪速存储器），这是比较先进的ROM，它可让人们在不到1s的时间就将其中的资料清除。由于它具有可靠的非易失性、电可擦除性以及低成本，对于需要实施代码或数据更新的嵌入式应用是一种理想的存储器。以前它用在笔记本电脑上比较多，现在的主板基本上都已采用Flash ROM。

2. 存储器的性能指标

（1）存储容量。这是存储器的一个重要指标，通常用该存储器所能存储的字数及其字长的乘积来表示，即

$$\text{存储容量}=\text{字数}\times\text{字长}$$

存储容量越大，能存的信息就越多，其功能越强。

（2）速度。衡量存储器速度指标的参数有以下几项。

1）存取时间T_A：指从启动一次存储器操作到完成该操作所经历的时间，例如，从发读命令到将数据读出为止。存取时间取决于存储介质的物理特征及所使用的读出机构类型。

2）存取周期时间T_M：把两个独立的存储操作之间的最短延迟时间，定义为存取周期，它表征存储器的工作速度。常用的存取周期单位是微秒和毫微秒级。显然，$T_M>T_A$。

存储器的速度是一个很重要的指标，当然是越快越好，但速度较快的存储器通常功耗大，集成度低，因而成本较高，要根据系统的要求统筹考虑。

（3）功耗。功耗是一个不可忽视的问题，它反映了存储器耗电的多少，同时也反映了发热的程度。半导体存储器的功耗包括“维持功耗”和“操作功耗”，应在保证速度的前提下尽可能地减小功耗，特别要减小“维持功耗”。

（4）可靠性。可靠性一般是指存储器对电磁场及温度等变化的抗干扰能力。通常用平均无故障时间（Mean Time Between Failures，MTBF）来衡量可靠性，MTBF可以理解为两次故障之间的平均时间间隔，间隔越长，可靠性越高。半导体存储器由于采用大规模集成电路，可靠性较高，平均无故障间隔时间为几千小时以上。

（5）集成度。集成度是指在一片数平方毫米的芯片上能集成多少个基本存储电路，每个基本存储电路存储一个二进制位，所以集成度常表示为位/片。集成度关系到存储器的容量，所以也是一个重要的指标。

（6）性能价格比。存储器的性能包括前面几项指标，存储器成本在计算机成本中占有很大比重。因此，降低存储器成本，可降低计算机造价。性能价格比是一个综合性指标，它反映了存储器选择方案的优劣。

5.2 随机存取存储器（RAM）

5.2.1 静态 RAM（SRAM）

1. SRAM 组成　半导体存储器，不管是 RAM 还是 ROM，其基本的存储电路存储 1 位二进制信息。芯片内部由若干位（通常 1、4 或 8 位）组成一个基本存储单元。基本存储单元按一定的规律组合起来，一般按矩阵方式排列，构成存储体。

SRAM（Static RAM）采用触发器（Flip-Flop）电路构成一个二进制位信息的存储电路。其内部除存储体外，还有地址译码驱动电路、控制逻辑电路和三态双向缓冲器等。图 5-2 是 1024×1 的 SRAM 结构示意图。

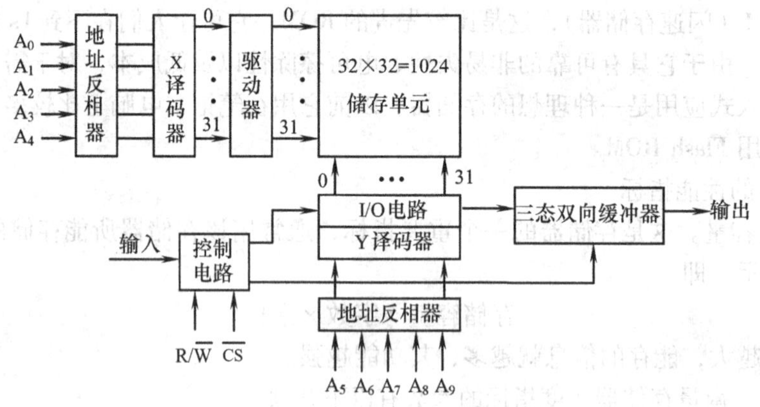

图 5-2　SRAM 结构示意图

（1）地址译码电路。地址译码器接受来自 CPU 的地址信号，并产生地址译码信号，以便选中存储矩阵中一个存储单元，使其在存储器控制逻辑的控制下进行读/写操作。图 5-3 中把地址划分成两组：行地址和列地址，每组地址分别译码，两组译码输出信号共同选择排列成矩阵的存储体内的一个存储单元电路。

（2）控制逻辑电路。接受来自 CPU 或外部电路的控制信号，经过组合变换后，对存储、地址译码驱动电路和三态双向缓冲器进行控制，控制对选中的单元进行读写操作。

（3）三态双向缓冲器。使系统中各存储器芯片的数据输入/输出端能方便地挂接到系统数据总线上。对存储器芯片进行读写操作时，存储器芯片的数据线与系统数据总线经三态双向缓冲器传送数据。不对存储器进行读写操作时，三态双向缓冲器对系统数据总线呈现高阻状态，该存储芯片完全与系统数据总线隔离。

2. SRAM 存储芯片 Intel 2114　2114SRAM 的容量是 1024×4bit = 4Kbit，即其基本存储单

元是4位，共1024个存储单元。这些单元排列成64行64列。它的构成和管脚如图5-3b所示。它的引脚有：片选引脚$\overline{CS}$，当$\overline{CS}$为低电平时，该芯片被选中。读/写控制引脚R/$\overline{W}$。当R/$\overline{W}$引脚为高电平时，对选中的单元进行读出；当R/$\overline{W}$引脚为低电平时，对选中的单元进行写入。数据的输入和输出，采用双向数据总线，有$I/O_0 \sim I/O_3$共4根数据线引脚。单向地址总线$A_0 \sim A_9$，共10根地址引脚，可以在$2^{10}=1024$个单元中任选一单元。地址信号在芯片内分为二组分别译码，分别为行选和列选，其中64个行地址译码输出的每根选择一行，16根列地址译码输出信号每根选中4bit的读写信息。

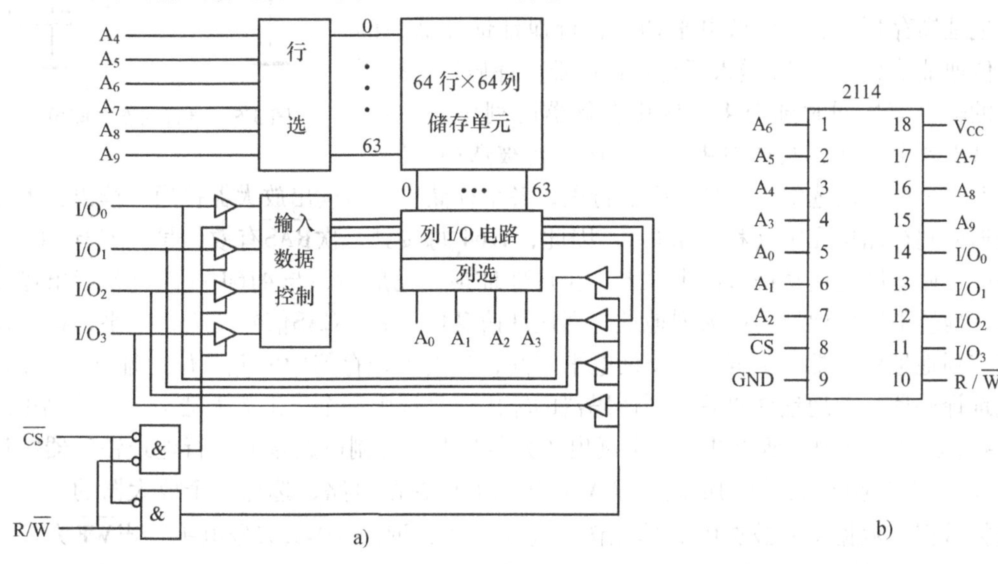

图5-3　2114SRAM的结构与引脚

3. 6264SRAM　该芯片的容量为8K×8bit，引脚如图5-4所示。

(1) $A_0 \sim A_{12}$地址线。共13根，可以在8192个存储单元中任意选中一个。

(2) $I/O_1 \sim I/O_8$数据线。共8根，它们都是I/O的三态总线。

(3) 控制信号。

1) $\overline{WE}$：写入允许，通常与CPU的$\overline{WR}$信号相连接。

2) $\overline{OE}$：读出允许，通常与CPU的$\overline{RD}$信号相连接。

3) $\overline{CS}$、CS2：片选信号输入引脚，与译码器输出相连。

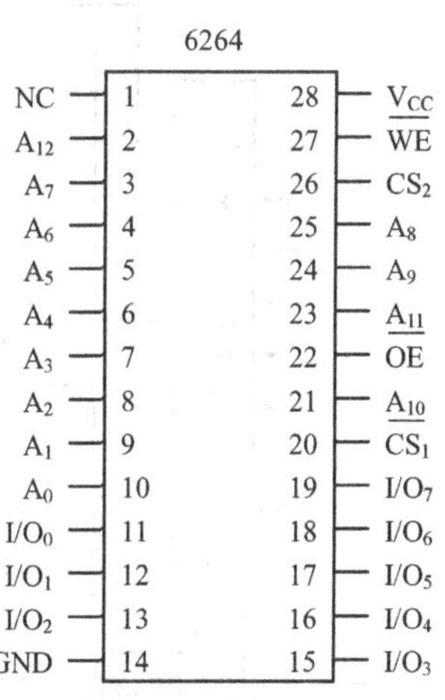

图5-4　6264的引脚

5.2.2　动态DRAM（DRAM）

1. DRAM组成　常用的动态随机存储器DRAM有三管动态存储单元或单管动态存储单元两种，以单管动态存储单元为例，如图5-5所示。它由T_1管和寄生电容C_S构成。写入信息时，字选择线为1，T_1导通，写入数据由位线（数据线）存入C_S中。读出信息时，字选择线为1，存入C_S中的电荷通过导通的T_1输出到数据线上，再经过读出放大器输出。

2. 4164DRAM 芯片　4164 是 64K×1bit 的 DRAM 芯片，结构如图 5-6 所示。

4164 内部有：地址锁存器，不同状态分别可作为 8 位的行地址锁存器或 8 位的列地址锁存器使用；65536 个存储单元采用阵列结构，分 4 个区，每个区有 128 行×128 列的存储阵列，同时配有 128 个读出放大器。当 $\overline{RAS}$ 引脚出现有效低电平时，把地址引脚 $A_7 \sim A_0$ 上的行地址锁存入行地址锁存器。在 $\overline{RAS}$ 低电平期间，行地址锁存器中的低 7 位地址信息 $A_6 \sim A_0$ 送入行地址译码器。译码后，行译码器的输出信号同时选中 4 个区中存储器阵列中的一行，每行共 128 个单元，共选中 4 行，每区一行被选中，所以共有 512 个单元被选中。在被选中的行里，各个存储单元与读出放大器接通，读出放大器的输出返回到存储单元中（称为重写）。因此，4164 每接到一次 $\overline{RAS}$ 有效信号，就有 512 个被选中的存储电路的信息进行读出放大。在行地址锁存完成后，与 4164 内部进行读出操作的同时，地址引脚的地址更换为列地址。列地址信息稳定后，$\overline{CAS}$ 信号变为低电平，把列地址锁存入列地址锁存器。同样，$\overline{CAS}$ 低电平期间，列地址锁存器中的低 7 位地址 $A_6 \sim A_0$ 送入列地址译码器。列地址译码后，列译码器的输出信号选中一个读出放大器与 I/O 控制电路接通，4 个区同时选中，所以共有 4 个读出放大器与 I/O 控制电路接通。行地址锁存器的最高位（A_7）和列地址锁存器的最高位（A_7）送到 I/O 控制电路，选择 4 个放大器的一个与外界交换数据。数据是从被选中的单元读出还是写入，取决于 $\overline{WE}$ 信号电平。当 $\overline{WE}$ 为低电平时，D_{IN} 引脚上的数据通过数据输入缓冲器，写入 $A_{15} \sim A_0$ 16 位地址信息所指定的单元中，而当 $\overline{WE}$ 为高电平时，从 16 位地址信息所指定的存储单元中读出数据，通过数据输出缓冲器送上 D_{OUT} 引脚。

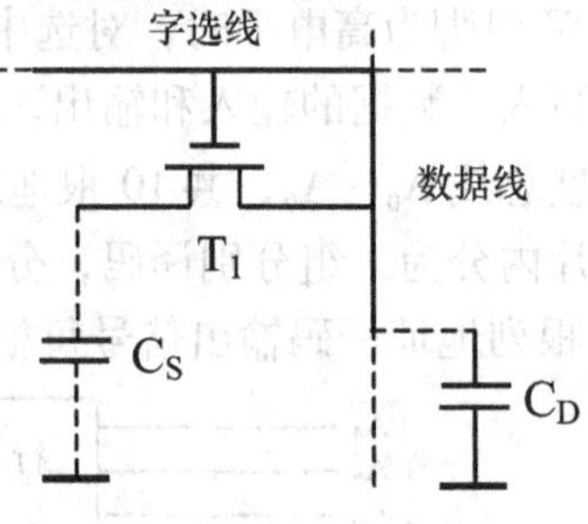

图 5-5　单管动态存储单元

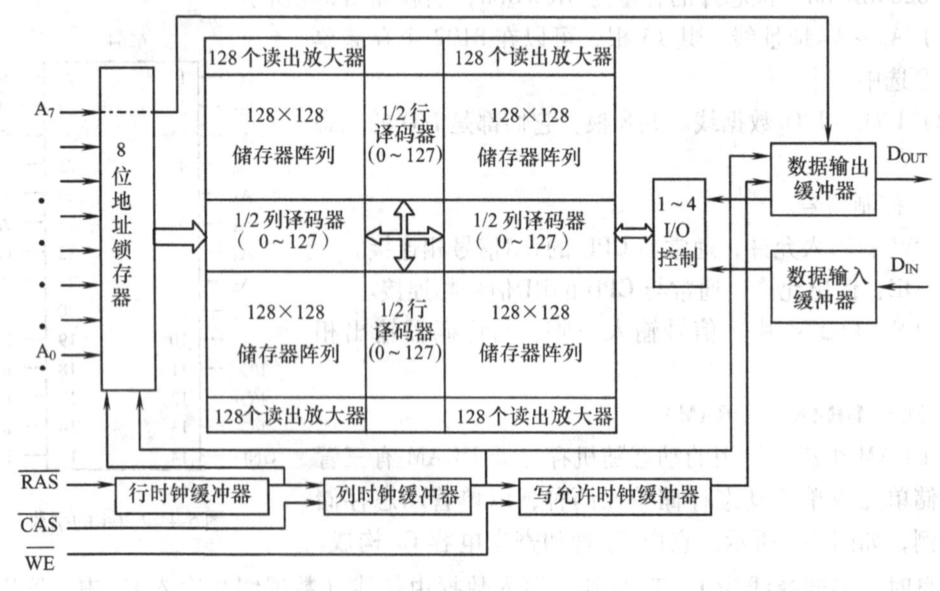

图 5-6　4164 的引脚和内部结构

3. DRAM 的刷新　DRAM 芯片的基本存储电路结构十分简单，一个位信息（bit）基本上用一个电容来存放。由于电容的容量不大，会随时间而失去其部分电荷，在几毫秒后 DRAM 储存的资料就会随电荷的消失而消失。所以 DRAM 中存储的信息需要定时刷新（Refresh）。刷新是指将存储单元的内容原样再写入一次，而不是将所有单元都清 0。

例如，DRAM 芯片 4164 的刷新周期是 2ms，与其配套使用的外部刷新电路常用 8203 刷新控制器充当。8203 是一个集刷新定时、刷新地址计数以及完成地址切换的多路转换器为一体的 DRAM 刷新控制器。刷新期间，由外部刷新电路控制，每次刷新一行（512 个存储单元），因此一片 4164 的 64KB 需要 128 次才能刷新完一遍。为保证 2ms 内所有单元都能刷新到，要求每次刷新操作的间隔不大于 2ms/128，为 15.6μs。

4. 微机中的 DRAM　动态 RAM 除了要求配置刷新控制电路外，另一个缺点是在刷新周期中不能进行读写操作。如果发出读写请求时，正好处于刷新周期，那么读写请求就要延时响应。尽管如此，目前微机的存储器主要还是用动态 RAM，原因在于它的高位密度、低功耗及价格低廉，静态 RAM 一般用于高速缓存（Cache Memory）中。

从接口形式上分，RAM 有早期使用的双列直插式封装 DIP（Double In line Package）RAM，后来多采用单在线存储模块 SIMM（Single In line Memory Module）RAM 和当前最流行的 DIMM（Dual In line Memory Module）RAM。现在 Pentium 级主板一般都提供 SIMM 和 DIMM 两种 RAM 插槽，而 PentiumⅡ级主板往往只提供 DIMM 内存插槽。

内存模块有统一的引线标准，有 30 线与 72 线的 SIMM 模块及目前新型 168 线与 200 线 DIMM 模块，分别用于不同档次的计算机。早期 DIP 内存由于容量小，不便于扩展，已淘汰。30 线 SIMM 模块要求每一个插槽都必须插有相同容量的模块。72 线 SIMM 模块数据宽度为 32 位，在 486 计算机上可以每个插槽为一组，由于 Pentium 级计算机有 64 位内存数据线，仍需两个插槽为一组。168 线 DIMM 模块内存条为目前使用较多的内存条，其特点是长度增加不多而模块的数据总线宽度增加一倍。DIMM 内存条可单条使用，不同容量的标准条可以混用。

衡量 DRAM 的重要指标是 RAM 芯片的存取时间，通常用纳秒（ns）表示。常见的有 60ns、70ns 和 80ns，数值越小，速度越快。另外一个指标是内存条的工作时钟，168 线的 DIMM 内存条时钟可为 60MHz、67MHz、75MHz 和 83MHz，200 线 DIMM 内存条，其工作时钟为 77MHz、83MHz、100MHz 和 133MHz。常见 SIMM 内存条容量为 4MB、8MB 和 16MB，最大可支持到 64MB。168 线的 DIMM 内存条容量为 8MB、16MB、32MB、64MB 和 128MB 等。

用户要扩充内存容量，在选择内存条时要注意引脚、容量、速度、奇偶校验等指标，并要兼顾已有的内存条及将来的扩充余地。

5.2.3　几种新型 RAM 技术

随着 CPU 速度的不断提高，RAM 的存取速度已成为 PC 系统速度的瓶颈。目前 CPU 的时钟频率已超过 1GHz，而普通的 DRAM 芯片存取速度仅为 60ns，原有的 RAM 很难和现行的 CPU 协调工作。为此，大多数 PC 配置一级或二级 Cache，用存取速度达 8～15ns 的快速 SRAM 担任，Pentium III 内置了二级 Cache。另一方面，半导体厂家也在努力提高 RAM 的存取速度，并推出多种 RAM 新技术，下面介绍几种：

1. EDO RAM 和突发模式 RAM　EDO RAM（Extended Data Out RAM）扩展数据输出

RAM。按照传统的DRAM读写方法，在一个DRAM（或SRAM，VRAM）阵列中读取一个单元时，首先充电选择一行，然后再充电选择一列，这些充电线路在稳定之前都会有一定延时，这就制约了RAM的读写速度。EDO技术是假定下一个要访问的单元地址和当前被访问的地址是连续的（一般都是如此）。于是在当前的读写周期结束前就启动下一个读写周期，从而使RAM读写速度提高约30%。EDO技术只需在普通DRAM外部增加EDO逻辑电路，成本不会有显著变化。

突出模式RAM是在EDO基础上，假定CPU要访问的4个数据的地址是连续的，同时启动对4个单元的操作，从而更大地增加RAM的带宽，进一步提高RAM的读写速度。

2. 同步RAM（Synchronous RAM） 同步RAM技术是将CPU和RAM通过一个相同的时钟锁在一起，使得RAM和CPU能够共享一个时钟周期，它们以相同的速度同步工作。目前，同步SRAM速度最快可达5~8ns，而同步DRAM（SDRAM）最快达7~10ns。

3. 高速缓冲存储器DRAM（Cached DRAM简称CDRAM） CDRAM技术是把高速的SRAM存储单元，集成在DRAM芯片内部，作为DRAM的内部Cache。在Cache和DRAM存储单元之间通过内部总线相连。DRAM主要用在没有二级Cache的低档便携机上。

5.3 只读存储器（ROM）

5.3.1 固定掩膜式ROM

固定掩膜ROM的每个存储单元由单管构成，因此集成度较高。存储单元的编程是在生产过程中，由生产厂家用一掩膜确定是否将单管电极金属化接入电路，未金属化的位存“1”，否则存“0”。

这类ROM的编程（信息的写入）只能由器件制造厂在生产时定型，若要修改，则只能在生产厂重新定做新的掩膜，用户无法自己操作编程。

5.3.2 可编程ROM（PROM）

PROM与固定掩膜ROM相比，它允许用户自己编写一次程序。在PROM中，常采用二极管或双极型三极管作存储单元。管子的反射极上串接有可熔性金属丝，该熔丝的完好与否，决定该信息的状态。出厂时，所有熔丝是完整的，管子将位线与字线连通，表示存有“0”信息，因此，新出厂的PROM芯片应为全“0”状态。用户编程时，在脉冲的作用下，使熔丝断开，该位由“0”变为“1”状态，实现了信息的写入。用户只要控制该往哪些位写“1”，便可实现对PROM的编程。由于熔丝烧断之后无法恢复，所以，PROM芯片只能进行一次编程。

5.3.3 擦除可编程ROM（EPROM）

2764是可用紫外光擦除，可编程的ROM（EPROM）。

2764芯片有28个引脚，如图5-7所示。

1）$A_0 \sim A_{12}$：地址线，共13条。

2）$D_0 \sim D_7$：8位数据线。

由此可知2764的容量为：$2^{13}B = 8KB = 8K \times 8bit$

3）V_{CC}：电源，接+5V。

信号	引脚	引脚	信号
V_{PP}	1	28	V_{CC}
A_{12}	2	27	$\overline{PGM}$
A_7	3	26	NC
A_6	4	25	A_8
A_5	5	24	A_9
A_4	6	23	A_{11}
A_3	7	22	$\overline{OE}$
A_2	8	21	A_{10}
A_1	9	20	$\overline{CE}$
A_0	10	19	D_7
D_0	11	18	D_6
D_1	12	17	D_5
D_2	13	16	D_4
GND	14	15	D_3

图5-7 2764的引脚

4）GND：地线。

5）V_{PP}：工作方式电压。+5V 时为读数方式；+25V 时为编程方式。

6）$\overline{CE}$：片选引脚。

7）$\overline{PGM}$：编程信号引脚，要对某单元写入时，应对该引脚输入一个宽度为 50ms 的正脉冲。

8）$\overline{OE}$：输出允许信号引脚，低电平有效，当其有效时，所存储的数据可读出。

EPROM 有 4 种工作方式：读、编程、校验和禁止编程，见表 5-1。

表 5-1　2764 工作方式

引脚 方式	$\overline{CE}$	$\overline{OE}$	V_{PP}	V_{CC}	$\overline{PGM}$	数据线状态
读	0	0	+5V	+5V	0	输出态
未选	1	×	×	+5V	×	高阻态
编程	0	1	+25V	+5V	正脉冲	输入态
校验	0	0	+25V	+5V	0	输出态
禁止编程	1	×	+25V	+5V	×	高阻态

在读方式下，V_{PP}接 +5V，从地址线 A_{12} ~ A_0 输入所选单元的地址，$\overline{CE}$和$\overline{PGM}$端为低电平时，数据线上出现所寻址单元的数据。注意芯片允许信号$\overline{CE}$必须在地址稳定后有效。

在编程方式下，V_{PP}接 +12V，从 A_{12} ~ A_0 端输入要编程单元的地址，在 D_7 ~ D_0 端输入编程数据。在$\overline{PGM}$端加上编程脉冲（宽度为 50ms 的 TTL 高电平脉冲），即可实现写入。注意，必须在地址和数据稳定后，才能加上编程脉冲。

校验方式总是和编程方式配合使用，每次写入 1 个字节数据后，紧接着将写入的数据读出，检查已写入的信息是否正确。

禁止编程方式下，禁止将数据线上的内容写入 EPROM。

5.3.4　电可擦除编程 ROM（E^2PROM）

前面介绍的紫外光擦除 EPROM，在使用时，须从电路板上拔下，在专用紫外线擦除器中擦除，因此，操作起来较麻烦。一块芯片经多次拔插之后，可能会使外部管脚损坏。另外，EPROM 可被擦除后重写的次数也是有限的，一块芯片往往使用时间不太长。

E^2PROM 则是一种不用从电路板上拔下，而在线直接用电信号进行擦除的 EPROM 芯片。它是在 EPROM 的基础上开发出来的，可以在加电的情况下擦除存储器的全部或某一部分内容，然后在电路上直接改写其擦除过的单元内容。E^2PROM 的内部电路与 EPROM 电路类似，但其 FAMOS 中的结构进行了一些调整，在浮栅上增加了一个遂道二极管（实际上是在浮栅与 N 型的衬底形成一层薄薄的氧化层后形成的），在编程时可以使电荷通过它流向浮栅，而擦除时可使电荷通过它流向漏极，它不需要紫外光激发放电，即擦除和编程只须加电就可以完成了，且写入的电流很小。

5.3.5　闪速存储器

闪速存储器（Flash Memory）是一种新型的半导体存储器。由于它具有非易失性、电擦除性和低成本特点，所以对于需要实施代码或数据更新的嵌入性应用是一种理想的存储器，而它在固有性能和成本方面也有较明显优势。

Intel 公司的 ETOX（EPROM 沟道氧化物）闪速存储器是以单晶体 EPROM 单元为基础

的。因此，它具有非易失性，在断电时也能保留存储内容，这使它优于需要持续供电来存储信息的易失性存储器，如动态 RAM。闪速存储器的单元结构和具有的 EPROM 基本特性使其制造特别经济，在密度增加时保持可测性，并具有可靠性，这几方面综合起来的优势是目前其他半导体存储器技术所无法比拟的。

与 EPROM 只能通过紫外线照射实施擦除的特点不同，闪速存储器可实现大规模电擦除。闪速存储器的擦除功能可迅速地清除整个器件中的所有内容，这一点优于传统的可修改字串的 E^2PROM。Intel 的 ETOX 处理制造出的器件可重复使用，可以被擦除和重新编程几十万次而不会失效。在文件需经常更新的可重复编程应用中，这显然是一种独有的性能。

1. 28F256A—256KB（32KB×8）CMOS 闪速存储器　Intel 公司的 28F256A CMOS 闪速存储器是一种经济、可靠的读/写随机存取非易失存储器。28F256A 在原有的 EPROM 技术上增加了电擦除和重新编程功能。存储器内容在下列情况下均可被重新写入：在测试管座上；在 PROM 编程器插口；在局部装配后的测试电路板上；终测时在系统内部；售后在系统内部。28F256A 提高了存储灵活性，并节省了时间和费用。

在 Intel 的 ETOX 处理工艺中特别进行了扩展擦除和编程能力的设计。通过先进的氧化物处理、最优的沟道贯穿结构以及弱电场的综合运用实现了优于传统 EPROM 的可重复使用能力。在 V_{PP}达到 12V 时，28F256A 至少能够在快速脉冲编程和快速擦除算法的时限范围内完成 10000 次的擦除和编程循环。

28F256A 的主要电气特性如下。

（1）快速电擦除：整片擦除时间的典型值为 1s。

（2）快速脉冲编程算法：10μs 标准字节编程；0.5s 编程。

（3）编程电压：12×(1±5%)V（峰峰值）。

（4）高性能读操作：120ns 最长访问时间。

（5）CMOS 低功耗：10mA 标准有功电流；50μA 标准等待电流；OW 数据保持功能。

（6）ETOX 闪速非易失工艺：EPROM 兼容工艺基础，批量生产。

2. 闪速存储器的应用及主要特点　闪速存储器展示出了一种全新的个人计算机存储器技术。作为一种高密度、非易失的读写半导体技术，它特点是适合作固态磁盘驱动器；或以低成本和高可靠性替代电池支持的静态 RAM。由于便携式系统既要求低功耗、小尺寸和耐久性，又要保持高性能和功能的完整，该技术的固有优势就十分明显。它突破了传统的存储器体系，改善了现有存储器的特性。

闪速存储器的主要特点如下。

（1）固有的非易失性。它不同于静态 RAM，不需要备用电池来确保数据存留，也不需要磁盘作为动态 RAM 的后备存储器。

（2）经济的高密度。Intel 的 1M 位闪速存储器的成本按每位计，要比静态 RAM 低一半以上（不包括静态 RAM 电池的额外花费和占用空间）。闪速存储器的成本仅比容量相同的动态 RAM 稍高，但却节省了辅助（磁盘）存储器的额外费用和空间。

（3）可直接执行。由于省去了磁盘到 RAM 的加载步骤，查询或等待时间仅决定于闪速存储器，用户可充分享受程序和文件的高速存取以及系统的迅速启动。

（4）固态性能。闪速存储器是一种低功耗、高密度且没有移动部分的半导体技术。便携式计算机不再需要消耗电池以维持磁盘驱动器进行，或由于磁盘组件而额外增加体积和重量。用户不必再担心工作条件变坏时磁盘会发生故障。

总之，Intel 闪速存储器的出现带来了固态大容量存储器的革命。Intel 公司推出了一系列的闪速存储器作为便携式个人计算机的综合存储，如 iMC001FLKA 1MB 闪速存储、iMC002FLKA 2MB 闪速存储卡和 iMC004FLKA 2MB 闪速存储器等。

5.4 存储器与 CPU 的连接

5.4.1 连接中应考虑的问题

进行存储器与 CPU 连接时应考虑如下几个问题。

1. CPU 引脚的负载能力　在小型系统中，有时用 CPU 引脚直接驱动系统总线。连接的设备不多时，CPU 可以驱动小型的存储器子系统。但当 CPU 和大量的 ROM、RAM 连接使用或扩展成一个多插件系统时，就必须用接入总线驱动器等方法增加 CPU 总线驱动能力。数据总线需要接入双向驱动器，例如 74LS245。控制总线可接单向驱动器，如 74LS244。地址总线已由地址锁存/缓冲器驱动，不再需要另加器件。

2. CPU 的时序和存储器的存取速度之间的配合问题　选择存储器芯片时，应考虑与 CPU 速度的匹配问题。CPU 严格按照存储器读写周期的时序进行读写操作。当存储器速度跟不上 CPU 要求的速度时，存储器子系统应具备控制 READY 信号的能力。

3. 存储器地址分配和片选问题　内存通常分为 RAM 和 ROM 两大部分，它们各自有不同的地址空间。存储器子系统总是由许多芯片组成，这就有一个如何产生片选信号的问题。

5.4.2 存储器容量扩展

存储器的总容量通常比单个芯片容量大得多，所以要用多个芯片进行组合，即在字向和位向两方向进行扩充才能满足存储器的容量要求。

1. 位扩展　位扩展是指存储器芯片的位数不能满足读写的基本要求，需进行位的扩充。位扩充时将多个存储芯片的地址、片选、读/写端相应并联，数据端单独引出，各自连接到不同的数据总线上。

如图 5-8 所示，由 8 片容量为 1K×1bit 芯片扩充为 1KB 的存储器，每个芯片有 10 根地址线引脚。系统地址总线低 10 位的每一根接至 8 个芯片的同一个地址引脚；每个芯片有 1 根数据线，每根系统数据线与一个芯片的数据线单独连接；8 个芯片公用一个片选与读写控制线（图 5-8 中未画出）。

2. 字扩展　存储器芯片的地址空间不能满足存储器子系统需要时，要进行字扩展。连接时将芯片的地址线、数据线、读/写控制线并联，由不同的片选信号来区分各个芯片所占据的不同地址范围。如图 5-9 所示，用 16K × 8bit 芯片组合成 64KB 存储器。此时需要 4 个芯片，数据总线 $D_0 \sim D_7$ 与各片的数据引脚相连，地址总线的低位地址 $A_0 \sim A_{13}$

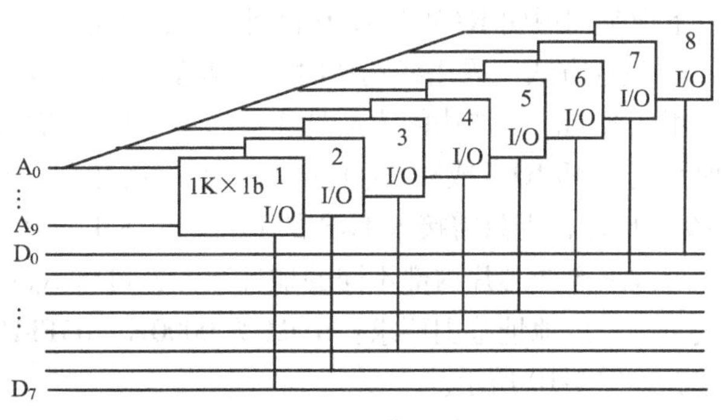

图 5-8　存储器位扩展

与芯片的 14 位地址引脚相连，高位地址 A_{14}、A_{15}经过译码器产生的选择信号和各芯片的片选端相连。

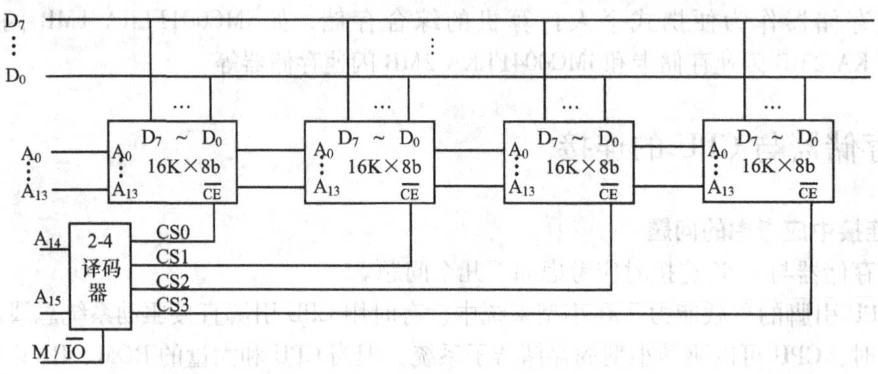

图 5-9 存储器字扩展

3. 字位扩展 有时存储器需要字向和位向同时扩充。一个存储器子系统的容量为 $M \times N$bit，若使用 $L \times K$bit 存储器芯片，那么，这个存储器子系统系统共需要 $N/K \times M/L$ 个存储芯片。例如，需要存储容量是 1K×16bit，采用 Intel 15101，其容量是 256×4bit，则要求片数为 16。具体连接方法是先参考图 5-8 用 4 个(N/K)芯片进行位扩展，构成 256×16bit 存储容量，再以此为一组进行字向扩展，扩展 4(M/L)组，构成 1K×16bit 存储容量。

5.4.3 存储器的地址选择

存储器的地址选择由存储器片选信号的连接决定。存储器片选信号的产生一般有线选方式和译码方式两种方法。所谓的线选方式就是任取一根存储器内部寻址线以外的高位地址线为片选线。所谓的译码方式就是取全部或部分存储器内部寻址线以外的高位地址线，通过地址译码器产生片选信号。

例如，Inter 2114 芯片容量是 1K×4bit，2114 的内部寻址线就是 $A_9 \sim A_0$，共 10 根。若与 8088 CPU 相连接，则 $A_{19} \sim A_{10}$这 10 根地址线为高位地址线。如果取 $A_{19} \sim A_{10}$中任一根地址线作为 2114 的片选信号线，这种方式就叫线选方式；如果取 $A_{19} \sim A_{10}$中全部或部分地址线通过地址译码器产生 2114 的片选信号就叫译码方式。对于译码方式，如果取全部高位地址 $A_{19} \sim A_{10}$进行地址译码称为全译码；如果取部分地址线进行地址译码则称为部分译码。

下面举例说明 RAM 与 CPU 两种方式的连接。

1. 线选方式 采用线选法时，一般低位地址线用于芯片内部地址单元的选择，高位地址线用作线选。线选法的优点是连接简单，片选信号的产生不需要复杂的逻辑电路，只用一条地址线与 $M/\overline{IO}$（或$\overline{MREQ}$）的简单组合就可产生有效的$\overline{CS}$。例如，某一计算机系统，共有 16 条地址，现只需接入 1KB 的 RAM 和 1KB 的 ROM。可以确定，RAM 和 ROM 都需要 10 根地址线来选择芯片内部不同的地址单元，可将 $A_0 \sim A_9$ 同时连接到 RAM 和 ROM 芯片的地址线引脚。设地址范围要求：ROM 为 0000H～03FFH、RAM 为 0400H～07FFH，可用 A_{10}作片选，如图 5-10 所示。

若用 A_{11}作为片选信号，则 ROM 的地址范围不变，而 RAM 的地址范围会变为 0800H～0BFFH，这样 ROM 和 RAM 的地址就不连续了。同理，用 $A_{12} \sim A_{15}$中任一条作片选，ROM

和 RAM 的地址都会有间隙，并且将增大。另外，当非片选信号 $A_{11}\sim A_{15}$ 的取值不全为 0 时（地址在 0000H ~ 07FFH 以外），仍能选中上述芯片进行读写，也就是说，有多个地址对应存储器的同一个地址单元，称为地址的多义性。地址的多义性是由于译码电路未对这些高位地址线进行管理而产生，但只要程序能保证所使用的地址不超过实际的存储器地址空间，系统是可以正常的工作的。

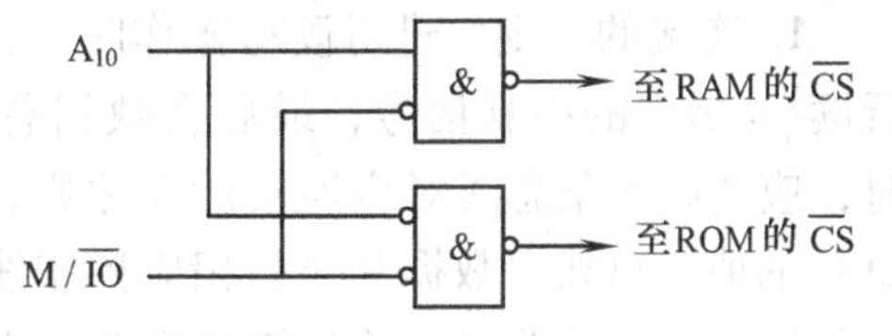

图 5-10 线选方式下的片选信号产生电路

线选法会导致地址的不连续性和多义性，同时会浪费许多地址空间，仅仅在极小系统和实验中使用。

2. 译码方式 需要多个片选信号时，一般采用专门用于译码的中规模集成电路，例如，74LS154 四 ~ 十六译码器，74LS138 三 ~ 八译码器，74LS155、74LS139 双二 ~ 四译码器等。图 5-11 给出了 74LS138 译码器引脚及译码输出真值表。

74LS138			
A	1	14	V_{CC}
B			$\overline{Y_0}$
C			$\overline{Y_1}$
$\overline{G_{2A}}$			$\overline{Y_2}$
$\overline{G_{2B}}$			$\overline{Y_3}$
G_1			$\overline{Y_4}$
$\overline{Y_7}$			$\overline{Y_5}$
GND	8	9	$\overline{Y_6}$

G_1	$\overline{G_{2A}}$	$\overline{G_{2B}}$	C	B	A	输出
1	0	0	0	0	0	$\overline{Y_0}$ =0，其余为 1
1	0	0	0	0	1	$\overline{Y_1}$ =0，其余为 1
1	0	0	0	1	0	$\overline{Y_2}$ =0，其余为 1
1	0	0	0	1	1	$\overline{Y_3}$ =0，其余为 1
1	0	0	1	0	0	$\overline{Y_4}$ =0，其余为 1
1	0	0	1	0	1	$\overline{Y_5}$ =0，其余为 1
1	0	0	1	1	0	$\overline{Y_6}$ =0，其余为 1
1	0	0	1	1	1	$\overline{Y_7}$ =0，其余为 1

图 5-11 74LS138 译码器引脚和译码输出真值表

74LS138 译码器的 G_1、$\overline{G_{2B}}$、$\overline{G_{2A}}$ 为控制端，组合成 100 时才进行译码，输入端 C、B、A 3 位为 000 ~ 111 中的某一个组合时，一个译码输出端为 0，其余输出端为 1。

译码方式又分为部分译码和全部译码两种。部分译码方式是将高位地址线中的几位经过译码后作为片选控制信号，它的可寻址空间比线选法范围大，但比全译码方式的地址空间要小，并且也会有多义性，因此经常用于较小的微机系统中。

全译码方式将高位地址线全部作为译码器的输入，用译码器的输出作为片选信号。在这种寻址方式中，低位地址线用作芯片的内部地址，与芯片的地址输入端直接相连；高位地址线都连入译码电路，用来生成片选信号。这样，所有的地址线均参与片内或片外的地址译码，就不会产生地址的多义性和不连贯性。例如，某 8088 CPU 微机的 RAM 子系统，由 8 片容量为 8KB 的 6264 芯片构成。设此 RAM 系统的地址区域为 C0000H ~ CFFFFH。利用 74LS138 作地址译码器，采用全译码方式，则地址译码器的连接如图 5-12 所示。

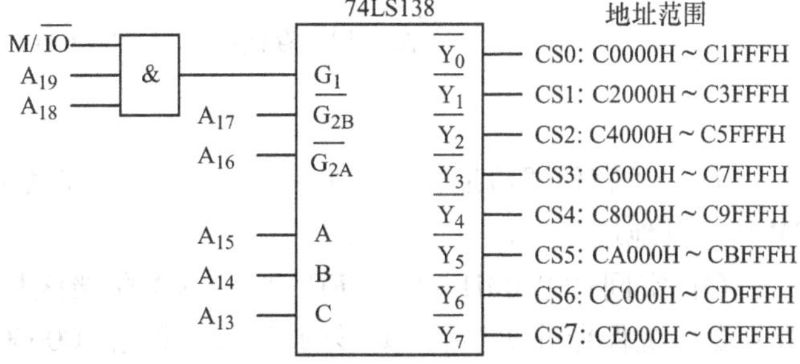

图 5-12 全译码方式地址译码器的连接

5.4.4 8086 CPU 与主存储器的连接

1. 连接的原则 进行读写操作时，首先由地址总线给出地址信号，然后再发出有关进行读/写操作的控制信号，最后在数据总线上进行信息交流。因此，在存储器与 CPU 连接时，应遵循 3 条总线对应连接的总原则，即存储器芯片的地址线、数据线和控制线分别与 CPU 的地址总线、数据总线和相应控制线连接。存储器芯片的位数少于 CPU 字长时，首先应采用多片存储器芯片并联的方法进行位扩充，满足 CPU 对字长的要求。

2. 8086 CPU 与主存储器的连接 与 8086 CPU 相连的存储器，从硬件的角度看是由 2 个 512KB 的存储体组成的，分别称为低位（偶地址）存储体和高位（奇地址）存储体，用 A_0 和$\overline{BHE}$信号分别选择两个存储体，用 $A_{19} \sim A_1$ 用作存储体体内的地址。$A_0=0$ 时选中偶地址存储体，它的数据线连到数据总线低 8bit，即 $D_7 \sim D_0$；$\overline{BHE}=0$ 时选中奇地址存储体，它的数据线连到数据总线高 8bit，即 $D_{15} \sim D_8$。若读写一个字，A_0 和$\overline{BHE}$均为 0，两个存储体全选中。

8086 CPU 与存储器芯片连接的控制信号主要有读信号$\overline{RD}$、写信号$\overline{WR}$、存储器或 I/O 选择信号 M/$\overline{IO}$、准备好信号 READY。图 5-13 是一个存储器与 8086 CPU 连接的例子。用 8K×8bit 的 6264 RAM 和 8K×8bit 的 2764 EPROM 芯片组成 16KB RAM 和 16KB ROM 存储器。

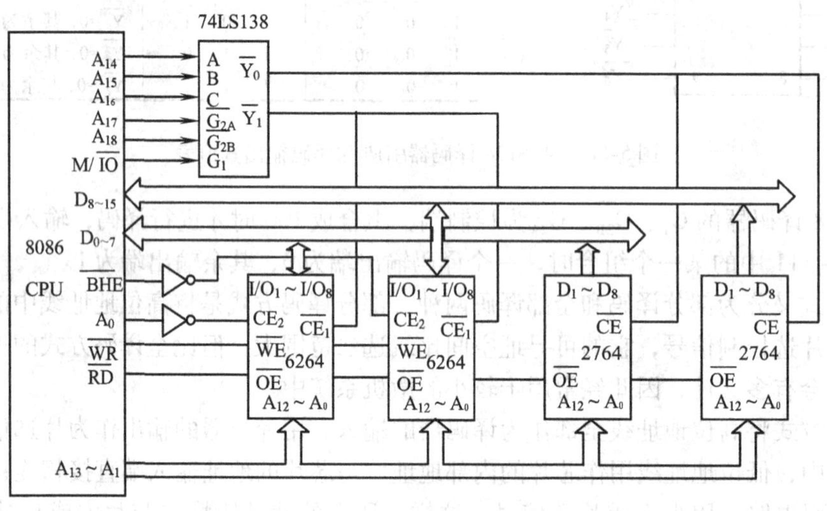

图 5-13 存储芯片与 8086 CPU 连接举例

3. PC/XT 存储器地址分配 IBM PC-XT 的内存共分为 3 个区域：RAM 区、保留区和 ROM 区。其地址分配如图 5-14 所示。

在存储空间的 0000H ~ 9FFFFH 共 640KB 存储区域是 RAM 区。A0000H ~ BFFFFH 的 128KB 是系统保留作为字符/图形的显示缓冲区。C0000H ~ FFFFFH 的 256KB 则是系统的 ROM 区。

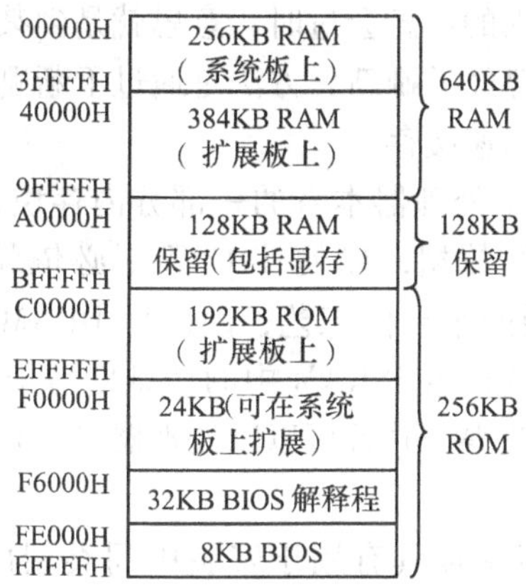

图 5-14　PC/XT 存储器地址分配

5.5　高速缓存技术

高速缓冲存储器通常驻留在慢速设备和快速设备之间，由高速存储器、联想存储器、替换逻辑电路和相应的控制线路组成，容量比较小但速度比主存高得多，接近于 CPU 的速度。它可能是 RAM 内存、磁盘存储区或这两者的组合。高速缓存可能有很少量的内存，由微处理器在处理操作期间用于“来回移动”信息，它也可能很大——即高速缓存经常被访问的 Web 页的整个服务器或服务器群集。

高速缓存一直都属于速度极快而价格也相当昂贵的一类内存，属于 SRAM，用来存放那些被 CPU 频繁使用的数据，以便使 CPU 不必依赖于速度较慢的 DRAM。最简单形式的 SRAM 采用的是异步设计，即 CPU 将地址发送给高速缓存，由缓存查找这个地址，然后返回数据。每次访问的开始都需要额外消耗一个时钟周期用于查找特征位。这样，异步高速缓存在 66MHz 总线上所能达到的最快响应时间为 3-2-2-2，而通常只能达到 4-2-2-2。而同步高速缓存用来缓存传送来的地址，以便把按地址进行查找的过程分配到两个或更多个时钟周期上完成。SRAM 在第一个时钟周期内将被要求的地址存放到一个寄存器中。在第二个时钟周期内，SRAM 把数据传送给 CPU。由于地址已被保存在一个寄存器中，所以接下来同步 SRAM 就可以在 CPU 读取前一次请求的数据同时接收下一个数据地址。这样，同步 SRAM 可以不必另花时间来接收和译码来自芯片集的附加地址，就“喷出”连续的数据元素。优化的响应时间在 66MHz 总线上可以减小为 2-1-1-1。另一种类型的同步 SRAM 称为流水线突发式（Pipelined Burst）。流水线实际上是增加了一个用来缓存从内存地址读取数据的输出级，以便能够快速地访问从内存中读取的连续数据，而省去查找内存阵列来获取下一数据元素过程中的延迟。流水线对于顺序访问模式，如高速缓存的行填充（Linefill）最为高效。

高速缓存的主要目的是保存信息以便随时可用于以后的访问。它是一种用来快速查找已经执行过的操作结果的数据结构。因此，如果一个操作执行很慢的话，你可以先把普通输入的数据放入高速缓存，然后过些时间再调用高速缓存中的数据。当某个进程需要信息时，它首先检查高速缓存，确定在其中是否能够更快速地访问该信息，而不是从磁盘或另一个服务器（在有网络的情况下）检索该信息。高速缓存具有点击率，即是高速缓存信息已被访问的频繁程度的度量。高速缓存内的信息会过时，意思就是到某个时候高速缓存内的信息不再可靠或不再需要，因此高速缓存经常刷新，方法是通过不断删除或更新旧信息。

下面描述各种不同类型的高速缓存。

（1）处理器高速缓存。属于处理器本身的一部分内存块，通常由 SRAM 组成。主要用来存放那些被 CPU 频繁使用的数据，以便使 CPU 不必依赖于速度较慢的 DRAM。由于 SRAM 采用了与制作 CPU 相同的半导体工艺，因此比 DRAM 的存取速度快，但体积较大，价格较高。处理器高速缓存中的信息比 RAM 中的信息更易于访问，这是因为前者需要的访问周期较少，可在内部总线上获得，并且可以以处理器时钟频率而不是较慢的外部总线频率访问。

（2）RAM 高速缓存。很多主板具有用于安装中间类型内存的插槽，该类型内存介于 CPU 高速缓存和主内存之间。此内存的速度比主内存快，但比处理器高速缓存慢。

（3）磁盘写缓冲区。对于硬盘驱动器，可用高速缓存延迟写操作，直到处理器有空执行该写操作。这会提高性能，但是如果系统断电，高速缓存内的信息可能会永远丢失，因此最好使用备份电源。

（4）磁盘高速缓存（在主内存中）。它与上面讲的磁盘缓冲区不同，位于计算机的 RAM 内存中，用来存放从磁盘读取的信息供处理器使用。磁盘高速缓存保存信息块而不是整个文件。这项技术可使计算机读写时的存储系统平均数据传输率提高 5 ~ 10 倍，适应了当前激增的海量数据存储需求。当请求信息时，信息块从磁盘移动到高速缓存。在某些情况下，预期将来需要的若干信息块被移动到 RAM 中。大多数磁盘还具有自己的内置高速缓存以提高性能。

另外还有远程高速缓存、客户机/服务器高速缓存、中间服务器高速缓存等用于网络信息传送的各种缓冲存储设备。

5.6 虚拟存储器技术

虚拟存储器的基本思想是数据、程序和堆栈的总的大小可以超过可用物理存储器的大小，操作系统把程序当前使用的那些部分保留在存储器中，而把其他部分保存在磁盘上。也就是通过软、硬件结合，把内存存储器和外存储器的一部分结合起来，看作是一个扩大了的“内存储器”，称为虚拟存储器。程序员面向这个扩大了的存储器编程，因此不再受到存储器容量的限制。用户编程使用的地址称为逻辑地址，它是虚拟存储器的地址。实际主存单元的地址是物理地址，即实地址。显然，逻辑地址空间比实地址空间要大得多。

程序运行时以虚地址来访问主存，由存储管理部件确定虚地址和实地址的对应关系，同时判断该虚地址指示的存储单元内容是否已装入内存储器。若是，CPU 就直接读写内存储器中的内容；否则，把外存储器中存储的信息调入内存储器，并把虚地址转换成实地址，然后再由 CPU 访问内存储器。此时，若内存储器已满，则由替换算法从内存储器中调出一个旧字块，以便使新字块能进入。

虚拟存储器根据使用和管理的需要按段或按页划分。段是利用程序的模块化性质，按程序的逻辑结构划分成的多个相对独立部分。段的划分与程序的自然分界相对应，便于管理、保护和共享。页是把存储空间划分为等长或不等长的区域，即页面。实际使用时，可以把段和页的划分结合起来，即按程序使用的需要先划分成若干段，每一段再根据管理的需要划分成若干页，用段表和页表进行两级定位管理，称为段页式管理。

虚拟存储器也可以工作在许多程序的片段同时存放在内存的多道程序系统中。当一个程序等待它的一部分被调入时，它是在等待 I/O 操作而不能运行，因此 CPU 可以像在任何其他多道程序系统中一样，交给另一个进程使用。

复习思考题

1. 存储器的主要性能指标有哪些？

2. 请说明存储器的层次结构及其工作原理。

3. 虚拟存储器中地址空间的划分单位有几种？各有什么特点？

4. ROM 和 RAM 有何不同？并简述 ROM、PROM、EPROM、E^2PROM 之间的异同点。

5. 存储芯片的片选端有何作用？

6. 用 8K×1bit 的 RAM 芯片组成 16K×8bit 的存储器，需要多少芯片？A_{19} ~ A_0 地址线中哪些参与片内寻址？哪些参与芯片组的片选择信号？

7. SRAM、DRAM 各有什么特点？分别用于什么场合？

8. 由存储器的引脚可以计算出该存储器芯片的容量吗？请举例说明。

9. 下列 SRAM 各需要多少条地址线进行寻址？各需要多少条数据 I/O 线？

（1）512×4bit　　（2）1K×4bit

（3）1K×8bit　　（4）2K×1bit

（5）4K×1bit　　（6）16K×4bit

（7）64K×1bit　　（8）256K×4bit

10. 使用下列 RAM 芯片组成所需的存储容量，各需多少 RAM 芯片？各需多少 RAM 芯片组？共需多少寻址线？每块芯片需多少地址线？

（1）512×4bit 的芯片，组成 8KB 的存储容量。

（2）1024×1bit 的芯片，组成 32KB 的存储容量。

（3）1024×4bit 的芯片，组成 4KB 的存储容量。

（4）4K×1bit 的芯片，组成 64KB 的存储容量。

11. 8086 CPU 组成的计算机系统中，1MB 存储空间从使用上分成哪几部分？

12. 已知某 8 位机的主存采用半导体存储器，其地址为 16bit，若用 1K×4bit 静态存储芯片组成该机所允许的最大主存空间，应该怎样把各存储芯片与 CPU 连接？请画出逻辑图。

第 6 章 I/O 系 统

I/O 系统是计算机外部设备与系统通信的控制部件，位于总线和外部设备之间，起到信息转换和数据传递的作用。本章主要介绍 I/O 的基本概念、8086/8088 的 I/O 指令和 CPU 与外部设备交换数据的方式等内容。

6.1 I/O 接口概述

6.1.1 接口的概念与功能

输入/输出（简称 I/O）系统是计算机系统的重要组成部分之一，它包含 I/O 设备（简称外设）以及它们与计算机之间的接口。一般情况下，外部设备并不直接与 CPU 交互，而是通过 I/O 接口电路与 CPU 交换信息。I/O 接口一般具有以下基本功能：

1. 数据缓冲　为了防止 CPU 与外部设备由于速度差异造成传送数据丢失，在接口内设置一个或多个数据缓冲寄存器。传送时，先将数据送入数据缓冲寄存器，然后再送到外部设备（输出）或 CPU（输入）。

2. 执行 CPU 命令　接口是按照 CPU 的命令控制外部设备操作的，因此接口应具备命令接收、识别和分析能力，并能产生控制外部设备操作的相关信号以及外部设备与 CPU 之间的联络控制信号、中断控制信号等。如果是 DMA 设备，还应具有直接访问存储器的功能，并给出存储器地址。

3. 设备选择　微机系统一般都有多种外部设备，而 CPU 在同一时间只能与一台外部设备交换信息，这就要在接口中设置地址译码器，已选定需要交换信息的设备，只有被 CPU 选中的设备才能与它进行数据交换或通信。

4. 信号转换与数据格式转换　由于外设所需的状态与控制信号往往与微机的总线信号在逻辑关系、信号电平和工作时序上不一致，因此需要进行信号转换；另外，CPU 处理的是并行数据，有些外部设备则采用串行数据，这样，接口电路就应具有串行数据转换为并行数据、并行数据转换为串行数据的能力。

注意：前三项功能是一般接口都需要的。

6.1.2 接口信号的分类及基本结构

1. 接口的信号分类

（1）数据信息。数据通常为 8 位或 16 位，可分为数字量、开关量和模拟量 3 种基本形式。由键盘、光电输入机等提供的二进制形式的信息为数字量。只有两个状态的量，如电机的起停、开关的开合等，只须用 1 位二进制数即可表示，称为开关量。由传感器等提供的连续变化的信号，称为模拟量，它需要先经过模数（A/D）转换后，才能输入到计算机中去，例如：电压、温度等。

（2）状态信息。指 I/O 接口反映 I/O 设备工作状态的信息。如表示输入装置是否已准备好的信息（READY），表示输出装置是否忙的信息（BUSY）等。

（3）控制信息。由 CPU 向 I/O 设备发送的控制其工作的信息，如选通信号、启停信号等。

2. 接口的基本结构　尽管不同功能的接口实际电路差别很大，但逻辑上都包括控制部件、状态寄存器、数据寄存器和缓冲电路等部分组成，如图 6-1 所示。

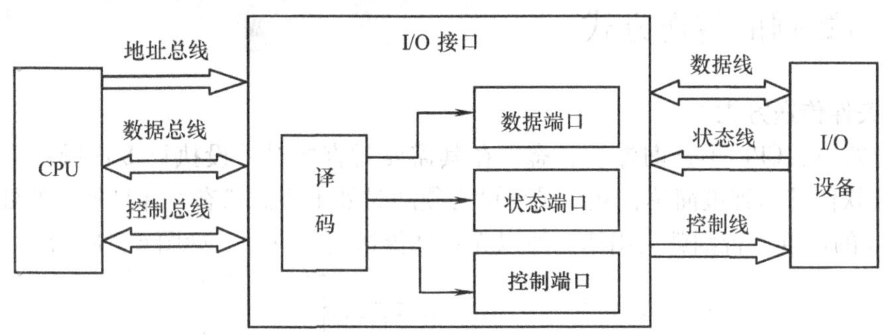

图 6-1　接口的基本结构

控制部件包括命令寄存器和控制电路。用来接受 CPU 的命令，确定接口电路的工作方式，产生控制外部设备操作的有关信号和外部设备与 CPU 之间的联络信号，实现 CPU 与外部设备的同步操作。

状态寄存器保存外部设备当前的状态信息。CPU 可以通过读取其内容了解外部设备当前的操作状态，如“忙”、“空闲”等，从而决定是否执行 I/O 操作。使用它可以协调 CPU 与外部设备之间的操作。

数据寄存器和缓冲电路用来暂存 CPU 和外部设备之间的数据，以协调 CPU 和外部设备操作速度上的差异。数据寄存器通常包括输入寄存器和输出寄存器。

6.1.3　端口地址及编址方式

1. 端口地址　同内存单元需要编址一样，I/O 接口也需要编址，这种地址叫作端口地址。CPU 在与 I/O 接口交换数据时，通过在地址线上发出要访问的 I/O 接口的端口地址来指出要与哪个 I/O 接口交换数据。

2. 两种编址方式　同存储器一样 I/O 接口也有地址，CPU 在地址线上发出的地址涉及到 I/O 接口的编址方式，通常有两种编址方式。

（1）I/O 接口与存储器统一编址。这种方式下对 I/O 接口与存储器统一编址，在整个 CPU 地址空间中，划出一部分作为存储器地址空间，另一部分作为 I/O 接口地址空间。

统一编址方式下，CPU 将 I/O 接口与存储器同样看待，因此不需要专门的 I/O 指令。CPU 对存储器的全部操作指令均可用于 I/O 操作，故 I/O 操作指令多，而且方便。统一编址的缺点是 I/O 接口占用了部分存储器地址空间，从而减少了存储器可用地址空间的大小。

（2）I/O 接口独立编址。这种方式中存储器与 I/O 接口各有自己独立的地址空间，各自单独编址，互不相关。

独立编址方式，CPU 需要一根专门的引脚来指明地址线上的地址是存储器的地址还是 I/O 接口地址，软件上需要专门的 I/O 指令来访问 I/O 接口，此方式的优点是 I/O 接口不占存储器地址空间，缺点是需要专门的 I/O 操作指令。

一种计算机系统采用哪种编址方式，取决于 CPU 的硬件设计。8086/8088 采用独立编址方式，存储器用20位二进制数编址，范围是00000H ~ FFFFFH，共1MB；I/O接口用16位二进制数编址，范围是0000H ~ FFFFH，共64KB，但系统实际上只用了0 ~ 3FFH这1024个端口地址。

6.2 接口数据的传送方式

6.2.1 无条件传送方式

这种方式下，CPU不查询外设状态，在其需要时直接对外设执行I/O操作。此方式优点是硬件和软件都达到最简单，缺点是外设必须随时处于待命状态，并且外设的处理速度必须跟上CPU的速度，否则就会出错。所以无条件传送用的较少，如图6-2所示。

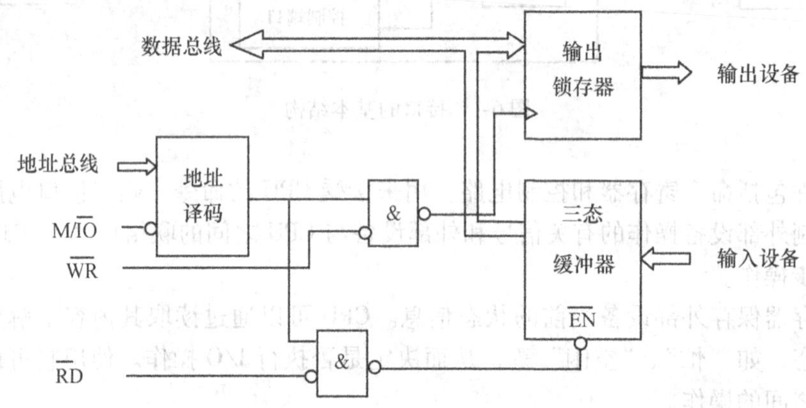

图6-2 无条件I/O传送方式

简单外设作为输入设备时，可使用三态缓冲器和数据总线相连。执行输入命令时，读信号$\overline{RD}$有效，选择信号M/$\overline{IO}$处于低电平，指定的端口地址经地址总线送到地址译码器，相应的信号被选中，因而三态缓冲器被接通，使其中准备好的输入数据送到数据总线上，再到达CPU。

简单的外设作为输出设备时，需要有输出锁存器以保存CPU送出的数据。CPU执行输出指令时，M/$\overline{IO}$和$\overline{WR}$及相应的地址信号有效。接口中的输出锁存器被选中，锁存并保持CPU送来的数据，直到CPU下一次送来新的数据。

6.2.2 查询传送方式

采用这种方式，CPU在进行I/O前，先检查外设提供的READY（准备好）信号是否有效，若有效，表示外设可以接受操作，CPU即进行I/O操作；若无效，表示外设暂不能接受操作，CPU则等待。在等待期间，CPU所做的只是循环检测READY信号，一旦发现其变为有效，就立即进行操作。

查询传送方式的优点是安全可靠，用于接口的硬件较省。缺点是CPU必须循环等待外设准备就序，效率不高。

1. 查询式输入　图6-3是一个用查询输入的端口电路。其工作过程如下：

数据准备好后，向接口发一个选通信号。这个选通信号有两个作用：一是使外设的数据送入接口的锁存器中；另一个是使接口中的一个D触发器置1，从而使接口中三态缓冲器的

READY 位置 1。

CPU 先读状态端口，检查其是否表明数据准备就绪，如准备好，则执行输入指令读取数据，且使状态位清 0。这样，便开始下一个数据传送过程。下列指令是完成一次数据输入操作：

```
CHECK：IN     AL,     STATUS_PORT     ；读状态端口
       TEST   AL,     80H             ；检查数据准备就绪否?
       JZ     CHECK                   ；未就绪，重新读状态端口
       IN     AL,     DATA_PORT       ；已就绪，读取数据
```

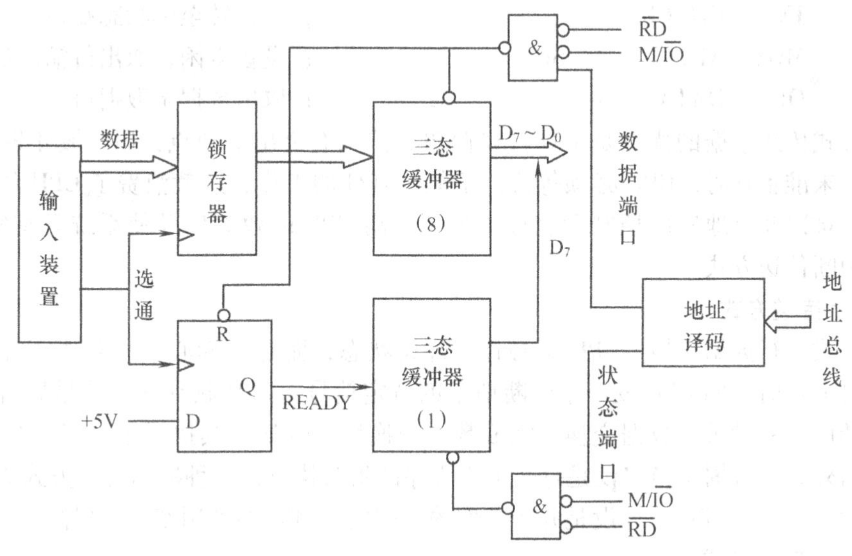

图 6-3　查询式输入接口电路

2. 查询式输出　图 6-4 为一个用查询式输出的接口电路。其工作过程如下：

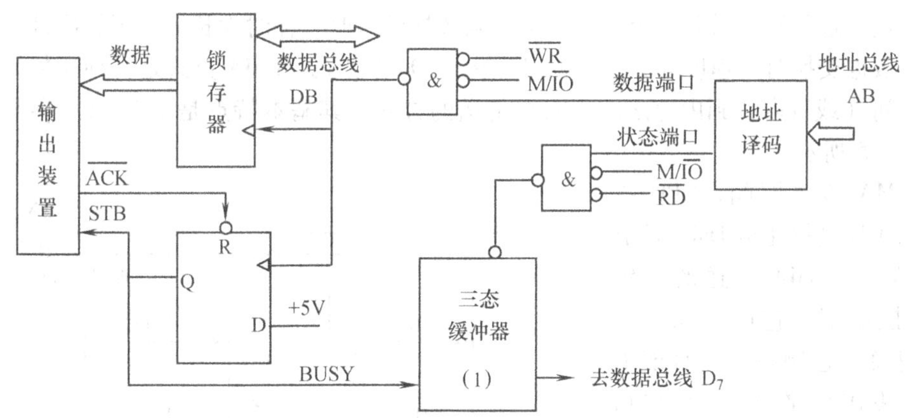

图 6-4　查询式输出接口电路

当 CPU 要往一个外设输出数据时，先读状态端口。若外设“空闲”，则可以向外设输出数据，此时 CPU 才执行输出指令，否则 CPU 必须等待。

CPU 执行输出命令时，将数据总线上的数据送入锁存器，同时使 D 触发器置 1，D 触发

器的输出信号有两方面的作用：一是通知输出设备，在端口中已有数据可供提取；另一方面是使状态寄存器的“忙”状态标志位置 1，告诉 CPU，当前外设处于“忙”状态，从而阻止 CPU 输出新的数据。

输出设备从端口中取走数据并输出后，发出一个应答信号 $\overline{ACK}$，使端口中的一个 D 触发器清 0，从而使状态寄存器中“忙”标志位清 0，于是可以开始下一个数据的传送过程。下列指令是完成一次数据输出操作：

```
CHECK: IN    AL,      STATUS_PORT     ; 读状态端口
       TEST  AL,      80H             ; 检测输出装置忙否？(D7 =1？)
       JNZ   CHECK                    ; 忙，转至读状态端口
       MOV   AL,         [SI]         ; 设备空闲，取出待输出的数据
       OUT   DATA_PORT,       AL,     ; 取出数据至数据口
```

查询方式传送数据的优点是 I/O 接口简单，但又有突出的缺点：CPU 要不断地查询外设，当外设未准备好时，CPU 必须等待，不能做其他的工作，这就浪费了 CPU 的时间，而且设备多时难以及时地实施控制和管理。为了提高 CPU 的效率以及使系统具有实时性能，通常采用中断传送方式。

6.2.3 中断传送方式

中断方式进行数据交换，CPU 不必查询外设状态，而是“专心”执行主程序。当外设有数据需要 I/O 时，向 CPU 发一个中断请求的特定信号，CPU 收到这一信号后暂停主程序的执行，转而和外设进行数据交换，完成数据交换后，CPU 继续执行主程序。对于 CPU 来说，每次与外设的数据交换仅仅是打断了主程序的瞬时执行，这种数据交换方式称为中断方式。在这种方式下，CPU 与外设是并行工作的，因此，CPU 的利用率大大提高。

6.2.4 DMA 传送方式

在上面的方法中，要从外设传送一个字节的数据到内存，必须先由 CPU 进行一次总线读操作，读取外设数据到其内部寄存器中，然后，由 CPU 进行一次总线写操作，将数据写入内存。这一过程至少需要 8 个时钟周期，当数据较多时，耗时太长。为了解决外设与内存之间大量数据交换时的速度问题，人们又提出了 DMA 方式。DMA 方式是一种让数据在外设和内存之间（或者内存到内存之间）直接传送的方式，其基本特点是没有 CPU 参与数据传送，如图 6-5 所示。

在 DMA 传送期间，CPU 挂起，把总线控制权让给 DMA 控制器（DMAC）。DMA 传送的关键是 DMA 控制器，它可以像 CPU 那样取得总线控制权，并且能够在总线上发出存储器与 I/O 接口的读写控制信号，以及存储器的地址信号，以控制存储器与 I/O 接口的数据交换过程。

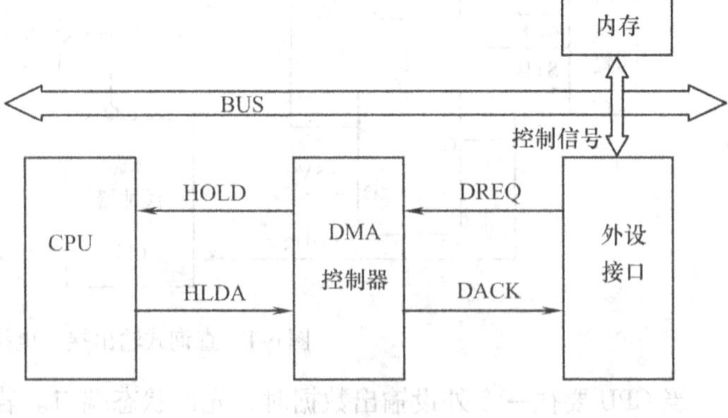

图 6-5　DMA 传送方式示意图

DMA 传送的基本过程：

（1）外设提出 DMA 传送请求。当外设需要 I/O 数据时，向 DMA 控制器发出 DMA 请求

信号 DREQ，表示请求进行一次 DMA 传送。

（2）DMA 控制器向 CPU 发出总线保持请求。DMA 控制器接到请求后，经控制电路向 CPU 的 HOLD 引脚发出总线保持请求，请求取得总线控制权，并等待 CPU 的回答。

（3）CPU 响应。CPU 在每个时钟上升沿都监测有无 HOLD 请求，若有此请求，且自身正处在总线控制周期中，CPU 就立即响应此总线保持请求。如果 CPU 正在执行某个总线周期，那么要到这个总线周期结束后再响应此总线保持请求。CPU 对总线保持请求有两个动作：一是从 HLDA 引脚端送出一个响应信号，告诉 DMA 控制器可以开始占用总线；二是将 CPU 与总线相联接的引脚置为高阻态，即释放了总线。

（4）DMA 控制器传送。DMA 控制器在收到 HLDA 回答后，即开始对 DMA 传送过程进行控制。它向外设送出 DACK 作为对 DMA 请求的响应，同时也作为外设的数据选通信号。还向系统总线送出控制信号和地址，以选择合适的存储单元。在一次 DMA 结束后，DMA 控制器撤销 HOLD 信号，CPU 也消除 HLDA，并重新开始对总线使用。

6.2.5　PC 中 I/O 端口地址分配

在 PC 系列微机中，使用 $A_0 \sim A_9$ 共 10 条地址线访问 I/O 接口，寻址范围为 0～3FFH。其中前 256 个端口地址供系统电路板上寻址 I/O 接口芯片使用，后 768 个供扩展槽接口卡使用，具体分配情况见表 6-1。

表 6-1　系统板上 I/O 接口器件的端口地址

I/O 接口器件名称	PC/XT	PC/AT
DMA 控制器 1	000～01FH	000～01FH
中断控制器 1	020～021H	020～021H
定时器	040～043H	040～05FH
并行接口芯片	060～063H	—
键盘控制器	—	060～06FH
RT/CMOS RAM	—	070～07FH
DMA 页面寄存器	080～083H	080～09FH
中断控制器 2	—	0A0～0BFH
NM1 屏蔽寄存器	0A0～0BFH	—
DMA 控制器 2	—	0C0～0DFH
协处理器	—	0F0～0FFH

另外，由于各种机型的配置不同，扩展卡的多少各异，为避免所选择的地址与其他扩展卡冲突，最好将其设计成地址可选的形式，用开关实现。

用户设计 I/O 接口电路的时候，应使用系统未占用的端口地址区域，见表 6-2 中画有“△”符号的行所对应的范围。

表 6-2　I/O 接口卡的端口地址

I/O 接口卡名称	PC/XT	PC/AT
游戏控制卡	200～20FH	200～20FH
扩展器/接收器	210～21H	—
△	220～26FH	220～26FH
并口控制卡 2	270～27FH	270～27FH
△	280～2EFH	280～2EFH
串口控制卡 2	2F0～2FFH	2F0～2FFH
试验卡	300～31FH	300～31FH

（续）

I/O 接口卡名称	PC/XT	PC/AT
硬驱控制卡	320 ~ 32FH	1F0 ~ 1FFH
△	330 ~ 36FH	330 ~ 36FH
并口控制卡 1	370 ~ 37FH	370 ~ 37FH
同步通信卡 2	380 ~ 38FH	380 ~ 38FH
△	390 ~ 39FH	390 ~ 39FH
同步通信卡 1	3A0 ~ 3AFH	3A0 ~ 3AFH
单显 DMA	3B0 ~ 3BFH	3B0 ~ 3BFH
彩显 EGA/VGA	3C0 ~ 3CFH	3C0 ~ 3CFH
彩显 CGA	3D0 ~ 3DFH	3D0 ~ 3DFH
△	3E0 ~ 3EFH	3E0 ~ 3EFH
软驱控制卡	3F0 ~ 3F7H	3F0 ~ 3F7H
串行口控制卡 1	3F8 ~ 3FFH	3F8 ~ 3FFH

注："△"所对应的为系统未占用的端口地址区域。

6.3 DMA 控制器 8237A

6.3.1 8237A 的功能

8237A 是 Intel 公司生产的高性能 DMA 控制器，适合与 Intel 公司的各种微处理器配合。DMA 控制器与一般的接口不一样，它在 DMA 期间要接管系统总线，控制总线上的其他设备，这时称它为总线主模块；当 DMA 控制器不在 DMA 期间时，它又是一个普通接口，接受 CPU 对它的读写控制，这时 DMA 控制器就成了总线从模块。

1. 8237A 芯片的主要技术特性

1）有 4 个完全独立的 DMA 通道，可以分别编程控制 4 个不同的 DMA 操作对象。

2）能分别允许或禁止各通道的 DMA 请求，能对各通道的优先级进行排队。

3）存储器的寻址范围为 0 ~ 64KB，能在传送 1B 后使地址自动加 1 或减 1。

4）可以用级联的方法无限扩展 DMA 通道数。

5）具有控制 DMA 结束传送的输入信号 $\overline{EOP}$引脚，允许外界用此输入信号结束 DMA 传送。

6）DREQ 和 DACK 信号的有效性可以用软件分别设置。

7）允许 DMA 传输速度高达 1.6MB/s。

2. 8237A 芯片的引脚　8237A 是 40 引脚的双列直插式器件，其引脚如图 6-6 所示。

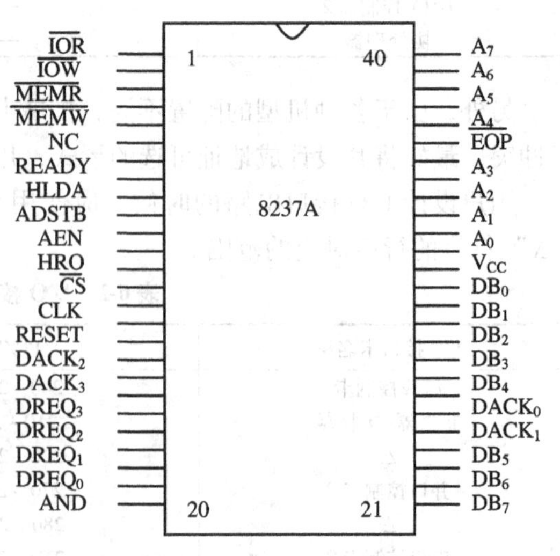

图 6-6　8237A 引脚

（1）$DB_7 \sim DB_0$：数据线，双向，三态。CPU 用它对 8237A 的内部寄存器进行读写。在 DMA 传送开始时，存储器地址的 $A_{15} \sim A_8$ 经过 $DB_7 \sim DB_0$ 送出并锁存。在存储器到存储器的传送时，从源存储单元读出的数据要经过数据线进入 8237A 内部暂存器，下一周期再经数据线写入目的存储单元。

（2）$A_7 \sim A_0$：地址线，三态。低 8 位，从 8237A 输出，在 DMA 周期中用来对存储器寻址。其中 $A_3 \sim A_0$ 是双向地址，因为当 CPU 对 8237A 编程时，这 4 个地址引脚又要用作片内寄存器寻址的输入地址。

（3）$\overline{CS}$：片选输入信号，低电平有效。

（4）$DREQ_3 \sim DREQ_0$，$DACK_3 \sim DACK_0$：DMA 请求响应信号。DMA 请求信号是由外设发出的信号，它要求进行一次 DMA 传送。DACK 是 DMA 控制器通知外设可以开始 DMA 传送的信号，这是一对应答信号。DREQ 必须保持到 DACK 有效值出现后才能撤销。

（5）HRQ、HLDA：保持请求和响应信号。这是 8237A 与 CPU 联系的一对应答信号。当 8237A 接到外设的 DREQ 信号，若芯片没有对它屏蔽，就会发出 HRQ，请求 CPU 处于保持状态。CPU 给出 HLDA 作为应答。当 HLDA 有效时，表明 CPU 已经让出了总线。

（6）$\overline{IOR}$、$\overline{IOW}$：外设读、写控制，由 8237A 输出控制外设数据读或写操作的信号。

（7）$\overline{MEMR}$、$\overline{MEMW}$：存储器读、写控制，低电平有效，输出。

（8）CLK：时钟输入信号。对 8237A 为 3MHz。

（9）RESET：复位信号，输入，高电平有效。

（10）READY：准备好信号，输入，高电平有效。表示进入 DMA 的外设或存储器已为读写准备好，否则在总线周期中要插入等待状态 S_W。

（11）AEN：DMA 地址允许信号，输出，高电平有效。当 AEN 呈高电平时，允许 DMA 控制器送出地址信号而禁止 CPU 地址线接通系统总线。只有当 AEN 呈低电平时，才允许 CPU 控制系统总线上的地址信号。

（12）ADSTB：地址选通，输出，高电平有效。在 DMA 传送开始时，此信号把在 $DB_7 \sim DB_0$ 上输出的高 8 位地址锁存至外部锁存器中。

（13）$\overline{EOP}$：DMA 过程结束信号，双向，低电平有效。DMA 传送中，字节计数器减到 FFFFH 时，在$\overline{EOP}$引脚上输出一个有效负脉冲。若由外部产生一个信号使$\overline{EOP}$变低，则强迫 DMA 传送结束。只要有有效的$\overline{EOP}$信号，就会复位内部寄存器。

6.3.2 8237A 的工作方式

8237A 的 4 个通道是完全独立的。它们可以根据需要利用编程确定各自的工作方式。其工作方式寄存器有 4 个，每通道 1 个。4 个工作方式寄存器只占用 1 个 I/O 接口地址，通道的方式字都用 0BH 地址，写入各自的内容，利用方式字的最低两位 D_1D_0 位的编码来指定该方式字属于哪一个通道。用 D_7D_6 两位设定 DMA 操作方式，共有如下 4 种方式。

1. 方式 0　为请求传送方式，这是一种数据成块传送的方式，它要求在整个传送过程中外设的请求信号一直保持有效。

2. 方式 1　为单字节传送方式，在每次 DMA 请求后，只传送 1B，接着就释放系统总线至少 1 个总线周期。

3. 方式 2　为成块传送方式，对数据块的传送只要求能够正常启动，就可以使 1 次 DMA 操作连续进行，直到规定字块传送完，或者由$\overline{EOP}$打断为止。

4. 方式 3　为级联方式，这种方式可以为系统提供更多的 DMA 通道。图 6-7 是级联的基本方法。在第二级上所接外设提出的 DREQ，要经两级 8237A 传播，并进行优先级判断，在得到 DACK 后才能开始传送。这时用于级联第一级的 8237A 就只用作优先级的判断和

DREQ 请求的传送，本身不再向外输出信号进行 DMA 控制了。在级联使用时，前级的 8237A 是以通道为单位的，即可以使有些通道级联下级 8237A，有些通道不级联，仍作为单独的 DMA 控制器通道用。

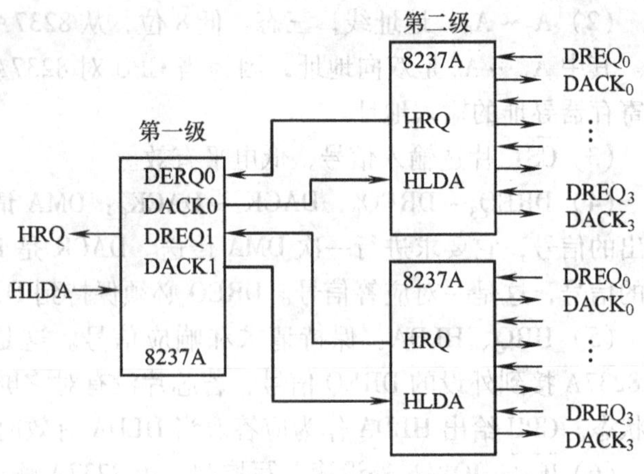

图 6-7 8237A 级联使用

6.3.3 8237A 的内部寄存器和编程

8237A 每个通道内包含 4 个 16 位的寄存器，即基地址寄存器、基字节数寄存器、现行地址寄存器和现行字节数寄存器。每个通道内还有一个 8 位的模式寄存器，用于初始化时选定通道的工作方式。另外，每片 8237A 中，4 个通道还共用一个 8 位命令寄存器、一个 8 位状态寄存器、一个 4 位的屏蔽寄存器和一个 4 位的请求寄存器等。

1. 基地址寄存器和基字节数寄存器 基地址寄存器是由 CPU 用程序控制写入的，表示数据块在内存中的起始地址，一旦写入，在整个传输过程中保持不变。基字节数寄存器存放本次 DMA 传送的数据块，寄存器的内容在初始化时由程序写入，先写低字节，后写高字节，写入后，其内容同时传送到现行地址寄存器和现行字节数寄存器，并在整个数据块的 DMA 传送过程中保持不变，且不能读出。

2. 现行地址寄存器 现行地址寄存器存放 DMA 传送的当前地址，每次 DMA 传送后，该寄存器的值自动增量或减量。该寄存器的值可由 CPU 读出（先低位，后高位）。若设置为自动预置，则在每次计数结束后，自动恢复为它的初始值（即保存在基地址寄存器中的初值）。

3. 现行字节数寄存器 现行字节数寄存器存放 DMA 传送过程中没有传送完的字节数。每次传送后，该寄存器的值自动减量。该寄存器的值可由 CPU 读出。若设置为自动预置，则在每次计数结束后，自动恢复为它的初始值（即保存在基字节数寄存器中的初值）。

4. 工作方式寄存器 图 6-8 为工作方式寄存器各位的控制内容。其地址为 0BH。

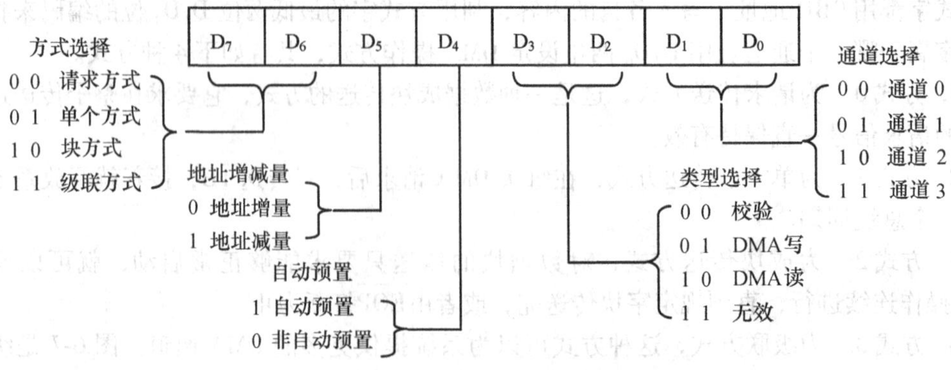

图 6-8 工作方式寄存器

D_7D_6：设定 DMA 的操作方式。

D_5：控制地址变化方向。

D_4：参数自动预置。若置 1，该通道被设置成自动预置方式，即每当一次计数结束后，基本地址/字节数寄存器中的预置值将自动再次写入现行地址/字节数寄存器中。当 D_4 为 0 时，就不会有预置动作。

D_3D_2：控制数据传送方向。图 6-8 中所示的读和写都是对于存储器而言的。写传送是指数据从 I/O 设备写入到内存，读传送则正好相反。还有一种伪传送操作是一种校验传送，它按照规定产生地址，并响应$\overline{EOP}$，但不送出外设和存储器读写信号，实际上不产生读写操作。若某通道后面级联了 8237A，该通道的读写就没有意义了，此时 D_3D_2 两位不起作用。

D_1D_0：通道的编码，用于指定写入方式字的通道。

5. 命令寄存器　命令寄存器用来控制 8237A 的一些工作信号，确定芯片的基本工作形态，所以又叫控制寄存器。图 6-9 为命令寄存器的意义。

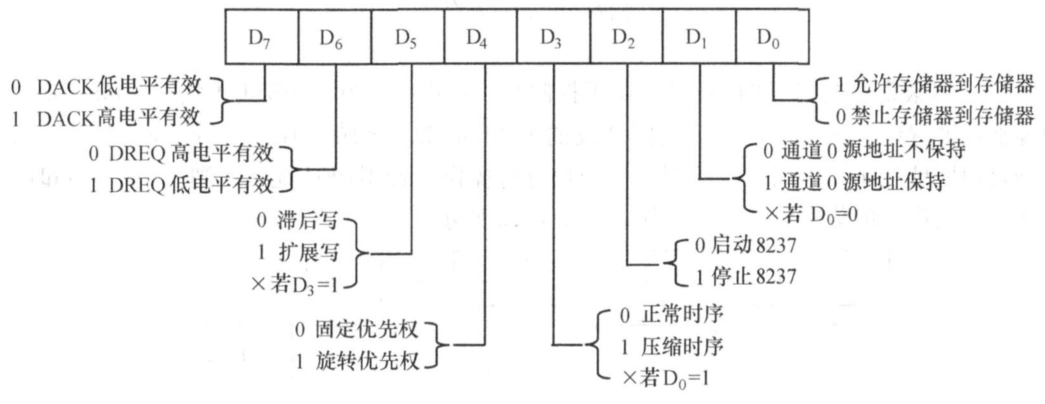

图 6-9　命令寄存器

D_7D_6：DREQ、DACK 极性控制。

D_5D_3：选择工作时序。

D_4：优先权控制方式。如该位清 0，设定为固定优先等级，此时 0 通道优先级最高，3 通道优先级最低。若置为 1，就成为循环优先权，刚响应过的通道为最低优先级，在它之后的那个通道则成为最高优先级的通道。

D_2：8237A 是否工作。若清 0，8237A 可以工作；反之则不工作。

D_0：该位置 1，允许从存储器到存储器的数据传送。8237A 的这种功能是由 0 和 1 两个通道联合完成的。0 通道用于源数据的控制，它的基地址就是源数据的起始地址；1 通道用于目的地址控制，它的基地址就是数据块转移目的地址的首地址。存储器间的传送操作通过对请求寄存器（地址为 09H）写入 04H，就可以用软件方法启动 0 通道。当 0 通道输出 DACK 后，就从存储器源地址中取出一个字节数据，存入 8237A 的暂存寄存器中。接着 1 通道从暂存寄存器中取出这个字节数据，写入目的地址。两个通道的地址增减量方式仍受本通道方式寄存器的控制。传送字节数使用 1 通道的计数器。传送结束以输出$\overline{EOP}$作为标志。与其他方式一样，当从$\overline{EOP}$引脚输入一个负脉冲时，将终止正在进行的传送。

D_1：源地址保持不变。在存储器间传送时，该位置为 1 时，在整个传送过程源地址都将保持不变，这时将把同一个单元内容传送到一段存储器中；若 D_0 =0 时，则 D_1 不起作用。

6. 其他寄存器

(1) 请求寄存器（见图 6-10）。用于启动 DMA 操作，请求寄存器的内容用软件写入。此寄存器的地址是 09H，用 D_1D_0 指定通道号，用 D_2 置 1 来使该通道开始 DMA 操作。软件请求受优先级安排的控制。

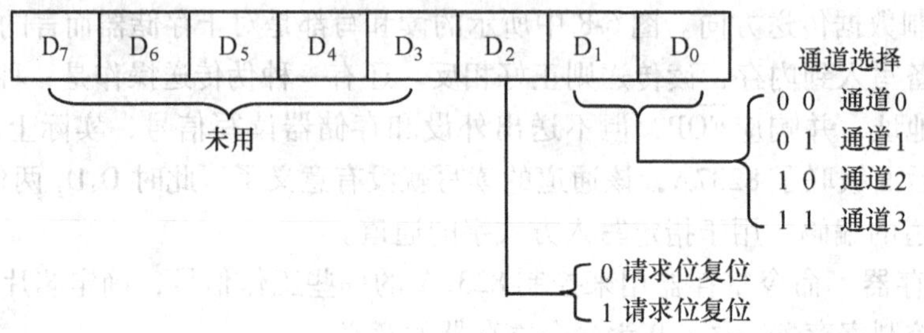

图 6-10 请求寄存器

(2) 屏蔽寄存器（见图 6-11）。用于控制某一通道能否响应 DREQ 信号。如某通道对应的屏蔽位被置位，该通道就不能响应外设的 DMA 请求。屏蔽寄存器两种不同的设置方法：一种是用地址 0AH，它每次只能对一个通道进行操作；若用 0FH 地址，则一次可以同时对 4 个通道分别进行屏蔽置位或复位操作，如图 6-12 所示。

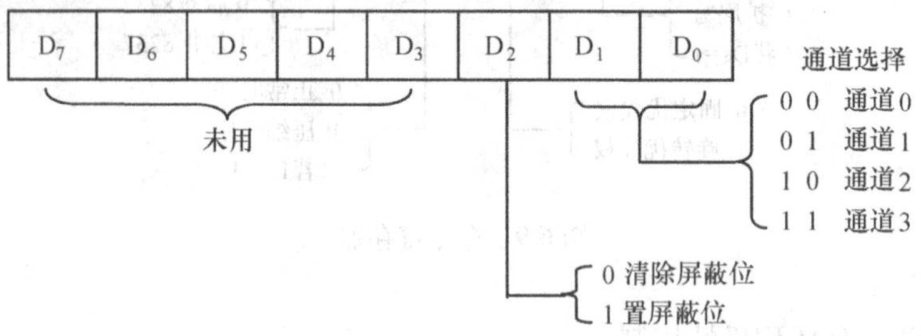

图 6-11 屏蔽寄存器

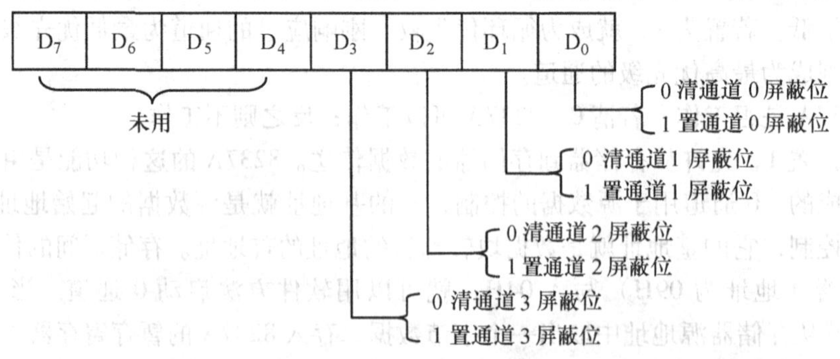

图 6-12 综合屏蔽命令字

(3) 状态寄存器（见图 6-13）。状态寄存器表示各个通道的两种状态，各位为“1”时的含义，表示各通道是否请求服务或传送是否结束。

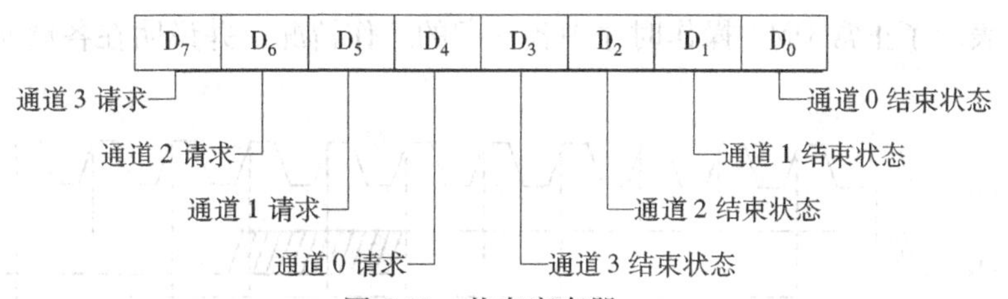

图 6-13　状态寄存器

（4）暂存寄存器。在存储器到存储器之间数据传送时临时存数据，它总是保留上一次传送的最后一个字节数据，CPU 可以读取它，RESET 之后复位。

6.3.4　DMA 操作过程与时序

DMA 操作过程分为两大类，即空闲周期和有效周期。每个周期总是由若干个状态周期组成，每个状态周期都占一个时钟周期的时间。由于每个状态周期它们完成的任务不同，所以又把它们分为 S_I、S_0、S_1、S_2、S_3、S_4 和 S_W7 种不同的周期。

1. 空闲周期 S_I　是指 8237A 在复位后还没有编程，或者已经编程但还没有接到 DMA 请求时的情况。在此周期 CPU 可对 8237A 作初始化编程，或要检查 DREQ 的状态，以确定是否有通道请求 DMA 服务；同时，也对 $\overline{CS}$端采样，判断 CPU 是否要对 8237A 进行读写操作。若$\overline{CS}$为低电平，且 HLDA 也是低电平，就使芯片进入编程工作状态。

2. 有效周期由 S_0 ~ S_4 共 5 个周期组成　S_0 是等待周期，它是 8237A 接到外设的 DREQ 请求，并向 CPU 发出了 HRQ 后进入的一个周期。在此期间等待 CPU 让出总线控制权。在得到来自 CPU 的 HLDA 响应后，结束 S_0 状态，准备进入 DMA 操作过程。在此期间 8237A 还可以接受 CPU 的读写操作。

一个完整的 DMA 传送（完成一个字节传送）包括 4 个时钟周期，即 S_1 ~ S_4，对于速度稍慢的外设，还可以用 READY 控制信号使在 S_3 与 S_4 之间产生 S_W 状态周期，以求速度匹配。

（1）S_1 周期中。由于 S_1 是当 CPU 已经释放总线后进入的状态，所以 8237A 输出地址允许信号 AEN，同时用 DB_0 ~ DB_7 送出高 8 位地址 A_8 ~ A_{15}，并发出 ADSTB 地址选通信号，在 ADSTB 的下降沿（在 S_2 周期内）将高 8 位地址锁存。对于成组请求传送或连续传送多个数据，存储器的字节地址都是相邻的，即它们的地址中高 8 位地址（需锁存的那一部分）在大多数情况下是不变的，所以当地址变化没有更改高位地址数值时，S_1 就可以省略，这时只要 S_2、S_3 和 S_4 3 个状态周期就可以了。

（2）S_2 周期中。8237A 首先向外设送出 DACK 信号，启动外设开始传送。DACK 信号可作为 I/O 接口的片选信号，因为 8237A 在地址总线上发出的地址只用于寻址存储器。根据操作的要求，如果是 DMA 读操作（即 M→I/O），就送出 MEMR 到存储器。对 DMA 写操作（即 I/O→M）就送$\overline{IOR}$给外设。

（3）S_3 周期中。送出写操作所需的控制信号。如 DMA 读，就将$\overline{IOW}$送外设；反之将 MEMW 送存储器。S_3 周期结束时，在下降沿检测 READY 端的状态，若为低电平，即没有准备好，就在 S_3 后产生一个 S_W 周期，延续 S_3 的各种状态，即让外设和存储器有更多的时间读写数据。在 S_3 或 S_W 结束处若检测到高电平，就进入 S_4 周期。

（4）S_4 周期中。结束本次一个字节传送。如果整个 DMA 传送结束，后面紧接的是 S_I 周期，若还要继续进行下一个字节传送，再次重复进行 S_1 ~ S_4 过程。

图 6-14 表示了正常 DMA 操作时序中各周期的工作情况，并说明在各周期中控制器所做的操作。

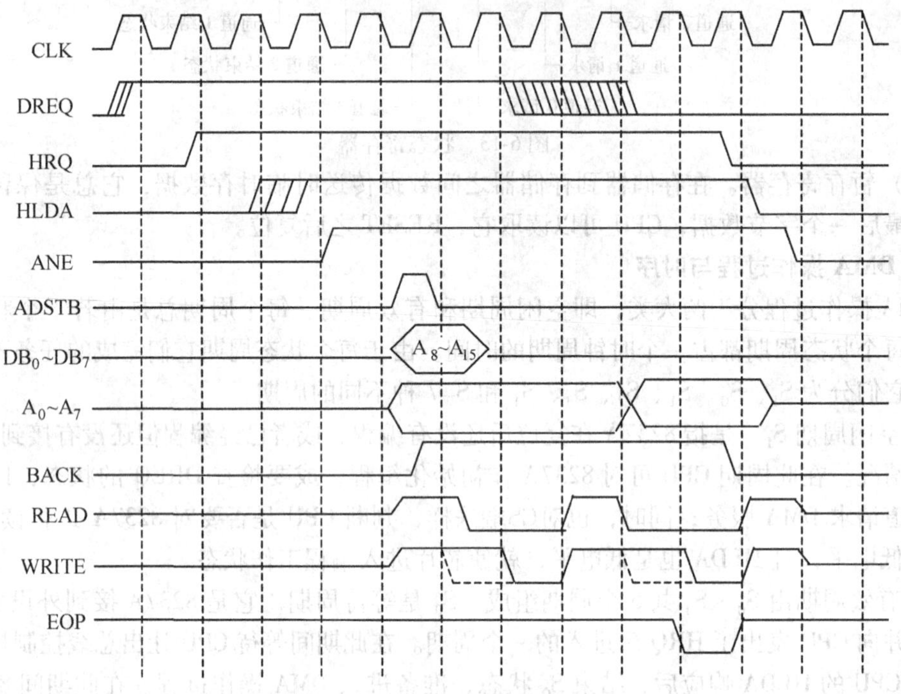

图 6-14 正常 DMA 操作时序图

如果是存储器与存储器之间数据传送时，一个字节的传送要经过两个阶段：第一阶段是从源地址中读出一个字节，第二阶段将这个字节写入目的地址中。每个阶段的完成都要经过4 个周期时间。

3. 扩展写与压缩时序　这是命令寄存器中用 D_5 和 D_3 2 位控制的两种特殊时序。

扩展写是当 8237A 输出写信号（$\overline{IOW}$和$\overline{MEMW}$）时，使其有效的时间提前。正常在 S_3 才送出的有效写控制信号，提前到 S_2 就变得有效。这可以使得写入的设备有更多的写入时间。当命令寄存器的 $D_5=1$ 时，就选择了扩展写方法。

压缩定时是当命令寄存器 $D_3=1$ 时采用的定时方式。在 S_1 ~ S_4 4 个周期中，S_1 是为了锁存高 8 位地址用的，而 S_3 则是一个延长周期，以保障可靠的读写操作。为了追求更高的传输速度，且器件的读写速度又可跟得上的情况下，就可以把 S_1 和 S_3 2 个周期省去，形成了时间压缩一半的时序。压缩时序方式只能用于连续数据块传送，即高 8 位地址不变的数据块。如果是一次 DMA 中的第一个字节传送，或在传送中必须改变高位字节地址时，S_1 还是不能省略的。

复习思考题

1. I/O 系统的作用是什么？常见的 I/O 设备有哪些？
2. I/O 接口是什么？典型的 I/O 接口包括哪几部分？各部分的作用是什么？
3. 微机系统中，PC 中 I/O 接口有哪两种寻址方式？各有什么特点？

4. 微机系统中，常见的I/O控制方式有哪几种？其特点及适用范围各是什么？

5. I/O编址方式有哪几种？各有什么特点？

6. 简述查询方式I/O的工作过程，并画出其程序流程图。

7. 用查询方式实现CPU与外设的数据通信。假设I/O接口中状态寄存器地址为25H，其中$D_0=1$，表示外设已经准备好数据的输入，数据寄存器地址为26H。试编写一段程序，实现从外设中读入1000个字节数据并存入内存中BUFFER数据区。

8. 如图6-15所示电路连接，七段LED显示器采用共阳极接法。试编写程序，完成以下功能：

（1）在显示器上顺序显示数字0~9，间隔时间1s。

（2）统计闭合开关个数，并在显示器上显示。

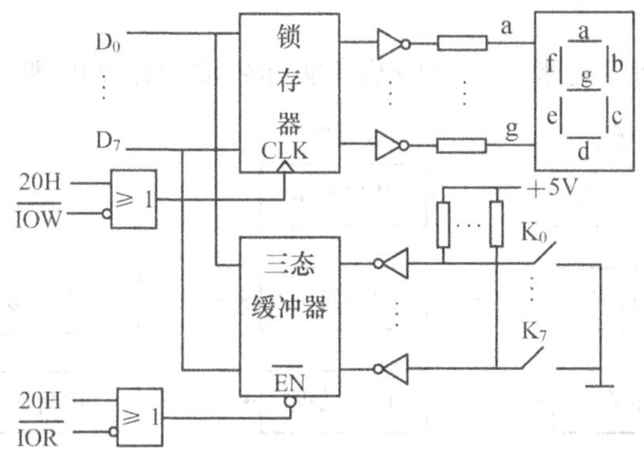

图6-15　电路连接图

9. DMA系统应完成哪些功能？

10. DMA控制器8237A的成组传送方式和单字节传送方式的主要区别是什么？

11. 利用8237A通道1在存储器的两个区域BUF1和BUF2间直接传送100个字节的数据，采用连续传送方式，传送完毕后不自动预置，写出初始化程序。

第 7 章　中　断

7.1　中断概念

7.1.1　中断的定义与作用

在介绍中断的定义前，先来看一个中断在实际生活中存在的现象，如图 7-1 所示。

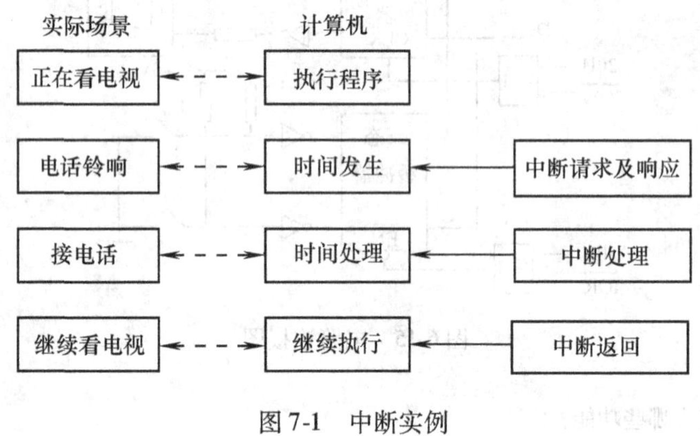

图 7-1　中断实例

从图 7-1 中可以看出，当 CPU 执行程序时，由于发生了某种随机的事件（外部或内部），引起 CPU 暂时中断正在运行的程序，转去执行一段特殊的服务程序（称为中断服务程序或中断处理程序），以处理该事件，该事件处理完后又返回被中断的程序继续执行，这一过程称为中断。依照定义，中断的执行过程又和前面章节学习过的子程序的概念十分相似，如图 7-2 和图 7-3 所示。

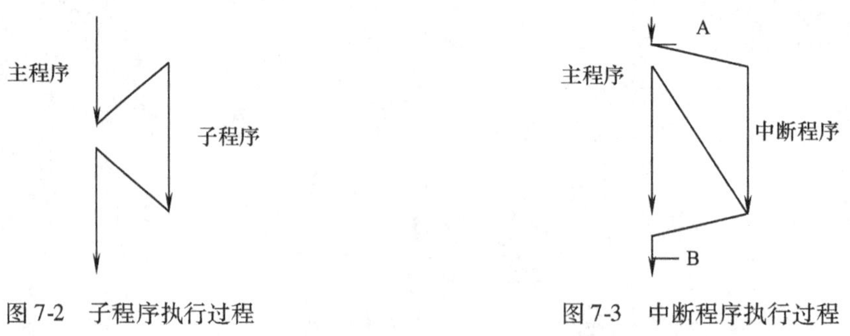

图 7-2　子程序执行过程

图 7-3　中断程序执行过程

通过图中的对比可以看出子程序与中断的区别。其相同点是都是独立于主程序的一小段分支程序，最终都须返回主程序；异同点是分支程序的入口点不同。子程序只能在固定的位置执行，而中断程序可以在中断条件允许的条件下，在主程序中任意的位置执行，如图 7-3 中的 A、B 两点之间。

中断可以实现如下功能：

1. 实现 CPU 与外部设备的速度匹配与并行工作　由于 CPU 的运行速度很快，而多数外部设备的工作速度较慢，在 CPU 和外设传递数据时，CPU 需要花费大量时间来等待和外设交换数据，使得 CPU 的工作效率很低。有了中断之后 CPU 与外设的工作就可以同步进行了。而且，CPU 可命令多个外设同时工作。这样就大大提高了 CPU 的利用率，也提高了I/O 的速度。

2. 实现实时信息监测和控制　微机的重要应用领域都需要微机对信息进行实时地采集和控制，以便对控制对象作出及时地响应，使得控制对象保持在最佳工作状态。

3. 实现故障检测和自动处理　在计算机的运行过程中，经常会发生一些事先无法预料的故障，例如，电源和硬件故障，数据存储和运算错误等。这些故障可能会随机地发生，有了中断系统，计算机就能对这些故障自动发现并及时进行自动处理。

7.1.2　中断源

引起 CPU 中断的原因或发出中断请求的来源，称为中断源。中断源通常有以下几种：

1. 外设中断源　一般有键盘、打印机、磁盘和磁带等，这些外设在工作时要求 CPU 为它服务时，会向 CPU 发送中断请求。

2. 故障中断源　如存储器出错、运算溢出等，相关部件会向 CPU 发出中断请求，以便使 CPU 转去执行故障处理程序来解决故障。

3. 软件中断源　在程序使用中断指令（INT），可迫使 CPU 转去执行某个特定的中断服务程序，而中断服务程序执行完后，CPU 又回到原程序中继续执行中断指令后面的指令。

4. 为调试而设置的中断源　系统提供的单步中断和断点中断，可以使被调试程序在执行一条指令或执行到其他特定位置时，自动产生中断，从而便于程序员检查中间结果，寻找错误所在。

7.2　中断处理过程

中断处理工作是一个软硬件协调工作的过程，整个工作过程可分为 5 个子过程，包括中断请求、中断判优、中断响应、中断处理和中断返回 5 个过程来完成。

7.2.1　中断请求

当中断源需要 CPU 为其服务时，可以向 CPU 发出中断请求。中断请求可以是由中断指令或是某些特定条件产生，也可以是通过 CPU 引脚向 CPU 发出中断请求信号而产生。一般需要具备两个条件：一是外设已处于准备就绪状态；二是系统允许该外设发出中断请求。

中断请求随中断源类型不同而出现不同的特点：

1. 外部中断源的中断请求　当外部设备要求 CPU 为它服务时，需要发一个信号给 CPU 进行中断请求。

8086 由两根外部中断请求引脚 INTR 和 NMI 供外设向其发送中断请求信号用，这两根引脚的区别在于 8086 响应中断的条件不同。

8086 在执行完每条指令后都要检测中断请求输入引脚，看是否有外设的中断请求信号。根据优先级，8086 先检查 NMI 引脚再检查 INTR 引脚。

（1）可屏蔽中断请求。INTR 引脚上的请求称为可屏蔽中断请求，这种请求 8086 是否响应取决于标志寄存器的 IF 标志位的值。IF =1 为允许中断，8086 可以响应 INTR 上的中断请求；IF =0 为禁止中断，8086 将不理会 INTR 上的中断请求。

（2）不可屏蔽中断请求。NMI 引脚上的中断请求称为不可屏蔽中断请求，这种中断请求 CPU 必须响应，它不能被 IF 标志位所禁止。不可屏蔽中断请求通常用于处理应急事件。在微机中，RAM 奇偶校验错、I/O 校验错和协处理器 8087 运算错等都能够产生不可屏蔽中断请求。

2. 内部中断源的中断请求　内部中断请求不需要使用 CPU 的引脚，它由 CPU 在下列情况下自动触发：一是在系统运行程序时，内部某些特殊事件发生（如除数为 0，运算溢出或单步跟踪及断点设置等）；二是 CPU 执行了软件中断指令 INTn。所有的内部中断都是不可屏蔽的，即 CPU 总是响应而不受 IF 限制。

微机中完整的中断系统的结构如图 7-4 所示。

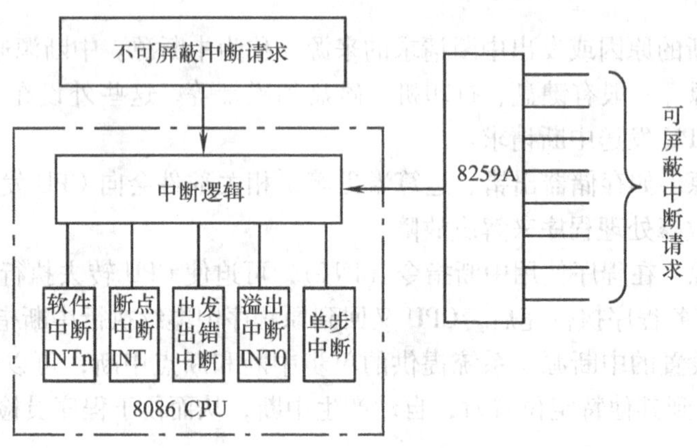

图 7-4　微机中断系统结构

7.2.2　中断判优

当多个中断源产生中断时，存在中断优先级控制问题。在 X86 系统中，通常将中断判优与中断源识别合并在一起进行处理。

中断优先级控制可能遇到两种情况：对同时产生的中断，应首先处理优先级别较高的中断，若优先级别相同，则按先来先服务的原则处理；对非同时产生的中断，低优先级别的中断处理程序允许被高优先级别的中断源所中断，即允许中断嵌套。

确定中断优先级的方法可采用以下 3 种方法。

1. 软件查询方法　当 CPU 检测到中断后，用软件查询以确定是哪些外设发出中断请求，并判断它们的优先权。典型的优先权接口电路如图 7-5 所示。

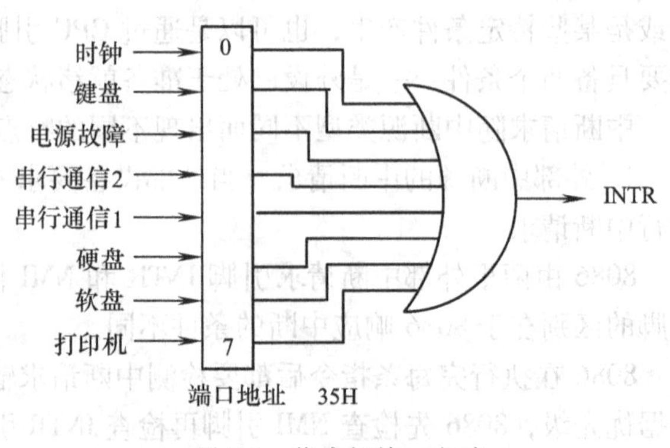

图 7-5　优先权接口电路

图 7-5 中将 8 个外设的中断请求信号接到同一个中断请求锁存器，将各个外设的中断请求信号相“或”后，作为 INTR 信号。只要其中有一个中断请求，

都可以向 CPU 发出 INTR 信号。当 CPU 响应中断后，把中断请求锁存器的状态读入 CPU，逐个检查它们的状态，根据相对应的位判断出相应的设备，则转到相应的服务程序的入口。其软件查询方程程序流程图如图 7-6 所示。

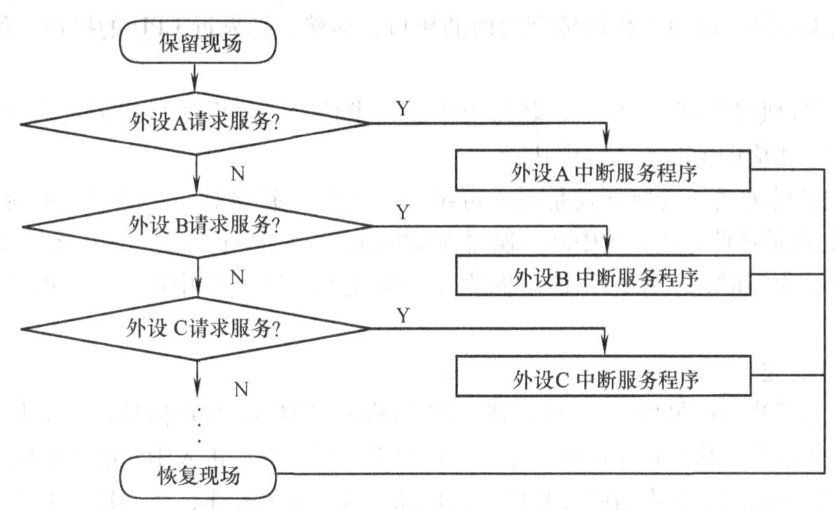

图 7-6　软件查询方式程序流程图

软件方法实现简单、节省器件，但由查询转至相应的中断服务程序入口时间长，响应速度慢。

2. 简单硬件方式(菊花链电路)　采用简单硬件方式是在每个外设对应的接口上连接一个逻辑电路，这些逻辑电路构成一个链，称为菊花链。由菊花链式优先权排队电路来控制中断回答信号的通路，如图 7-7 所示。

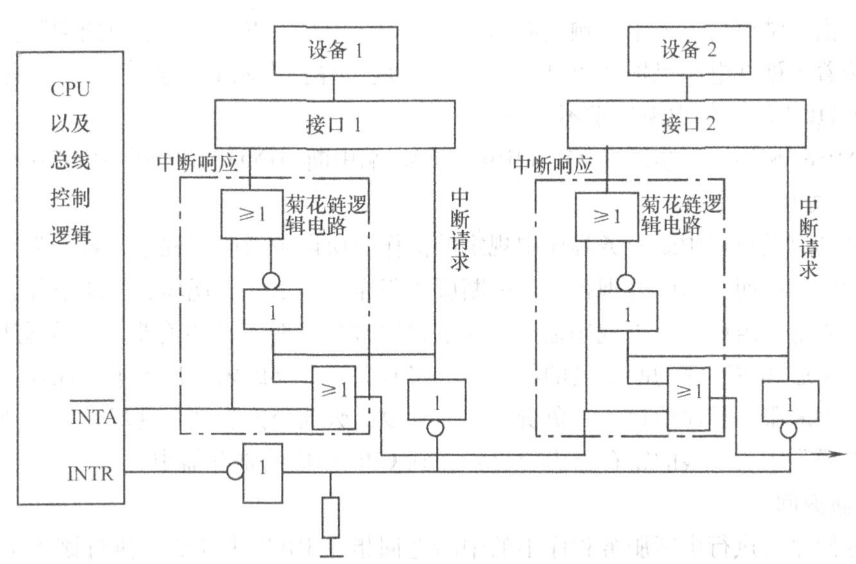

图 7-7　菊花链式优先权排队电路

当多个外设同时向 CPU 发出中断请求时，CPU 如果允许中断，则会发出低电平的$\overline{INTA}$信号。如果位于链首的设备没有发出中断请求信号，那么这级的中断逻辑电路会允许$\overline{INTA}$原封不动地向下一级传递，这样$\overline{INTA}$就可以送到发出中断请求的接口；另一方面，如果某一外设发出中断请求信号，则本级的中断逻辑电路就会对后面的中断逻辑电路实行阻塞，使得信号会在本级被截取而不会再传到后面的接口。显然，越靠近 CPU 的接口，优先权就越高。

当某一接口收到$\overline{INTA}$信号后，就撤销中断请求信号，随后往总线上发送中断类型号，CPU 就可进入相应的中断服务程序执行。

3. 专用硬件方式　这种方式是引入可编程的中断控制器对多个外部中断源进行管理。PC 中采用的就是这种方式，其中断控制器为 8259A，由它先对多路外部中断请求进行排队，在有中断请求冲突时，根据预先设定的优先级决定允许哪一个中断源向 CPU 发送中断请求。

7.2.3　中断响应

CPU 在每条指令的最后一个时钟周期结束后检测 INTR 或 NMI 信号，有无中断请求。若查询到有中断请求，并且在允许响应中断的情况下，系统自动进入中断响应周期，由硬件完成关中断、保存断点、取中断服务程序的入口地址等一系列操作，而后转向中断服务程序执行中断响应。

由于 8086/8088 对软件中断和硬件中断的响应过程不同，其特点如下：

1）对内部中断请求，CPU 在当前指令执行到最后一个总线周期的最后一个 T 状态予以响应，响应后接着就转向执行中断服务。

2）对 NMI 的中断请求，CPU 在当前指令周期的最后一个 T 状态对其采样，若为 1 则进入中断响应总线周期。

3）对经 INTR 来的外部中断请求，CPU 首先检查 IF 是否等于 1，当 IF = 1 则允许响应中断，当前指令结束后进入中断响应周期；然后关闭中断，以便中断响应周期不被其他的中断干扰，接着由硬件电路保护断点和当前状态，最后寻找中断服务程序的入口地址。若 IF = 0 则对 INTR 引脚上的中断请求不予响应。

8086/8088 响应中断的次序为软件中断→NMI 端中断→INTR 端中断→单步中断。

7.2.4　中断处理

中断处理就是执行中断服务程序中规定的操作。所谓中断服务程序，就是为实现中断源所期望达到的功能而编写的处理程序。中断服务程序一般由保护现场、中断服务、恢复现场和中断返回 4 部分组成。保护现场是为了在主程序被打断时有些寄存器存放着有用的内容，为了返回后不破坏主程序的断点处的状态，应将有关寄存器的内容压入堆栈保存。中断服务部分是整个中断服务程序的核心，负责完成与外设的数据交换。恢复现场是指中断服务程序完成后，把原先压入堆栈的寄存器内容再弹回到 CPU 相应的寄存器中。

7.2.5　中断返回

中断返回是由执行中断服务程序中的中断返回指令 IRET 来完成。执行该条指令后将使 CPU 把堆栈内保存的断点信息弹出到 IP、CS 和 FLAG 中，保证被中断的程序从断点处能够继续往下执行。

7.3 8086/8088的中断系统

8086/8088中断系统中，每个中断都有一个类型码，供CPU进行识别，该系统可处理256种不同类型的中断。中断可以由外部设备启动，也可以由软件中断指令启动，有些情况CPU可自身启动。

7.3.1 中断类型

为了更好地区分不同的中断源，在微机系统中，为每个中断源规定了一个中断类型码。8086/8088中断系统一共可处理256种不同的中断类型，其类型码用8位二进制表示，范围为0～255。这256种中断其中一部分为专用中断或已被系统占用的中断，这些中断类型码原则上用户不能使用，否则会引起一些意想不到的故障。部分中断类型码的功能见表7-1。

表7-1 部分中断类型码及功能

中断类型码	中断功能	中断类型码	中断功能
0	除法错中断	C	串行通信(COM1)
1	单步中断	D	硬盘中断(或并行口2)
2	NMI中断	E	软盘中断
3	断点中断	F	并行打印机中断
4	溢出中断	10H	CRT显示I/O驱动程序
5	屏幕打印中断	13H	硬盘I/O驱动程序
8	电子钟定时中断	14H	RS—232I/O驱动程序
9	键盘中断	16H	键盘I/O驱动程序
B	串行通信(COM2)	17H	打印机I/O驱动程序

7.3.2 中断矢量

每个中断源在内存中都对应有一个中断服务子程序，供CPU相应中断后执行，因此每个中断服务程序都需要有惟一确定的入口地址。每个服务程序入口地址有4个字节，占4个存储单元，前2个字节为中断服务程序入口地址中的偏移量，后2个字节为入口地址中的段地址。通常把每个中断服务子程序的入口地址称为一个中断矢量，它由段地址CS和段内偏移量IP两部分组成。

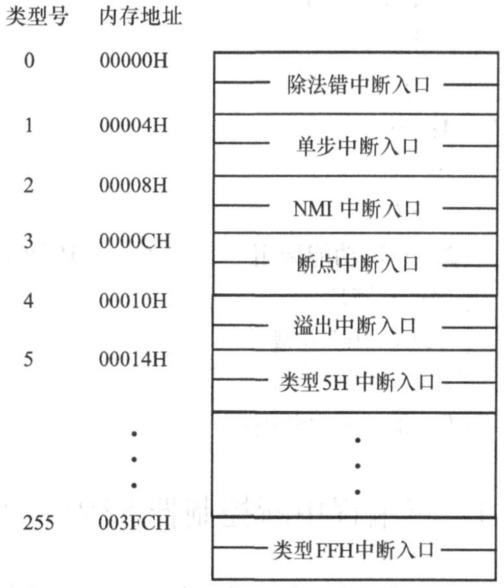

8086/8088系统中，在内存00000H～003FFH的1KB中存放256个中断矢量，这些按照一定规律依次连续排列存放的中断矢量形成一个表，称为中断矢量表，如图7-8所示。表中每个中断矢量的序号n(0～255)就是相应中断源的中断类型码。当CPU调用中断矢量号n的中断服务程序时，首先把矢量号乘以4，得到中断矢量表的地址为$4n$，然后把矢量表$4n$地址表开始的两个低字节单元的内容装入IP寄存器，即IP←($4n$, $4n+1$)再

图7-8 中断矢量表

把两个高字节单元内容装入代码段寄存器 CS，即 CS←(4n+2，4n+3)。例如，类型码为 21H 的中断源所对应的中断矢量存放在从 0000H：0084H 开始的 4 各连续单元中；若 0084H、0085H、0086H、0087H 存储单元的值分别为 20H、30H、40H、50H，则 21H 号中断源对应的中断服务程序入口地址(中断矢量)为 5040H：3020H。

中断矢量表设置在 RAM 低位存储区(0～00FFH)内。所以，它并不常驻内存，每次开机启动后，在系统正式工作之前都必须对其进行初始化，即将相应的中断服务程序的入口地址装入中断矢量表中。中断矢量表一般分为专用中断、备用中断和用户中断 3 部分使用。专用中断的中断服务程序的入口地址由系统负责装入，用户不能随意修改。备用中断为生产厂家开发软、硬件保留。用户中断的中断服务程序入口地址由用户程序负责装入。

为了避免不必要的错误，在 DOS 功能调用 INT 21H 中提供了 25H 设置中断矢量，35H 获取中断矢量。

(1) 25H 功能调用　系统功能 25H 调用提供的入口参数为：

[AH]=25H

[DS:DX]=中断服务程序入口地址

[AL]=中断类型号

例 1　某中断源的中断类型号 n 为 40H，中断服务程序的入口地址为标号 INT-PM，设置中断矢量的程序段如下。

```
        CLI                          ；关中断
        MOV AH，25H                  ；25H 功能调用
        MOV AL，40H                  ；中断类型号 40H 送入 AL
        MOV DX，SEG INT-PM           ；入口段基址送入 DS
        MOV DS，DX                   ；
        MOV DX，OFFSET INT-PM        ；入口偏移地址送入 DX
        INT   21H                    ；中断调用
        STI                          ；开中断
        …
INT-PM：……                           ；中断服务程序入口
     …
        IRET                         ；中断返回
```

(2) 35H 功能调用　系统功能 35H 调用提供的入口参数为：

[AH]=35H

[AL]=中断类型号

出口参数为：

[ES:BX]=中断矢量

7.4　可编程中断控制器 8259A 及其应用

Intel 系列的 8259A 芯片是一个中断控制器，并且是可编程的，即可以由软件设置该中断控制器的工作模式，在使用中非常灵活方便。8259A 可编程中断控制器主要特点如下。

1）具有 8 级优先权控制，可连接 8 个中断源。

2）通过级联可扩展至 64 级优先权控制，可连接 64 个中断源。

3）每一级中断均可屏蔽或允许。

4）在中断响应周期，可提供相应的中断矢量号。

5）具有固定优先权、循环优先权、完全嵌套、特殊嵌套、一般屏蔽、特殊屏蔽、自动结束和非自动结束中断等多种工作方式，可通过编程进行选择。

7.4.1 8259A 引脚

8259A 是 28 个引脚的双列直插式芯片，其引线如图 7-9 所示。

（1）$D_7 \sim D_0$ 双向三态数据线。它可直接与系统的数据总线相连，与 CPU 进行数据交换。

（2）$\overline{RD}$读信号。当 CPU 向 8259A 发出该信号时，8259A 将某个内部寄存器的数据送到数据总线。

（3）$\overline{WR}$写信号。该信号为低时，当 CPU 向 8259A 发出该信号时，说明数据总线上有数据等待 8259A 接收。

（4）INT 该引脚与 CPU 的 INTR 端相连，8259A 通过该引脚向 CPU 发出中断请求。

（5）$IR_7 \sim IR_0$ 中断请求输入信号。在多片 8259A 组成的主从式系统中，主片 $IR_7 \sim IR_0$ 分别与各从片的 INT 端相连，而各从片的 $IR_7 \sim IR_0$ 端则直接与外部 I/O 设备相连，这样就实现了主从式结构。

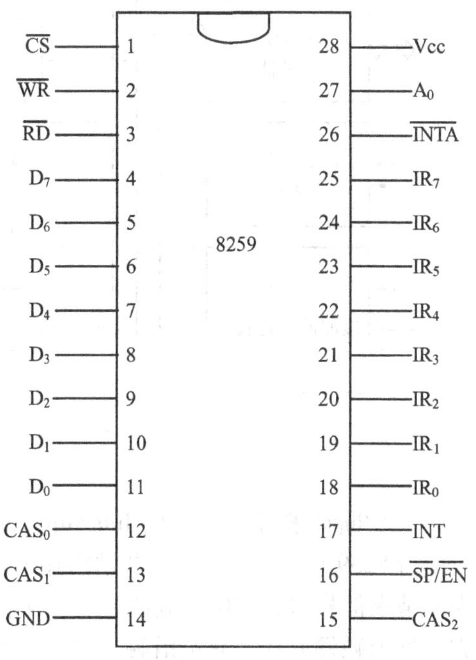

图 7-9　8259A 的管理信号引脚图

（6）$\overline{INTA}$中断响应信号。用来接受来自 CPU 的中断应答信号，即当 8259A 通过 INT 引脚向 CPU 发出中断请求信号时，如果此时 CPU 内部的中断允许标志为 1，则 CPU 向 8259A 发出中断应答信号。

（7）$\overline{CS}$芯片选通信号。

（8）$\overline{SP}/\overline{EN}$该引脚为双向的，与 8259A 的工作方式有关。如果采用缓冲方式，则$\overline{SP}/\overline{EN}$引脚作为输出，此时，该引脚与总线驱动器的允许端相连，8259A 通过该引腿发出总线驱动器的驱动信号。如果 8259A 工作在非缓冲方式下，此时，$\overline{SP}/\overline{EN}$引脚作为输入端，当系统中只有单片的 8259A 芯片时，$\overline{SP}/\overline{EN}$端必须接高电平，如果系统是由多片 8259A 组成的主从式系统，则主片的$\overline{SP}/\overline{EN}$端接高电平，从片的$\overline{SP}/\overline{EN}$接低电平。

（9）$CAS_2 \sim CAS_0$ 双向级联信号线。8259A 单片工作时不用这些引脚，当级联工作时，主片 8259A 的 $CAS_2 \sim CAS_0$ 与从片 8259A 的 $CAS_2 \sim CAS_0$ 相连接。

（10）A_0 端口选择引脚。用于指示 8259A 的哪个端口被访问，8259A 需要两个连接端口地址，其中一个是奇地址，一个是偶地址，并且偶地址较低，奇地址较高。

对于 8088 系统，8259A 的 $D_7 \sim D_0$ 可以直接与 CPU 的 $D_7 \sim D_0$ 数据总线相连，但要 CPU

的 A_1 与 8259A 的 A_0 相连，即可满足 8259A 的地址要求。

对于 8086 系统，由于数据总线是 16 位的，一般将 8259A 的 $D_7 \sim D_0$ 与 CPU $D_7 \sim D_0$ 相连接，但要 CPU 的 A_1 与 8259A 的 A_0 相连，将 CPU 的 $A_0 = 0$ 作为 8259A 的片选条件之一。这样将 8086 的两个连续的偶地址（$A_1A_0 = 00, A_1A_0 = 10$）转换为 8259A 的一个偶地址和一个奇地址，从而满足了 8259A 的地址要求。

7.4.2 8259A 的内部结构

8259A 的内部结构图如图 7-10 所示，它由 8 个部分组成。

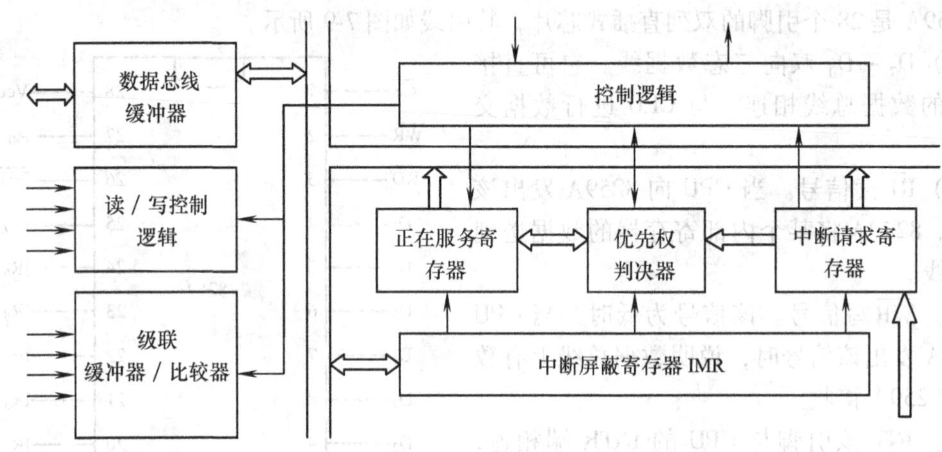

图 7-10　8259A 的内部结构图

（1）中断请求寄存器 IRR（Interrupt Request Register）。该寄存器是一个 8 位寄存器，每位对应着 8259A 的 8 个外部中断请求输入端 $IR_7 \sim IR_0$ 中的 1 位。当 $IR_7 \sim IR_0$ 中某一引脚上有中断请求信号时，IRR 对应位置 1；当中断请求被响应时，这 1 位复位。将 IRR 某位置 1 的方式称为触发方式。有边沿触发和电平触发两种触发方式。前者是利用 IR_n 线由低到高的跳变，后者要求 IR_n 线为高电平并保持到第一个中断响应信号 INTA 结束之前。在电平触发方式下，要求中断请求得到响应之后请求输入端必须及时撤除高电平。如果在 CPU 进入中断处理过程并且开放中断前未去掉高电平信号，则可能引起不应该发生的第二次中断。相比之下，边沿触发方式用起来要方便一些。触发方式由初始化命令字 ICW_1 来设置。

（2）中断屏蔽寄存器 IMR（Interrupt Mask Register）。IMR 是一个 8 位的寄存器，用来设置中断请求的屏蔽信号。当此寄存器的第 i 位被置 1 时，则与之对应的 IR_i 中断申请线被屏蔽，这些屏蔽位能禁止 IRR 寄存器中对应的置 1 位发出中断请求信号 INT。屏蔽优先级别较高的中断请求输入，不会影响优先级较低的中断请求输入。因此，可以使用软件方法设置 IMR，以改变中断优先级别。

（3）正在服务寄存器 ISR（In-Service Register）。ISR 是一个 8 位的寄存器，每位对应着 8259A 的 8 个外部中断请求输入端 $IR_7 \sim IR_0$ 中的 1 位。若某个引脚上的中断请求被响应，则 ISR 中对应位被置 1，表示这一中断源正在被服务。这一位何时被清零取决于中断结束方式。例如，IRR 的 IR_3 获得中断请求允许，则 ISR 中的 D_3 位置位，表明 IR_3 正处于被服务之中。ISR 的置位也允许嵌套，即如果已有 ISR 的某位置位，但 IRR 中又送来优先级更高的中断请求，经判优后，相应的 ISR 位仍可置位，形成多重中断。

(4) 控制逻辑。控制逻辑含一组初始化命令寄存器和一组操作命令寄存器，按预置的工作方式（初始化命令字）或程序员的干预（操作命令字）来管理8259A的全部工作。

(5) 优先权判决电路。优先权判决电路对保存在IRR中的各种中断请求以及IMR的内容进行判断，确定出最高优先级，如果当前没有正在服务的中断或者它比当前正在服务的级别高，则在CPU中断响应期间把它选通至ISR。简言之，在中断响应期间，优先权判决电路找出应该服务的中断，将ISR相应位置位。

(6) 级联缓冲器/比较器。级联是指使多片8259A连接起来，管理更多级中断。该功能部件在级联方式的主片—从片结构中用来存放和比较系统中各从片标识（ID）。

(7) 数据总线缓冲器。数据总线缓冲器是8259A与系统数据总线的接口，它是双向三态缓冲器。所有CPU对8259A编程时的控制命令字都是通过它写入的；且8259A的状态信息以及中断响应期间的中断向量也是通过它提供给CPU。

作为一个能与系统数据总线直接相连的芯片，都应设置数据总线缓冲器。在该芯片被选中时提供与系统数据总线的传送通道；在该芯片未被选中时使芯片内部的数据线与系统数据总线“脱开”（呈现高阻抗），这样不影响CPU与其他芯片的联系。

(8) 读/写控制逻辑。该电路接收CPU的读/写命令，完成命令字的写入和状态字的读出等操作。

7.4.3 8259A的工作方式

8259A的中断管理功能非常的强大，可以满足不同用户的不同要求，并且这些工作方式都是可以通过编程来实现的。主要工作方式可以分成如下几类：

1. 中断嵌套方式　一般分为全嵌套方式和特殊嵌套方式两种。

(1) 全嵌套方式。全嵌套方式是8259A最常用和最基本的一种嵌套方式。如果对8259A初始化后没有用操作命令字设置为其他嵌套方式，则8259A就自动按一般全嵌套方式工作。其特点是中断优先权级别固定。即IR_0最高，IR_7最低。当CPU相应中断时，就将该中断源对应的ISR相应位置1。并且在中断服务期间如有较高级的中断请求仍可经INT端向CPU提出中断请求，而禁止同级和较低级的中断请求。

(2) 特殊嵌套方式。特殊嵌套方式惟一与全嵌套方式不同的是在中断服务期间允许同级中断请求。

特殊嵌套方式一般用于多片级联方式下，是8259A在多片级联方式下的一种优先权管理方式。所以，在级联的情况下，一般主片设置为特殊嵌套方式，而从片一般设置为全嵌套方式。这样对来自优先级较高的主片上的中断进行开放的同时，对于来自同一从片的较高优先级也会开放，从而满足了各片对中断的响应。

2. 优先级方式　在实际的中断处理过程中，中段源不一定有明显的优先级，而且随着外界的变化优先级的顺序也要发生变化。所以中断的优先级要根据实际情况来处理。8259A提供了两种优先级排序方式，分别为自动循环方式和特殊循环方式。

自动循环方式中当某个中断请求服务结束后，该中断的优先权自动降为最低，而随后其第一级的中断请求的优先权自动变为最高，依次排列。这种循环方式一般用于在系统中多个中断源优先级相同的场合。

特殊循环方式与自动循环方式总体上是相同的。惟一区别是其优先级的设置为通过编程（OCW_2）人为地指定某个中断源的优先级降为最低，其他中断源的级别也随之改变。例如，

确定 IR_4 位最低优先级，则工作优先级顺序为 IR_5，IR_6，IR_7，IR_0，IR_1，IR_2，IR_3，IR_4。

3. 中断结束处理方式　当中断请求被 CPU 响应后，该中断在 ISR 中的相应位被置位，表示 CPU 正在为该中断服务。当中断服务结束或中断返回之前的适当时刻应及时将该 ISR 位复位，否则 8259A 就不能响应该中断源新的请求。这项工作称为中断结束处理。

8259A 提供的中断结束方式分为自动结束和非自动结束两种，而非自动结束方式又有一般中断结束和特殊中断结束方式之分。

自动结束方式是在中断响应信号的第二个负脉冲结束时，自动将 ISR 中的中断服务标志位清除。这种结束方式是由硬件自动完成的。所以尽管系统正在处理中断，但 ISR 已经清零，好像已经结束了中断服务一样。这种方式适合使用在系统中只有一个中断源无嵌套的场合。

一般中断结束方式配合一般全嵌套方式使用。这种方式是通过在中断服务程序中编程写入 OCW_2 操作命令字向 8259A 传送一个 EOI 命令来清除 ISR 中当前优先权级别最高位。在特殊全嵌套方式下，不能确定 ISR 中哪一位是最后置位的，即哪一个中断请求是最后被响应的，这时就要采用特殊中断结束方式。采用这种方式反映在程序中就是要发一条特殊中断结束命令，这个命令中指出了要清除哪个 ISR 位。特殊中断结束方式可理解成人为地将 ISR 中某一位复位。而一般中断结束方式要复位的 ISR 位是 8259A 自动寻找的。

4. 屏蔽中断源的方式　屏蔽中断源的方式是对 8259A 的外部中断请求源 IR_0 ~ IR_7 实现屏蔽的一种中断管理方式。分为普通屏蔽方式和特殊屏蔽方式。前者用得较多，后者仅用于一些特殊应用场合。

在普通屏蔽方式下，当 IMR 中的 D_i 位置 1，则它所对应的中断就被屏蔽，从而使这个中断请求不能由 8259A 送到 CPU。相反，如果 IMR 某位置 0，则允许该中断起作用。

特殊屏蔽方式只是对同级中断请求实行屏蔽，对于高或低优先级中断请求均不能禁止。这种工作方式通常用于级联方式的场合。其可以通过编写 OCW_3 操作命令字来设置或取消。

7.4.4　8259A 的编程及其应用

8259A 的各种功能都要通过编程设置来实现的，在 8259A 内部有两组命令寄存器，一组用于存放初始化命令字 ICW；另一组用于存放操作命令字 OCW。ICW 用于设定 8259A 的工作方式，在初始化编程中写入；OCW 用于中断操作管理，也是需要写入相应的初始化命令字寄存器中的。

1. 初始化命令字　初始化命令字在一开始初始化 8259A 时使用，并且只能使用一次，一旦发出就不能够改变，一般放在主程序开头，依 ICW_1 ~ ICW_4 的顺序写入。若其中某个（ICW_3 或 ICW_4）不需要，可不用写入，而直接写入下一个命令字。

8259A 的所有初始化命令字和操作命令字均为一字节，有的需要写入奇地址，有的需要写入偶地址，具体见说明。

在 PC/XT 中，8259A 所占的端口地址为 20H 和 21H。

（1）ICW_1。ICW_1 必须写入 8259A 的偶地址端口，即 $A_0=0$。它的格式和含义如图 7-11 所示。

A_0		D_7	D_6	D_5	D_4	D_3	D_2	D_1	D_0
0		×	×	×	1	LTIM	ADI	SNGL	IC_4

图 7-11　8259A 的 ICW_1 初始化命令字格式

各位的控制功能如下。

D_0(IC_4)：用来决定初始化过程中是否需要设置 ICW_4。若 $IC_4=0$，则不要写入 ICW_4；若 $IC_4=1$ 时，则需要写入 ICW_4。对于8086/8088系统，ICW_4 必须有，所以该位必须为1。

D_1(SNGL)：用于级联方式。SNGL=1，单片使用；SNGL=0，级联使用。

D_2(ADI)：在8080/8085 CPU方式下工作时，设定中断矢量的地址间隔大小。在8086/8088系统中这一位无效。

D_3(LTIM)：用来设定中断请求输入信号 IR_i 的触发方式。若LTIM=1，设定电平触发；即 IR_i 输入端上检测到一个高电平，且第一个 $\overline{INTA}$ 脉冲到来时维持高电平；在若LTIM=0，设定边沿触发，即在 IR_i 输入端检测到由低到高的正跳变而且正电平保持到第一个 $\overline{INTA}$ 到来之后。

D_4：标志位，$D_4=1$ 表示当前写入的是 ICW_1 初始化命令字。

$D_5 \sim D_7$：$D_5 \sim D_7$ 是8080/8085系统中断向量地址的 $A_5 \sim A_7$ 位。在8086/8088系统中，这3位不用。

例2 以8086/8088为CPU的系统中，设置8259A单片使用，IR_i 引脚高电平有效，则对该8259A的初始化程序为：

```
MOV    AL, 1BH     ; ICW1 的内容
OUT    20H, AL     ; 写入 ICW1 的端口地址（A0=0，偶地址）
```

（2）初始化命令字 ICW_2。ICW_2 必须写入奇地址端口，其格式如图7-12所示。

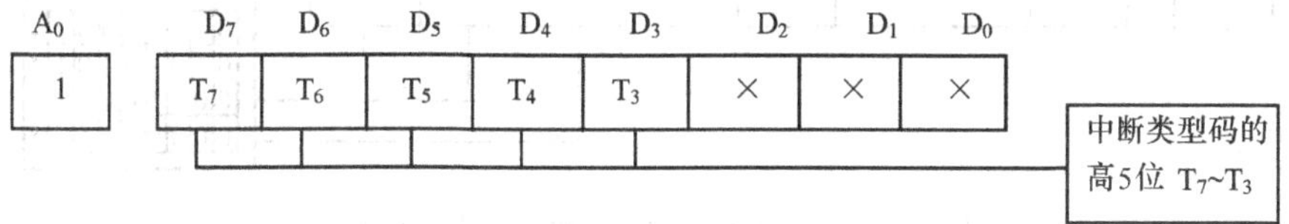

图7-12　ICW_2 初始化命令字格式

$A_0=1$：对 ICW_2 编程标志。

$D_7 \sim D_3$（$T_7 \sim T_3$）：8086/8088系统中设定中断矢量号代码的高5位。

$D_3 \sim D_0$：由8259A自动确定，对于 $IR_0 \sim IR_7$ 上的中断请求，最低3位依次为000~111。

例3 在PC系列机中断系统中，键盘接口的中断请求线连到 IR_1 上，它分配的中断矢量号为09H。在向 ICW_2 写入中断矢量号时，只写中断矢量号的高5位，而低3位可以取任意值，所以 ICW_2 可以设定为08H~0FH中的任何一个值。初始化程序为：

```
MOV    AL, 08H     ; ICW2 高5位（00001）
OUT    21H, AL     ; 写入 ICW2 的口地址（A0=1）
```

CPU响应键盘中断请求时，8259A把 IR_1 的编码001作为中断矢量的低3位，和 ICW_2 的高5位构成一个完整的8位中断类型09H，在第二个中断响应周期，经数据总线送给CPU。

（3）初始化命令字 ICW_3。ICW_3 专用于级联方式的初始化编程。当初始命令字 ICW_1 中的 D_1 位（SNGL）=0时，8259A工作于级联方式。8259A初始化时，必须有 ICW_3 命令。对于主片和从片，ICW_3 的格式和含义是不同的，所以，主片/从片的命令字 ICW_3 要分别写。

主片 ICW_3 初始化命令字格式如图7-13所示，其中，

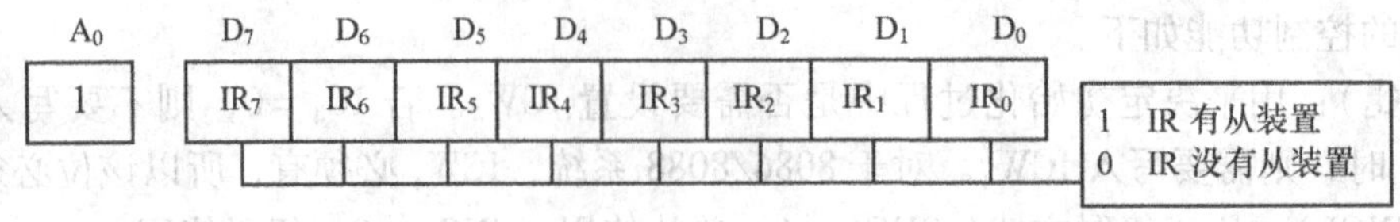

图 7-13 主 8259A 的 ICW_3 初始化命令字格式

$A_0=1$：对 ICW_3 编程标志，必须写入奇地址。

在级联方式下，从片的中断请求输出（INT 引脚）作为主片的一个外设，接在主片的一个中断请求输入端 IR_i 上。主片 8259A 是通过 ICW_3 的设置来确定中断请求输入端是来自从片 8259A，还是来自外设的。ICW_3 的 $D_7 \sim D_0$ 与 8 个中断请求输入引脚 $IR_7 \sim IR_0$ 一一对应，ICW_3 的某位为 1，则对应的中断请求输入引脚是从片 8259A；某位为 0，则对应的中断请求输入引脚是外设。

例 4 主 8259A 的 IR_6，IR_3 接从 8259A，而其余未接从 8259A，则主片初始化程序为

```
MOV  AL, 48H     ; ICW3 的内容
OUT  21H, AL     ; 写入奇地址端口
```

从片的 ICW_3 初始化命令字格式如图 7-14 所示，其中：

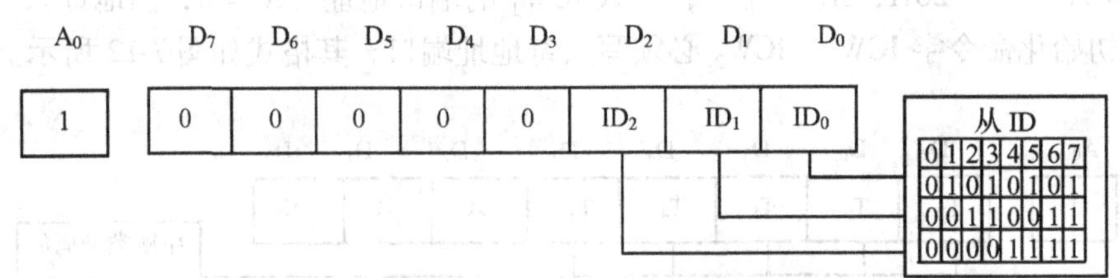

图 7-14 从 8259A 的 ICW_3 初始化命令字格式

$A_0=1$：对 ICW_3 编程标志，必须写入奇地址。

$ID_2 \sim ID_0$：从片 ID 码，用来说明这一片从 8259A 是接在主 8259A 的哪个 IR_i 端。

例 5 接在主 8259A 的 IR_6 上的从 8259A，它的 ID 码应为 6（110B），这时应设定从 8259A 的命令字 ICW_3 为 06H，该从片初始化程序为

```
MOV  AL, 06H   ; ICW3 的内容
OUT  21H, AL   ; 写入奇地址端口
```

（4）初始化命令字 ICW_4。当 ICW_1 中的 $IC_4=1$ 时，则要设定初始化命令字 ICW_4。初始化命令字 ICW_4 的格式如图 7-15 所示，其中各位意义为

$A_0=1$：对 ICW_4 编程标志，必须写入奇地址。

D_0（uPM）：用来选择 CPU 类型。uPM = 1，工作于 8086/8088 CPU 系统。

D_1（AEOI）：用来选择 8259A 中断结束方式。AEOI = 1，自动中断结束方式，由第二个中断响应信号 $\overline{INTA}$ 自动将最高优先权的 ISR 位清 0；AEOI = 0，非自动结束方式，必须在中断服务程序结尾设置常规中断结束命令 EOI，以此将最高优先级的 ISR 位清 0，或指定中断结束命令 SEOI，将指定的 ISR 位清 0。

D_2（M/S）：与缓冲位 BUF 一起使用。在缓冲方式下（即 BUF = 1，$\overline{SP}/\overline{EN}$ 起 $\overline{EN}$ 作用），

M/S 位用来设定 8259A 是主片或是从片：M/S = 1，该片为主 8259A；M/S = 0，该片为从 8259A。在非缓冲方式下（即 BUF = 0），M/S 位无意义。

D_3（BUF）：用来设定是否选用缓冲方式。BUF = 1，设定为缓冲方式，$\overline{SP}/\overline{EN}$输出用来作为控制缓冲器的信号；BUF = 0，设定为非缓冲方式，由$\overline{SP}/\overline{EN}$所接的是 V_{CC}还是 GND 来决定该 8259 是主片还是从片。

D_4（SFNM）：用来选择中断嵌套方式，只能用于级联模式的主控制器。SFNM = 0，定义 8259A 工作于一般完全嵌套方式；SFNM = 1，则定义 8259A 工作于特殊完全嵌套方式。

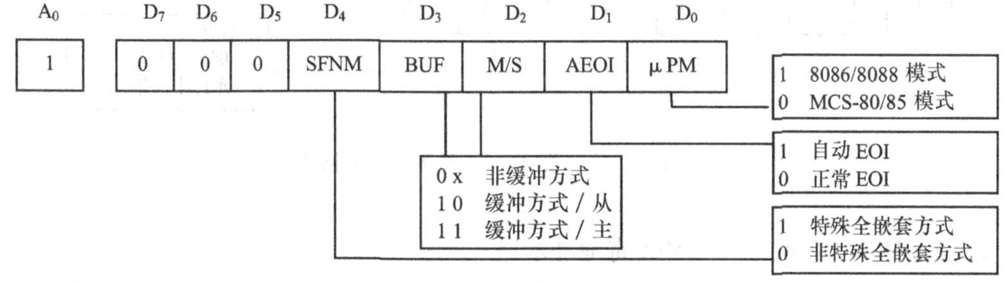

图 7-15 初始化命令字 ICW_4 格式

例 6 如在 PC/XT 中，CPU 为 8088，采用单片 8259A 管理中断，8259A 与系统总线之间采用缓冲连接，非自动结束，一般全嵌套，则 8259A 的 ICW_4 = 0DH。

写 ICW_4 的程序段为

```
MOV    AL, 0DH     ; ICW4 的内容
OUT    21H, AL     ; 写入 ICW4 的端口地址（A0 = 1）
```

（5）初始化命令字的编程顺序。CPU 对 8259A 写入预置命令字，设定 8259A 的初始化状态。预置操作过程要求有一定的顺序。

1）先依次写入命令字 ICW_1 和 ICW_2。

2）只有当 ICW_1 中的 SNGL = 0 时，才需送 ICW_3。主设备和从设备均需送 ICW_3，而且它们的格式不同。

3）只有当 ICW_1 中的 IC_4 = 1 时，才需送 ICW_4。对于 8086/8088 系统，ICW_4 总是需要设置的。在系统中，采用单片 8259A 与 8086/8088 结构时，初始化要写入的预置命令字是 ICW_1、ICW_2 和 ICW_4。而采用级联系统时，要写入的预置命令字是 ICW_1、ICW_2、ICW_3 和 ICW_4。

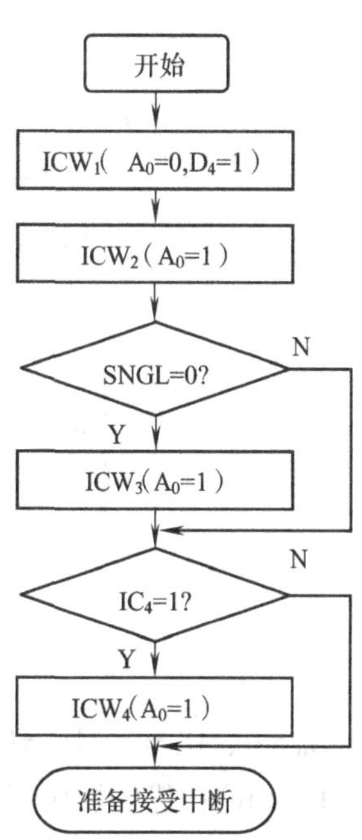

图 7-16 8259A 初始化流程

CPU 向 8259A 写初始化命令字的顺序如图 7-16 所示。

2. 操作命令字 OCW 按照一定顺序对 8259A 预置完毕后，8259A 进入设定的工作状态，准备好接收由 IR 输入的中断请求信号，并按固定优先级全嵌套方式（默认方式）来响应和管理中断请求。为了在系统运行中进一步对 8259A 管理中断的方式进行修改和设定，可写入操作控制字。8259A 共有 OCW_1、

OCW_2 和 OCW_3 3 个操作控制字。与初始化命令字 ICW 不同，OCW 不是按照既定流程写入，而是由 CPU 按照用户程序的需要写入。

（1）操作控制字 OCW_1。OCW_1 是中断屏蔽操作字，其内容直接置入中断屏蔽寄存器 IMR 中。$M_7 \sim M_0$ 分别对应 $IR_7 \sim IR_0$ 上的中断请求，如某位置 1，相应的 IR_i 被屏蔽，但不影响其他中断请求输入引脚；若某位置 0，则相应中断请求允许。其格式如图 7-17 所示。

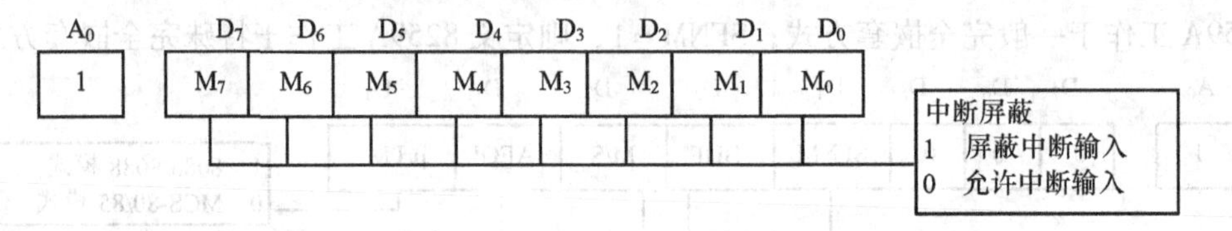

图 7-17　8259A 的 OCW_1 操作命令字格式

$A_0=1$：OCW_1 必须写入 8259A 奇地址端口。

$M_7 \sim M_0$：将 OCW_1 中 M_i 置 1 时 IMR 中的相应位也置 1，从而屏蔽相应的中断请求信号。

例 7　要使中断源 IR_5 屏蔽，其余允许，则程序段为

```
MOV    AL, 20H      ; OCW1 的内容
OUT    21H, AL      ; 写入奇地址端口
```

（2）操作控制字 OCW_2。OCW_2 是中断结束方式和优先级循环方式操作命令字，用来控制中断结束时，清 ISR 中的置位，改变优先权的排序结构。命令字的 $D_4D_3=00$ 作为 OCW_2 的标志位，OCW_2 的格式如图 7-18 所示，其中各位意义为

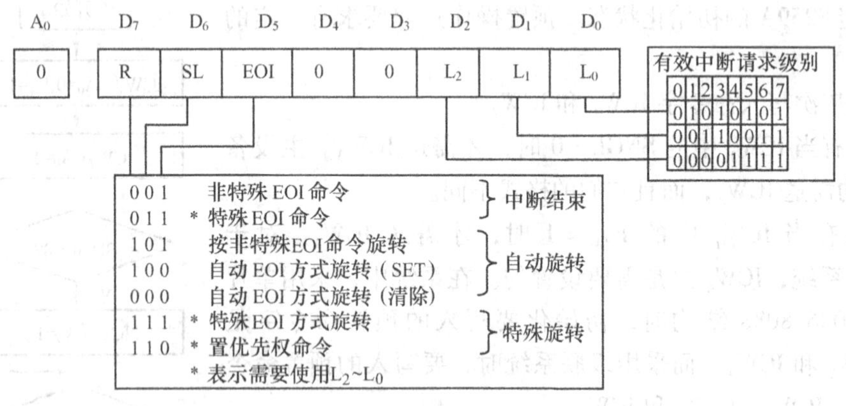

图 7-18　8259A 的 OCW_2 操作命令字格式

$A_0=0$、$D_4=0$、$D_3=0$：OCW_2 的标志，必须写入偶地址。

D_7（R）：优先权循环控制位。R=0，固定优先权，IR_7 最低，IR_0 最高；R=1，循环优先权，即 IR_7 和 IR_0 首位相接成闭环，任何一级中断被处理完，它的优先级就被修改为最低，而它的下一级被定位最高级。

D_6（SL）：$L_2 \sim L_0$ 编码是否有效位。SL＝1，允许由 $L_2 \sim L_0$ 编码指定对应的 IR_i 为最低优先级，并以此进行排序，或由 $L_2 \sim L_0$ 的编码来指定被清除的 ISR 位。SL＝0，$L_2 \sim L_0$ 编码指定无效。

D_5（EOI）：中断结束命令位。在非自动中断结束命令下（即 ICW_4 的 AEOI＝0），EOI＝1，使中断服务寄存器 ISR 中具有最高优先权的 IS 位复位。EOI＝0，则该位不起作用。

$D_2 \sim D_0$（$L_2 \sim L_0$）：这 3 位的编码 000～111 分别对应 $IR_0 \sim IR_7$。

由 R、SL、EOI 这 3 个控制位组合成 7 条命令，其编码见表 7-2。

表 7-2　OCW_2 命令编码功能

R	SL	EOI	操作命令
0	0	1	正常 EOI 中断结束命令，用于 8259A 采用普通 EOI 方式时的中断服务程序中，通知 8259A 将 ISR 中优先级最高的置 1 位清 0
0	1	1	特殊 EOI 中断结束命令，用于 8259A 采用特殊 EOI 方式时的中断服务程序中，命令中的 $L_2 \sim L_0$ 指出了要将 ISR 中的哪一位清 0
1	0	1	正常 EOI 时循环命令，用于 8259A 采用普通 EOI 方式时的中断服务程序中，通知 8259A 将 ISR 中优先级最高的置 1 位清 0，且将其优先级置为最低，其下一级为最高，其余依次循环
1	0	0	自动 EOI 时循环置位命令，在 8259A 工作于自动 EOI 方式时用于设置优先级循环，使刚服务完的中断优先级为最低，其下级置为最高，其余依次循环
0	0	0	自动 EOI 时循环复位命令，在 8259A 工作于自动 EOI 方式时用于取消优先级循环方式，恢复固定优先级
1	1	1	特殊 EOI 时循环命令，用于 8259A 采用特殊 EOI 方式时的中断服务程序中，命令中的 $L_2 \sim L_0$ 指出了要将 ISR 中的哪一位清 0，且将其优先级置为最低，其下一级为最高，其余依次循环
1	1	0	优先级设定命令：设置 8259A 工作于优先级循环方式，将 $L_2 \sim L_0$ 指定位的优先级置为最低，其下一级为最高，其余依次循环
0	1	0	无意义

例 8　已知 8259A 中的 ISR 的 D_3 位已置位，试将其清 0。

解：根据特殊 EOI 中断结束命令来实现，OCW_2 的格式应为 0110 0011B，即 63H。程序如下：

```
MOV    AL，63H     ；OCW2 的内容
OUT    20H，AL     ；写入偶地址
```

（3）操作控制字 OCW_3。OCW_3 必须写入偶地址端口，其格式如图 7-19 所示，其中各位意义为

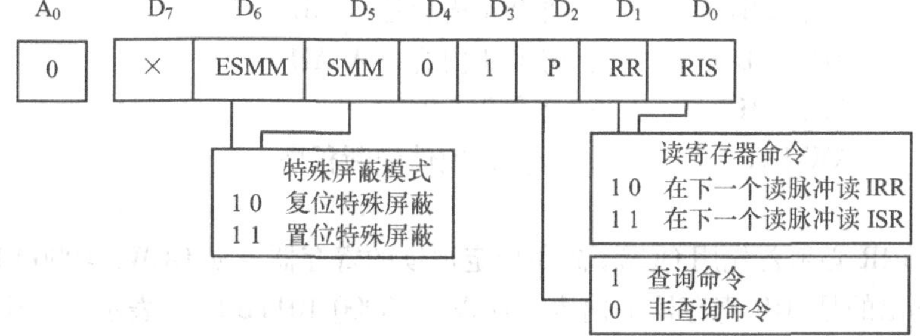

图 7-19　8259A 的 OCW_3 操作命令字格式

OCW_3 的功能有 3 个：一是用来设置和撤销特殊屏蔽方式；二是读取 8259A 的内部寄存器 ISR 或 IRR 的内容；三是设置中断查询方式。命令的 $D_4D_3=01$ 作为标志位，其余各位组合完成如下功能。

① 读寄存器命令。D_1（RR）：读寄存器命令位。RR =1 时允许读 IRR 或 ISR，RR =0 时禁止读寄存器。

D_0（RIS）：读 IRR 或 IRS 的选择位。显然，这一位只有当 RR =1 时才有意义，当 RIS =1 时，下次读正在服务寄存器 ISR；当 RIS =0 时，下次读中断请求寄存器 IRR。

读这两个寄存器内容的步骤是相同的，即先写入 OCW_3 确定要读哪个寄存器，然后再对 OCW_3（即同一端口地址）读一次，就得到指定寄存器的内容了。

例 9 读取 ISR 的内容

```
MOV     AL, 0BH       ; OCW3，指定要读 ISR
OUT     20H, AL       ; 写入偶地址
NOP                   ; 延时
IN      AL, 20H       ; 读 ISR
```

中断屏蔽寄存器 IMR 内容的读出比较简单，直接从 OCW_1 地址（奇地址）读出即可。下面用两个例子说明对 IMR 和 ISR 的读操作编程。

例 10 BIOS 中检查 IMR 寄存器正确性的检测程序段。

```
MOV     AL, 0         ; 对 IMR 写入全 0
OUT     21H, AL       ; 写入 OCW1
IN      AL, 21H       ; 读 IMR
OR      AL, AL        ; IMR =0?
JNZ     ERROR         ; 不等，转错
MOV     AL, 0FFH      ; 相等置 IMR 为全 1
IN      AL, 21H
ADD     AL, 1         ; 判 IMR 为全 1 否?
JNZ     ERROR         ; 不是，转错
 ⋮                    ; 是，继续
```

例 11 BIOS 中读取 ISR 寄存器的程序段。

```
MOV     AL, 00001011B    ; OCW3 内容，要读 ISR
OUT     20H, AL          ; 写入 OCW3 端口地址（A0 =0）
NOP
IN      AL, 20H          ; 将 ISR 内容送入 AL
MOV     AH, AL           ; 将 ISR 内容存入 AH
OR      AL, AH           ; 是全 0 否?
JNZ     AW-INT           ; 否，转硬件中断程序
 ⋮
```

读 ISR 或 IRR 必须首先用 OCW_3 命令指定被读的寄存器。如 OCW_3 =0000 1010B 时，表示下一个 $\overline{RD}$ 读出的是 IRR 寄存器的内容。OCW_3 =0000 1011B 时，表示下一个 $\overline{RD}$ 读出的是 ISR 寄存器的内容。

② 查询。D_2（P）：查询命令位。P = 1，CPU 向 8259A 设置中断查询命令；P = 0，8259A 不处于查询方式。查询时 CPU 先向 8259A 偶地址写入一个查询字 OCW_3 = 0CH，随后再用 IN 指令读偶地址，读出数据的格式为

D_7	D_6	D_5	D_4	D_3	D_2	D_1	D_0
IR	×	×	×	×	W_2	W_1	W_0

IR 位表示有无中断请求，IR = 1 表示有请求，此时 $W_2 \sim W_0$ 就是当前中断请求的最高优先级的编码；IR = 0 表示无中断请求。

③ 中断屏蔽。D_6D_5（ESMM、SMM）：特殊屏蔽允许位，这两位组合方式如下。

D_6D_5 = 11；将 8259A 设置为特殊屏蔽方式，该方式下只屏蔽本级中断请求，开放高级或低级的中断请求。

D_6D_5 = 10；撤销特殊屏蔽方式，恢复原来的优先级控制。

D_6D_5 = 0 ×；无效。

7.4.5 8259A 的初始化编程及其应用

前面介绍了 8259A 的两类编程命令：初始化命令字 $ICW_1 \sim ICW_4$ 和操作命令字 $OCW_1 \sim OCW_3$。为进一步熟悉控制字的用法，下面介绍有关 8259A 的初始化顺序及其应用实例。

1. 8259A 初始化编程顺序　中断系统进入正常运行之前，系统中的每一片 8259A 都必须进行初始化。初始化过程如图 7-20 所示。

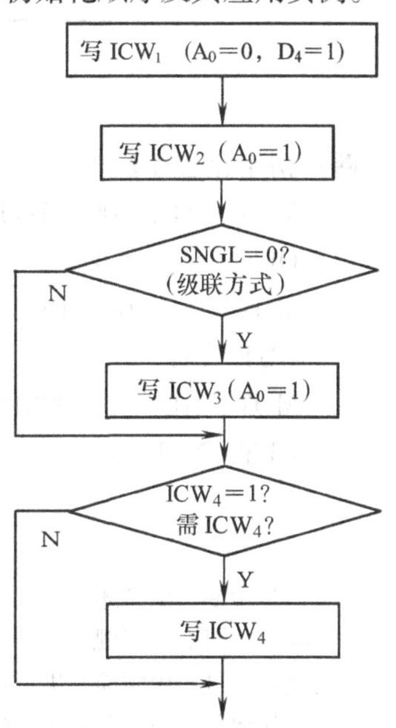

图 7-20　初始化过程

8259A 初始化应注意以下几点：

1）初始化前要确保 CPU 为关中断状态，在所有的初始化完成后才开中断。

2）对系统中的每一片 8259A 都要进行初始化。

3）初始化命令字的写入顺序是固定不变的，最先写入的应是 ICW_1。

4）在多片级联系统中，对从片必须写入各自的 ICW_3。

例 12　某 8086/8088 系统中有一片 8259A，中断请求信号为电平触发，中断类型码为 60H ~ 67H，中断优先级采用一般全嵌套方式，中断结束方式为普通 EOI 方式，于系统连接方式为非缓冲方式，8259A 的端口地址为 D000H 和 D001H，写出初始化程序。

解： 初始化程序为

```
MOV    DX, D000H    ; 设置偶地址
MOV    AL, 1BH      ; 设置 ICW1
OUT    DX, AL
MOV    DX, D001H    ; 设置奇地址
MOV    AL, 60H      ; 设置 ICW2
OUT    DX, AL
MOV    AL, 01H      ; 设置 ICW4
```

OUT DX, AL

2. 8259A 的应用 在 8086/8088 系统中，只用一片 8259A 管理中断，其硬件连接如图 7-21 所示。8 个中断请求 $IR_7 \sim IR_0$，除 IR_2 提供给用户使用外，其他均为系统使用。设定 IR_2 为边沿触发、完全嵌套和非自动结束方式；中断类型号为 08H；端口地址为 20H 和 21H。

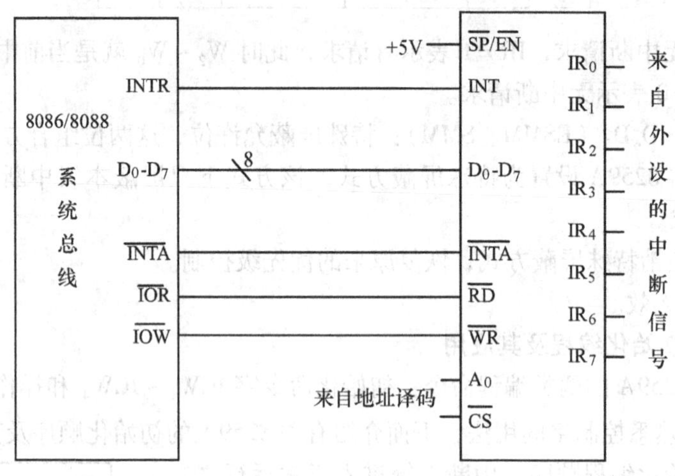

图 7-21 硬件连接

解：初始化程序段为

```
MOV   AL, 00010011B
OUT   20H, AL            ; 写 ICW1
MOV   AL, 00001000B
OUT   21H, AL            ; 写 ICW2
MOV   AL, 00000001B
OUT   21H, AL            ; 写 ICW4
```

复习思考题

1. 什么是中断？试简述一个中断过程。

2. 8086 中断系统分为哪几类？各类中断产生的条件是什么？

3. 简述微机进入中断前要进行什么操作，退出中断时要进行什么操作。

4. 简述如何得到中断服务程序的入口地址。

5. 简述中断向量表的作用及设置方法。

6. 设某 8088 系统，采用单片 8259A 进行中断管理。工作在全嵌套方式，发送 EOI 命令结束中断，并且采用边缘触发方式请求中断，IR_0 对应的中断类型码为 80H。系统中的 I/O 地址分别为 FF10H（$A_0=0$）和 FF11H（$A_0=1$）。试编写按要求初始化 8259A 芯片的程序。

7. 简述 8259A 中的 IRR、IMR 和 ISR 的作用是什么？

8. 8259A 的中断请求由有哪两种触发方式，分别对请求信号有何要求？

9. 编一系统初始化程序，设置 8259A 的 $IR_0 \sim IR_7$ 上 8 个中断类型码为 40H ~ 47H，电平触发，一般全嵌套方式工作。设 8259A 端口地址为 80H 和 81H。

10. 某 8259A 初始化时，ICW = 1BH，ICW_2 = 30H，ICW_4 = 01H，说明 8259A 工作情况。

第 8 章　微机接口技术及其应用

CPU 访问外设，与外设进行数据交换，必须通过接口电路。通用接口芯片可为多种外设提供 I/O，常用的有串行和并行接口。本章以 IBM PC 80X86 为背景，介绍并行 I/O 接口芯片 8255A、串行通信接口芯片 8251A、定时/计数接口芯片 8253A 以及其他一些常用接口的主要特性、结构、工作方式及应用。

8.1　并行 I/O 接口

8.1.1　并行接口的基本概念

接口是连接 CPU 与外设的通道。而接口与外设之间的数据传输分为串行传输和并行传输两种情况。串行传输是数据在一根传输线上 1 位 1 位地传输，而并行传输是数据在多根传输线上一次以 8 位或 16 位为单位进行传输。与串行传输相比，并行传输需要较多的传输线，成本较高，但传输速度快，适用于高速近距离的场合。能实现并行传输的接口称为并行接口，如图 8-1 所示。并行接口分为不可编程并行接口与可编程并行接口。不可编程并行接口通常有三态缓冲器及数据锁存器等搭建而成，这种接口控制比较简单，但要改变其功能必须改变硬件电路。可编程接口的特点是其功能可通过编程设置和改变，具有极大的灵活性。Intel8255A 是应用最广的典型可编程并行接口芯片。

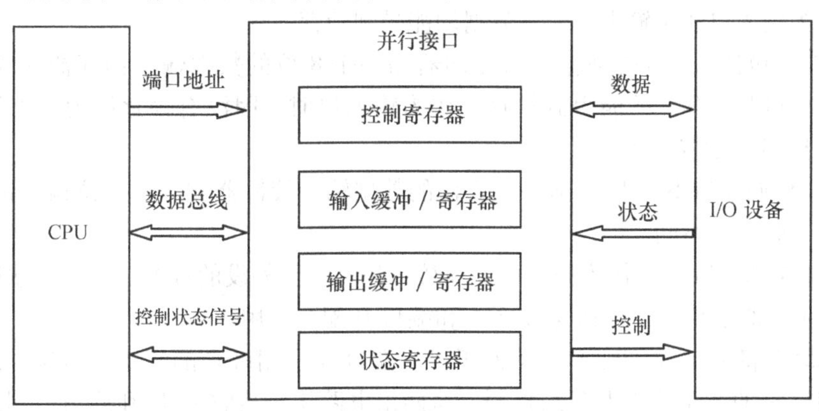

图 8-1　并行接口电路示意图

8.1.2　可编程并行 I/O 接口芯片 8255A

1. 8255A 的主要特征和内部结构　8255A 是 Intel 公司生产的可编程并行接口芯片，不需要附加外部电路便可和微机以及大多数外设直接连接。可通过软件编程的方法分别设置它的 3 个 8 位 I/O 接口的多种工作方式，所以在许多场合下 8255A 使用相当灵活，并很容易实现并行接口，通用性很强。

8255A 的内部结构如图 8-2 所示。从图 8-2 可知，8255A 由以下几部分组成。

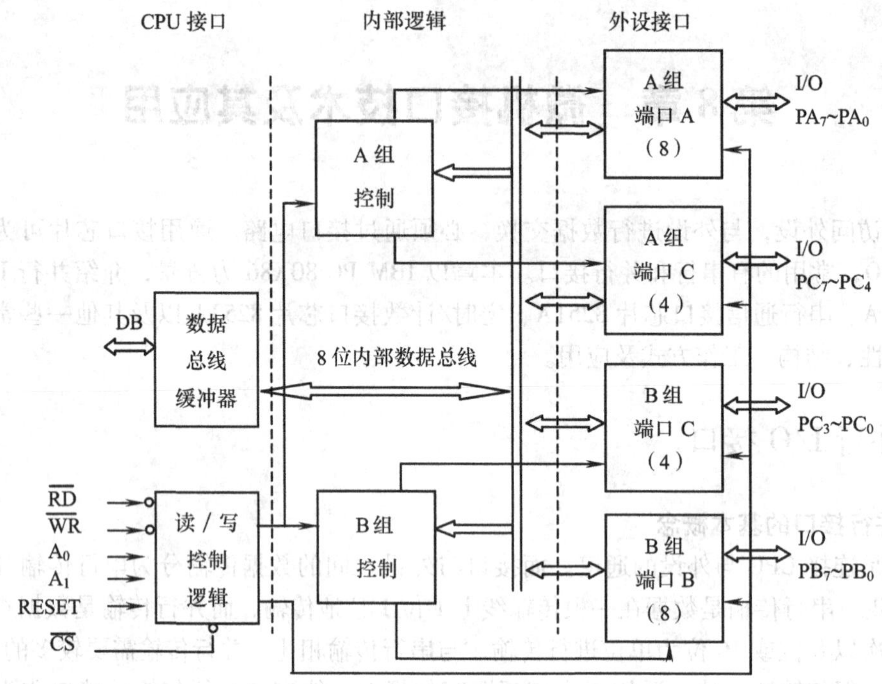

图 8-2　8255A 内部结构

（1）图 8-2 中 3 个数据端口 A、B、C 均为 8 位的 I/O 接口，可用软件分别设置 I/O 接口，但它们在结构和功能上有各自的特点。

1）端口 A 包括一个 8 位数据输入锁存器和一个 8 位的数据输出锁存器/缓冲器。无论用端口 A 作为输入口还是输出口，其数据均能受到锁存。

2）端口 B 包括一个 8 位数据输入缓冲器和一个 8 位的数据输出锁存器/缓冲器。用端口 B 作为输出口时，其数据能得到锁存；作为输入口时，因没有锁存能力，外设输入数据必须维持到被 CPU 读取为止。

3）端口 C 同端口 B 一样包括一个 8 位的数据输入缓冲器和一个 8 位输出锁存器/缓冲器，但用法与端口 B 不同。

4）端口 A 和端口 B 可作为独立的 I/O 接口使用，与外设的数据线相连。端口 C 可分为高 4 位和低 4 位两个端口，分别与端口 A 和端口 B 配合使用。

（2）8255A 将端口 A、B、C 分为两组。将端口 A 和端口 C 的高 4 位称为 A 组控制，将端口 B 和端口 C 的低 4 位称为 B 组控制，这两组电路用于接收 CPU 和读写控制逻辑电路发来的控制字和读写信号。

（3）读写控制逻辑是负责管理 8255A 的数据传送过程。它接收来自控制总线的控制信号$\overline{WR}$、$\overline{RD}$、RESET 和地址总线的 A_1、A_0 以及地址译码输出的片选信号$\overline{CS}$，这些信号形成对端口的读写控制。

（4）数据总线缓冲器是直接和系统总线连接。数据的 I/O 以及控制字的写入都是通过这个缓冲器传递的。

2. 8255A 的外部引脚　8255A 芯片采用 NMOS 工艺制造，是一个 40 引脚双列直插式封装组件。图 8-3 所示，除了电源和地线外，8255A 的引脚可以分为两组，一组引脚面向

CPU，与系统总线相连接；另一组面向外设，与外设相连接。

与 CPU 相连接的信号线有：

（1）$D_7 \sim D_0$：8255A 的双向三态数据线，和系统的数据总线相连，用来读写数据和写入控制字。

（2）A_1、A_0：端口选择线，用于选择 8255A 的三个数据端口和一个控制端口。当 A_1A_0 为 00 时，选择端口 A；为 01 时，选择端口 B；为 10 时，选择端口 C；为 11 时，选择控制端口。在 8088 系统中，A_1、A_0 直接与系统地址总线的 A_1、A_0 连接即可。在 8086 系统中存在奇偶地址的问题，一般将 8255A 的数据线与系统的低 8 位数据总线相连，8255A 的 A_1、A_0 与系统地址总线的 A_1、A_0 连接，而用系统地址总线的 $A_0=0$ 作为该 8255A 的片选条件之一。

（3）$\overline{CS}$：片选信号，低电平有效。当为低电平时 8255A 才能接受 CPU 的读写。与地址译码器输出端相连。

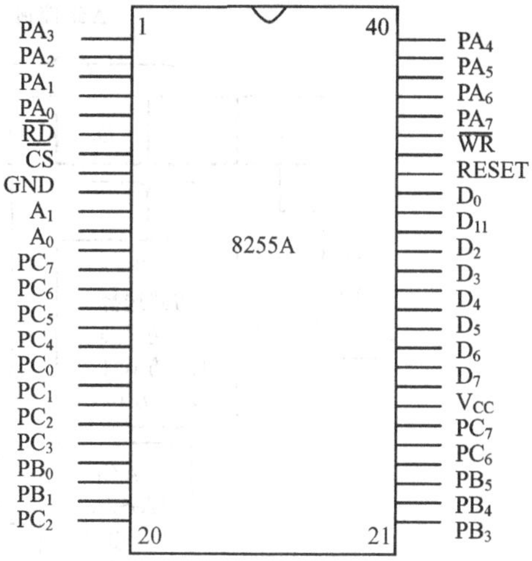

图 8-3　8255A 的引脚

（4）$\overline{RD}$：读信号，低电平有效，当为低电平时允许 CPU 从 8255A 读取各端口的数据。

（5）$\overline{WR}$：写信号，低电平有效，当为低电平时 8255A 才能接受写入数据或控制字。

（6）RESET：复位信号，高电平有效。当为高电平时，8255A 所有的寄存器清 0，所有的 I/O 引脚均呈高阻态，直到写入控制字为止。

与 I/O 设备相连接的信号线：

（1）$PA_7 \sim PA_0$：端口 A 数据线。

（2）$PB_7 \sim PB_0$：端口 B 数据线。

（3）$PC_7 \sim PC_0$：端口 C 数据线。

3. 8255A 控制字　控制字用来设置 8255A 的工作方式。8255A 有方式选择控制字和 C 口按位置位/复位控制字两个控制字。对 8255A 的编程就是向控制寄存器端口写入控制字，通过表 8-1 来看，8255A 只有一个控制寄存器端口地址（$A_1A_0=11$），这两个控制字写入同一端口地址（$A_1A_0=11$），为了进行区分，控制字的 D_7 位作为标志位，$D_7=1$ 表示是工作方式控制字；$D_7=0$ 表示是按位置位/复位控制字。

表 8-1　信号组合实现的各种端口操作

$\overline{CS}$	A_1、A_0	$\overline{RD}$	$\overline{WR}$	操作	功能说明
0	0 0	0	1	输入（读）	端口 A→数据总线
	0 1				端口 B→数据总线
	1 0				端口 C→数据总线
	0 0	1	0	输出（写）	数据总线→端口 A
	0 1				数据总线→端口 B
	1 0				数据总线→端口 C
	1 1				数据总线→控制寄存器端口
	×	1	1		$D_7 \sim D_0$ 呈高阻状态
1	×	×	×	未被选中，不工作	$D_7 \sim D_0$ 呈高阻状态

（1）工作方式控制字　8255A 有方式 0、方式 1 和方式 2 3 种工作方式。工作方式控制字的作用是确定 3 个数据口在哪种方式下工作以及在该方式下输入还是输出。工作方式控制字的格式如图 8-4 所示。

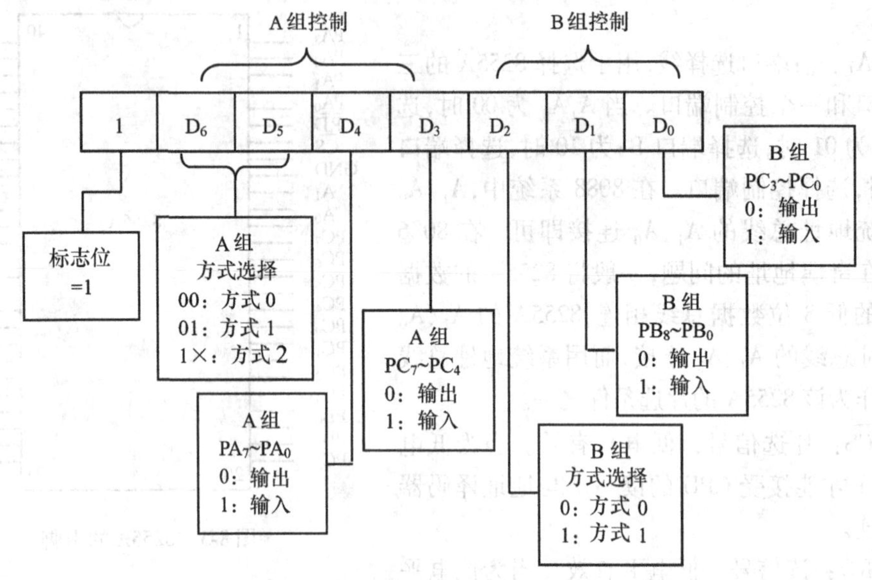

图 8-4　8255A 工作方式控制字

例 1　设某一 8255A 的控制端口的地址为 0083H，现要求将其 3 个数据端口均设置为基本 I/O 方式，其中端口 A 的 8 位和端口 C 的低 4 位为输入，端口 B 的 8 位和端口 C 的高 4 位为输出。所以，该 8255A 的方式选择控制字为 91H。则初始化程序如下：

```
MOV   DX，0083H
MOV   AL，91H
OUT   DX，AL
```

（2）C 口按位置位/复位控制字。端口 C 设置为输出方式时，常常用于控制目的，用来发送控制信号。此时，可利用按位置位/复位控制字的作用，使 C 口的某一引脚输出特定的电平状态（高电平或低电平），而不影响端口 C 的其他位的状态。控制字的格式如图 8-5 所示。

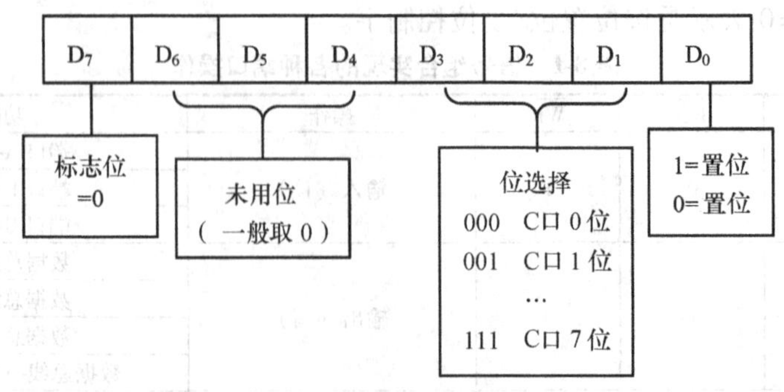

图 8-5　C 口按位置位/复位控制字格式

需要注意的是：

① 仅C口可按位置位/复位，且只对C口的输出状态进行控制（对输入无作用）。

② 一次只能设置C口1位的状态。

③ 这个控制字应写入控制口，而不是C口。

例2 设某一8255A的控制端口的地址为0083H，现要对端口C的最高位PC_7置1，将次高位PC_6清0，其初始化程序如下：

```
MOV  DX,   0083H
MOV  AL,   OFH
OUT  DX,   AL
MOV  AL,   O
OUT  DX,   AL
```

4. 8255A的工作方式　8255A芯片有3种工作方式，这3种方式各有其特点。

（1）方式0：基本I/O。在方式0下，A、B、C三个端口均用作I/O，这种I/O是一种不使用专用控制信号线的简单I/O方式，无联络信号，如图8-6所示。

8255A工作在方式0时，具有以下特点：

① 具有两个8位端口，A口和B口，两个4位端口，C口的高4位和低4位。每个端口都可设定为输入或输出，共有16种组合，适应于多种应用场合，但每个端口不能同时既是输入又是输出。

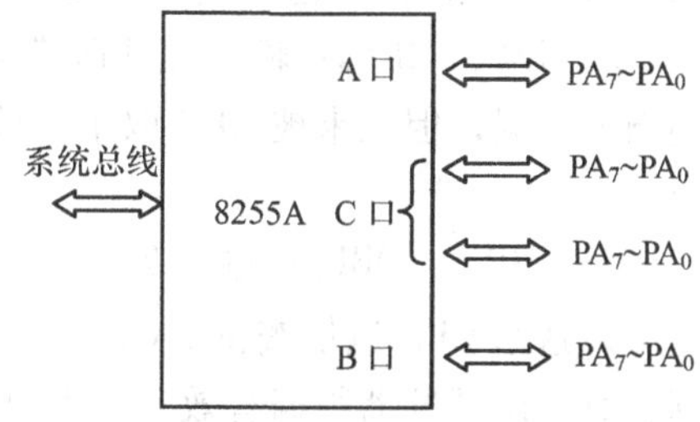

图8-6　8255A工作方式0

② 方式0能完成无条件传送和查询传送。无条件传送时，发送方和接收方自行维持同步，它们之间不使用联络信号，认为对方都已准备好。当CPU读时，外设的数据应该已经准备就绪；当CPU写时，外设也已处理完以前的数据并已准备接收新的数据。这样，在方式0下，输出具有锁存功能，输入只有缓冲能力，而无锁存功能，即可进行正确的信息传送。一般应用于简单的外部设备。

若用于查询传送，可用端口A、B、C三个中的任一位充当查询信号，其余位可作为独立的端口位用于与外设连接，进行数据信息的传送。

在方式0下，C口的高低4位可分别设定为输入或输出，但CPU的IN或OUT指令必须至少以一个字节为单位进行读写，所以必须采取适当的屏蔽措施，见表8-2。

表8-2　C口读写时的屏蔽措施

CPU操作	高4位（A组）	低4位（B组）	数据处理
IN	输入	输出	屏蔽掉低4位
IN	输出	输入	屏蔽掉高4位
IN	输入	输入	读入的8位均有效
OUT	输入	输出	送出的数据只设在低4位上
OUT	输出	输入	送出的数据只设在高4位上
OUT	输出	输出	送出的数据8位均有效

（2）方式1：带选通的I/O。这种方式仅A口和B口工作在这种方式下，A口和B口可以作为输入或输出，但不能既是输入又是输出。不论是输入还是输出，都要利用C口的某些引脚作为联络信号，并且这些联络信号和端口C的各引脚保持固定的关系，它们不能用

程序加以改变。C 口未被占用的位仍可用于输入或输出（控制字的 D_3 位决定）。端口 A、B 工作方式 1 时联络信号的对应关系见表 8-3。

表 8-3　8255A 芯片工作在方式 1 时的通信联络信号

端口	联络线	输入	输出
端口 A 方式 1	PC_7	I/O	$\overline{OBFA}$
	PC_6	I/O	$\overline{ACKA}$
	PC_5	IBF_A	I/O
	PC_4	$\overline{STBA}$	I/O
	PC_3	$INTR_A$	$INTR_A$
端口 B 方式 1	PC_2	$\overline{STBB}$	$\overline{ACKB}$
	PC_1	IBF_B	$\overline{OBFB}$
	PC_0	$INTR_B$	$INTR_B$

1）$\overline{STB_A}$、$\overline{STB_B}$：外设数据输入选通信号，由外设送往 8255A。输入时 8255A 用$\overline{STB_A}$（或$\overline{STB_B}$信号把外设已送到 A（或 B）端口的数据锁存到相应端口的输入锁存器内。

2）IBF_A、IBF_B：输入缓冲区满信号。当 IBF 有效时，表示 8255A 的相应端口已经接收到输入数据，但还未被 CPU 取走，此时外设应暂停发送新的数据，直到输入缓冲器变空为止。

3）$\overline{OBF_A}$、$\overline{OBF_B}$：输出缓冲区满信号，由 8255A 输出给外设以便通知外设取走数据，也可以送给 CPU 以供查询。$\overline{OBF_A}$、$\overline{OBF_B}$有效时，表示相应端口已经收到了来自 CPU 的数据，其输出缓冲器数据有效，外设可以取走该数据。

4）$\overline{ACK_A}$、$\overline{ACK_B}$：外设接收到输出数据后的应答信号，由外设输出给 8255A。外设送回$\overline{ACK_A}$、$\overline{ACK_B}$信号表示外设已经接收端口 A、B 的数据，同时清除$\overline{OBF_A}$、$\overline{OBF_B}$信号。CPU 可以输出下一个数据给 8255A 的端口 A、B。

5）INTR：中断请求信号，由 8255A 输出给 CPU 或中断控制器。

8255A 工作在方式 1 时，具有以下特点：

① 端口 A、B 均可工作在方式 1 的输入或输出方式。

② 端口 A、B 若只有一个工作在方式 1，而另一个工作在方式 0，则端口 C 中有 3 位作为方式 1 的联络信号，端口 C 其余位均可工作在方式 0 的输入或输出方式。

③ 端口 A、B 都工作在方式 1，则需要端口 C 中 6 位作为其联络信号，剩下的 2 位还可工作在方式 0 的 I/O 方式。

如图 8-7 所示，方式 1 下 8255A 的各端口的输入结构图。

图 8-7 中当外设输入数据就绪时，向 8255A 发出数据选通信号$\overline{STB}$。外设数据进入输入缓冲器后，一方面使 IBF 信号变为高电平，通知外设暂停发送新的数据并撤销$\overline{STB}$信号；另一方面在中断允许信号 INTE 有效的情况下，等到外设撤销$\overline{STB}$信号后，立即将 INTR 信号置为高电平向 CPU 申请中断。CPU 响应中断后，执行输入指令读取输入缓冲器的数据时，先由读信号$\overline{RD}$的下降沿使 INTR 变为低电平以清除中断请求，再由读信号$\overline{RD}$的上升沿使 IBF 变为无效以通知外设可以发送新的数据，进而开始下一个输入过程。

如图 8-8 所示，方式 1 下 8255A 的各端口的输出结构图。

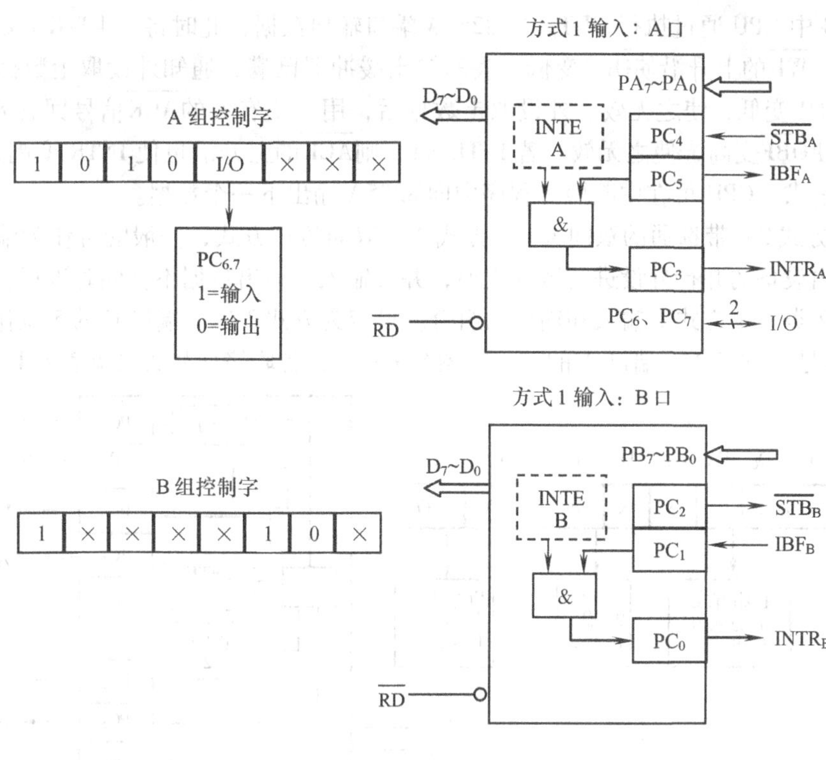

图 8-7　方式 1 下 8255A 的各端口的输入结构

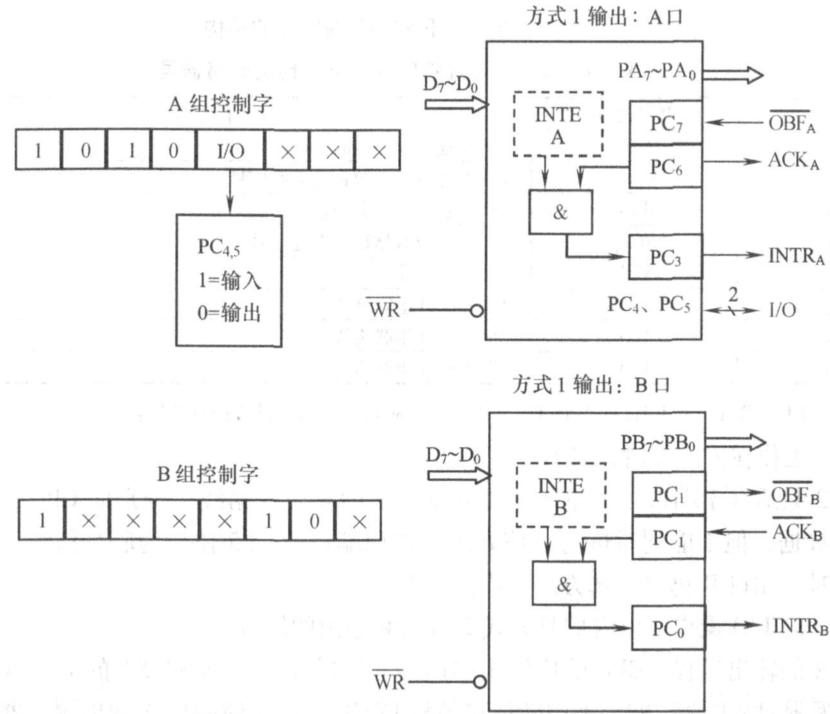

图 8-8　方式 1 下 8255A 的各端口的输出结构

图 8-8 中 CPU 通过执行 OUT，向 8255A 端口输出数据，此时将产生$\overline{WR}$有效信号，写操作完成后，$\overline{WR}$的上升沿使$\overline{OBF}$变低，表示输出缓冲器已满，通知外设取走数据，并且使中断请求 INTR 变低，使之无效。外设取走数据后，用一个有效的$\overline{ACK}$信号回答 8255A，$\overline{ACK}$的下降沿使$\overline{OBF}$变高，使之无效。若 INTE = 1，则$\overline{ACK}$的上升沿也使 INTR 变高，使之有效，产生中断请求。CPU 可在中断服务程序中向 8255A 输出下一个数据。

（3）方式 2：带选通的双向 I/O。方式 2 是双向传送方式，一般既可作为输入设备，又可作为输出设备的并行外设进行数据交换，并且输入、输出数据不会同时进行。

方式 2 类似于方式 1 输入和输出的组合。设定为方式 2 后，端口 C 的 5 位作为指定的控制/联络信号。方式 2 下端口 A 的结构如图 8-9 所示，各联络信号含义见表 8-4。

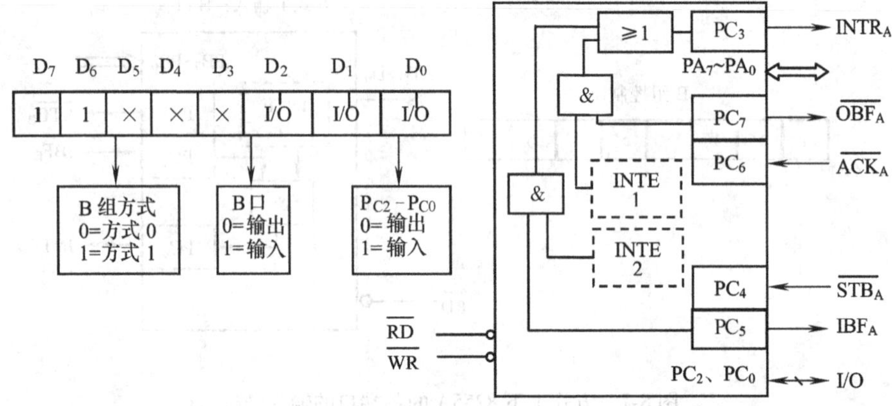

图 8-9 方式 2 下 8255A 端口 A 的结构

表 8-4 8255A 芯片端口 A 方式 2 时的联络信号

联络线	联络信号	信号含义
PC_7	$\overline{OBF_A}$	端口 A 输出缓冲器满信号
PC_6	$\overline{ACK_A}$	端口 A 外设收到数据的应答信号
PC_5	IBF_A	端口 A 输入缓冲器满信号
PC_4	$\overline{STB_A}$	端口 A 外设数据输入选通信号
PC_3	$INTR_A$	中断请求信号
PC_2	I/O	数据线或 B 组联络线
PC_1	I/O	数据线或 B 组联络线
PC_0	I/O	数据线或 B 组联络线

注：当端口 B 工作在方式 1 时，表中的 $PC_2 \sim PC_0$ 仍作为联络信号含义与表 8-3 相同。

8255A 工作在方式 2 时，具有以下特点：

方式 2 只适合于端口 A。外设可以在端口 A 的 8 位数据线上分别向 CPU 发送数据或从 CPU 接收数据，但不能同时进行。该方式需占用端口 C 的 5 位作为联络信号。端口 A 工作于方式 2 时，端口 B 仍然可选方式 0 或方式 1。

方式 2 的 I/O 操作可以看成是方式 1 输入和输出的结合。

方式 2 的输出过程：CPU 响应输出中断后，用输出指令向 8255A 的端口 A 写入一个新的数据，写脉冲$\overline{WR}$清除 8255A 中断请求信号 $INTR_A$，同时使端口 A 输出缓冲器满信号$\overline{OBF_A}$变为有效低电平以通知外设取数。外设取数后返回应答信号$\overline{ACK_A}$以清除$\overline{OBF_A}$有效信号并置位 $INTR_A$，向 CPU 再次申请中断，从而开始下一个数据传送过程。

方式 2 的输入过程：外设向 8255A 的端口 A 送来数据时，选通信号 $\overline{STB_A}$ 同时有效，使数据锁入 8255A 的端口 A 输入锁存器中，并置输入缓冲器满信号 IBF_A 为有效高电平，以通知外设暂停送数，同时向 CPU 发中断请求。CPU 响应中断进行读操作时，将 8255A 的端口 A 输入数据读入到 CPU 中，并利用 $\overline{RD}$ 信号使输入缓冲器满信号 IBF_A 变为无效低电平，同时复位中断请求信号 $INTR_A$。至此完成一次输入过程，然后等待新的中断请求。

5. 8255A 应用举例

例 3 8255A 工作在方式 1，作为用中断方式工作的打印机接口，其接口电路如图 8-10 所示。

8255A 的端口 A 工作在方式 1 输出方式，此时 PC_6 和 PC_3 自动作为 $\overline{ACK}$ 信号输入端和 INTR 信号输出端，而 PC_7 的 $\overline{OBF}$ 端未用，由于该打印机需要一个选通信号，所以另外选用 PC_0 来发送选通脉冲。

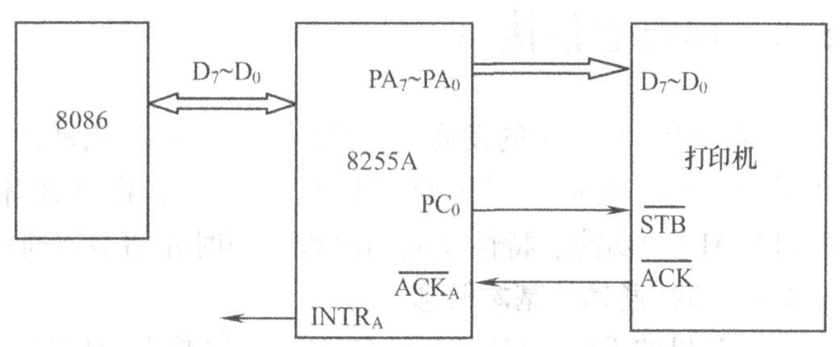

图 8-10 8255A 作为打印机接口电路

例 4 假设 PC_3 连到终端控制器 8259A 的 IR_3，所对应的中断类型码为 0BH，中断服务程序名为 LPRINT，对 8259A 的初始化已经完成，8255A 的端口地址为 0C0H ~ 0C6H。

其参考程序如下：

主程序：

```
MAIN：MOV  AL，  0A0H；      ；8255A 的方式选择字，端口 A 工作在方式 1，输出
      OUT  0C6H，AL
      MOV  AL，  1           ；PC0 置为 1，使选通无效
      OUT  0C6H，AL
      MOV  DS，  DX
      MOV  DX，OFFSET  LPTINT
      MOV  AX，250BH         ；AH 内为功能代号 25H，AL 内为中断类型 0 BH
      INT  21H               ；设置中断向量表的 0BH 号中断
      MOV  AL，  0DH         ；使 PC6 为 1，允许 8255A 中断
      OUT  0C6H，AL
      …                      ；此处把缓冲区首地址装入输出指针
      STI                    ；开中断
      INT  0BH               ；调用 0BH 中断服务程序
       …
```

中断服务子程序：

```
LPTINT：PUSH  AX              ；保护现场
        PUSH DI
        …                     ；此处将输出缓冲区地址指针装入 DI
        MOV  AL，[DI]
```

```
        OUT  0C0H, AL      ; 字符送端口 A
        MOV  AL,   0       ; 使 PC0 为 0，产生选通信号
        OUT  0C6H, AL
        INC  AL            ; 使 PC0 为 1，撤销选通信号
        OUT  0C6H,   AL
        …                  ; 修改地址指针
        IRET
```

8.2 串行通信接口

随着计算机技术的发展，其应用已从单机逐渐转向多机或联网，而多机应用的关键又在于微机之间的通信，互传数据信息。这一节将介绍串行通信的一般知识，并着重讨论Intel 8251A的功能、特性及应用编程，同时介绍串行通信接口的应用。

8.2.1 串行通信的基本概念

计算机的 CPU 与其外部设备之间常常要进行信息的交换，一台计算机与其他的计算机之间有时也要交换信息，所有这些信息交换均可称为“通信”。通信的基本方式可分为并行通信和串行通信两种。

并行通信是指数据的各位同时进行传送，串行通信则是指数据按时间先后一位一位地按顺序传送。即一个字节需要分多次才能完成。在计算机系统中 CPU 与存储器、主机与打印机之间的通信都采用并行方式。在并行通信中，数据有多少位，就需要多少根传输线，因此传送速度快。但当数据位数较多且传送距离又远时传送成本较高。串行通信只需一对传输线，并且可以利用现有的电话线作为传输介质，这样可降低传输线路的成本，特别是远距离数据传送时，这一优点更加突出。串行通信的主要缺点是传送速度比并行通信慢。

1. 串行通信的分类　按照串行数据的格式，串行通信可分为异步传送和同步传送两类。同步通信靠同步信号、识别同步字符来实现数据的发送和接收，而异步通信是一种利用字符的再同步技术的通信方式。

（1）异步传送方式：异步传送的数据以字符为单位。传送时，各个字符可以是连续传送的，也可以是间断传送的，这完全由发送方根据需要来决定。异步传送的另一个特点是双方各自用自己的时钟源来控制发送和接收。

由于字符的发送是随机进行的，对于接收方来说，要判别何时是新的一个字符开始。因而，在异步通信时，必须对字符规定一定的格式。异步通信字符格式如图 8-11 所示。

串行通信中有一个重要的指标叫做传输率，它定义为每秒钟传送二进制数码的位数（亦称比特数），以位/秒（bit/s）为单位。传输率反映了串行通信的速率，也反映了对传输通道的要求——传输率越高，要求传输通道的频带越宽。传输率等于每秒传送的字符数和每个字符位数的乘积。例如，每秒传送 120 字符，每个字符包含 10 位（1 个起始位，7 个数据位，1 位奇偶校验位，1 位停止位），则传输率为：

120 字符/s × 10bit/字符 = 1200bit/s

串行通信中另一个重要的指标叫做波特率，它定义为每位传送时间的倒数。每次传送 1 位时，波特率大小和传输率相等。使用调相技术可以同时传送 2 位或 4 位，这时，传输率大

于波特率。一般异步通信的波特率在 50 ~ 9600bit/s 之间。

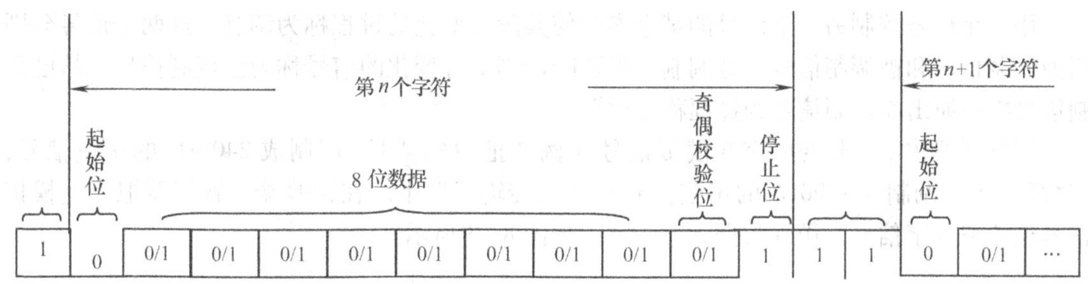

图 8-11　异步通信字符格式

波特率和串行接口内的时钟频率并不一定相等。时钟频率可选为波特率的 1 倍、16 倍或者 64 倍。由于异步通信双方各自使用自己的时钟源，若是时钟频率等于波特率，则频率稍有偏差就会产生接收错误。采用较高频率的时钟，在一位数据内有 16 或 64 个时钟，捕捉信号的正确性就容易得到保证。

（2）同步传送方式：同步传送以许多字符或许多位组织成的数据块为传送单位，是一种连续传送数据的方式。通信开始以后，发送端连续发送字符，接收端也连续接收字符，直到一个数据块传送结束。同步传送时，字符与字符之间没有间隙，也不用起始位和停止位，仅在数据块开始时用同步字符 SYNC 来指示，其数据格式如图 8-12 所示。

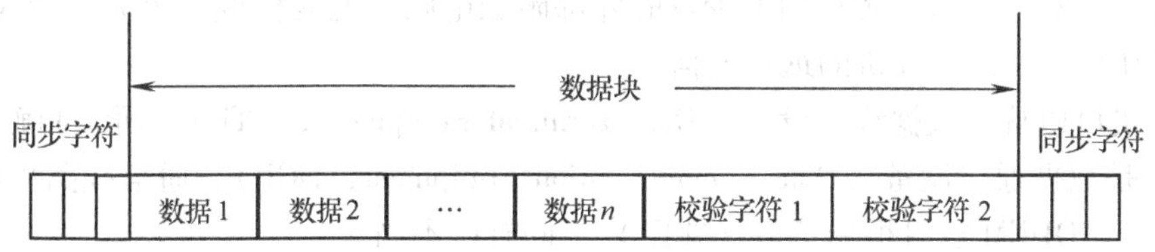

图 8-12　同步通信字符格式

同步通信可以分为单同步字符方式和双同步字符方式。同步字符之后是连续的数据块。同步字符可以用户约定，也可采用 ASCⅡ码中规定的 SYNC 代码，即 16H。按同步方式通信时，发送方在开始发送时要插入同步字符，接收方检测到同步字符时，即准备开始接收。因此，在硬件设备上需要有插入同步字符和相应的检测手段，设备较复杂。在同步传送时，无论接收或发送，都要求统一时钟，即时钟频率和波特率一致。为了保证接收正确无误，发送方除了传送数据外，还要把时钟信号同时传送出去。同步传送的优点是传送速率较高，可达 56Kbit/s 或更高。

2. 串行通信的制式　串行通信可分为半双工和全双工两种制式。半双工只有一条传输线，尽管传送也可以双向进行，但同一时刻只能有一个站发送。全双工有两条传输信号线，因此每个站任何时刻既可以发送，又可以接收。实际上，由于多路复用技术的使用，一根传输线上不仅能全双工地传送一对计算机之间的信号，而且可以传送多台计算机之间的信号。这方面的详细论述，可参考有关数据通信方面的书籍。

3. 信号的调制/解调　计算机中二进制数据是由 TTL 型电平表示的，即高于 2.4V 表示逻辑“1”，低于 0.5V 表示逻辑“0”。这种信号在远距离传送时由于受到线路幅频特性和相频特性的影响，信号会发生衰减和畸变，以致传到接收端时，已经是一个难以分辨的信号。如果从这样的信号中提取数据，会使误码率（传送错误的比率）大大上升。解决这个问题的方法是改变信号传送形式，即用调制和解调的方法。

用一个信号控制另一个信号的某个参数使其随之变化的过程称为调制。这两个信号分别叫做调制信号和被调制信号。经调制后参数随调制信号变化的信号称为已调制信号。从已调制信号中还原出原调制信号的过程称为解调。

调制器把数字信号变成交变模拟信号（例如把数码“1”调制成2400Hz的正弦信号，把数码“0”调制成1200Hz的正弦信号）送到传输线路上。在接收端，解调器把交变模拟信号还原成数字信号，送到数据处理设备，如图8-13所示。

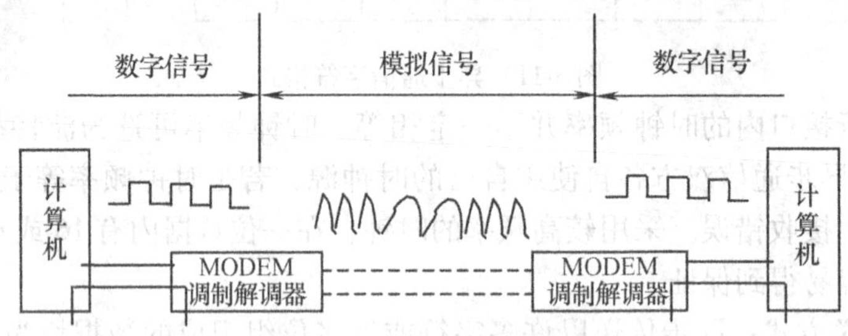

图8-13　调制与解调示意图

由于通信的任一端都会有接收和发送要求，所以要兼备调制器和解调器的功能，为此常把调制器和解调器做在一起称为调制解调器，即MODEM。现在调制和解调电路已经集成化为一个芯片，只要给这种芯片加上少量的外部附加电路，就能构成一个完整的MODEM。使用MODEM可以实现计算机的远程通信。

计算机可以称为数据终端设备（Data Terminal Equipment，DTE），而调制解调器（MODEM）就是数据通信设备（Data Communication Equipment，DCE）。通信线路可以是各种不同的介质，MODEM也可根据信道（线路）不同有所不同。

8.2.2　可编程串行通信接口芯片——8251A

1. 8251A的特点和内部结构　Intel 8251A是可编程的串行通信接口芯片，它的主要特点如下：

（1）可用于串行异步通信和串行同步通信。

（2）对于异步通信，可设定停止位为1位、1位半或2位，数据位可在5~8位之间选择。

（3）对于同步通信，可设为单同步、双同步或者外同步，同步字符可由用户自行设定。

（4）异步通信的时钟频率可设为波特率的1倍、16倍或64倍。

（5）可以设定奇校验或偶校验，也可以不设校验。校验位的插入、检错及剔除都由芯片本身完成。

（6）异步通信时，波特率的可

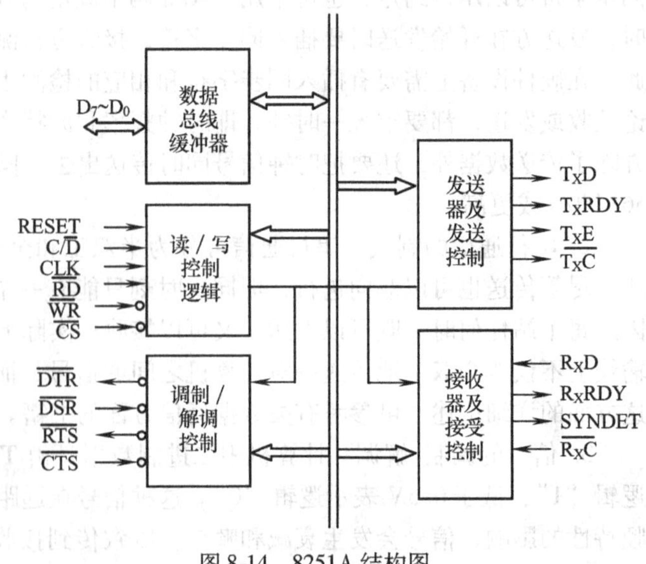

图8-14　8251A结构图

选范围为0～9600bit/s，同步通信时，波特率的可选范围为0～56Kbit/s。

（7）提供与外部设备特别是调制解调器的联络信号，便于直接和通信线路相连接。

（8）接收、发送数据分别有各自的缓冲器，可以进行全双工通信。

图8-14给出了8251A的结构图。

8251A由5个部件构成，各组成模块的功能如下。

（1）I/O缓冲器：这是三态双向的缓冲器，通过引脚D_7～D_0和CPU连接，用于和CPU传递命令/数据/状态信息。

（2）读写控制逻辑：本模块功能是接收CPU的控制信号，控制数据传送方向。

（3）接收器及接收控制：接收器的功能是从RxD引脚接收串行数据，按指定的方式转换成并行数据。

（4）发送器及发送控制：这个模块的功能是从CPU接收并行数据，自动地加上适当的成帧信号后转换成串行数据由TxD脚发送出去。

（5）调制解调器控制：该模块提供与调制解调器握手的信号。

2. 8251A的外部引脚　8251A是一个采用NMOS工艺制造的28引脚双列直插式封装的组件，其外部引脚如图8-15所示。

（1）与CPU连接的引脚

1）D_7～D_0：数据线，与系统数据总线相连。

2）CLK：时钟信号，输入，用于产生8251A内部时序。CLK的周期为0.42～1.35μs。

3）RESET：复位信号，输入，高电平有效。复位后8251A处于空闲状态直至被初始化编程。

4）$\overline{CS}$：选片信号，输入，低电平有效。仅当$\overline{CS}$为低电平时CPU才能对8251A操作。

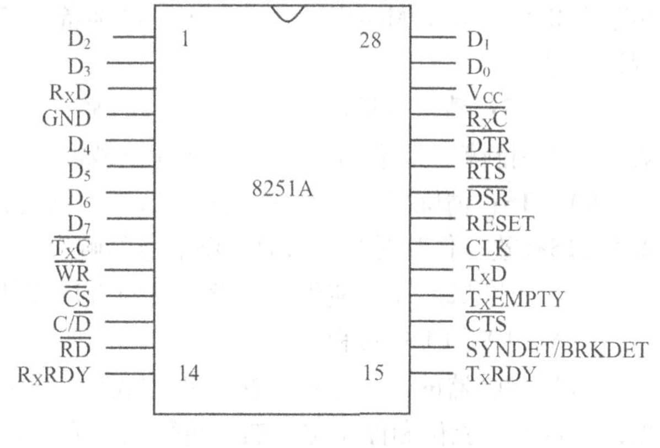

图8-15　8251A的引脚

5）$C/\overline{D}$：控制/数据端口选择输入线。8251A内部拥有两个端口地址，为“0”时选择数据端口，传送数据；为“1”时选择控制端口，传送的是控制字（写）或状态信息（读）。由于该引脚信号用于选择内部端口，通常把它和地址总线的A_0（8088）或A_1（8086）相连。

6）$\overline{RD}$：读选通信号，输入，低电平有效。

7）$\overline{WR}$：写选通信号，输入，低电平有效。

8）RxRDY：接收准备好状态，输入，高电平有效。当接收器接到一个字符并准备送给CPU时RxRDY为“1”，当字符被CPU读取后RxRDY恢复为“0”。RxRDY可作为8251A向CPU申请接收中断的请求源。

9）SYNDET/BRKDET：同步状态输出，或者外同步信号输入。此线仅对同步方式有意义。

10）TxRDY：发送准备好状态，输出，高电乎有效。当发送寄存器空闲且允许发送

（$\overline{\text{CTS}}$脚电平为低、命令字中 TxEN 位为“1”）时 TxRDY 为高电平。CPU 给 8251A 写入一个字符后 TxRDY 恢复为低电平。TxRDY 可作为 8251A 向 CPU 申请发送中断的请求源。

11）TxEMPTY：发送缓冲器空闲状态，输出。高电平有效，TxEMPTY = 1，表示发送缓冲器中没有要发送的字符，CPU 将要发送的数据写入 8251A 后，TxE 自动复位。

（2）与外设或调制解调器连接的引脚。

1）RxD：串行数据输入线，高电平表示数字“1”，低电平表示数字“0”。

2）$\overline{\text{RxD}}$：接收器时钟输入线。它控制接收器接收字符的速率，在$\overline{\text{RxC}}$的上升沿采集串行数据输入线。$\overline{\text{RxC}}$的频率应等于波特率（同步方式）或等于波特率的 1 倍、16 倍、64 倍（异步方式）。

3）TxD：发送数据输出线。CPU 并行输出给 8251A 的数据从这个引脚串行发送出去。

4）$\overline{\text{TxC}}$：发送器时钟输入线，在$\overline{\text{TxC}}$的下降沿数据由 8251A 移位输出。对$\overline{\text{TxC}}$频率的要求同$\overline{\text{RxC}}$。

5）$\overline{\text{DTR}}$：数据终端准备好状态，输出，低电平有效。当 8251A 命令字位 D1 为“1”时$\overline{\text{DTR}}$有效，用于向调制解调器表示数据终端已准备好。

6）$\overline{\text{DSR}}$：数据设备准备好状态，输入，低电平有效。当调制解调器准备好时$\overline{\text{DSR}}$有效，用于向 8251A 表示 MODEM（或 DCE）已准备就绪。CPU 可通过读取状态寄存器的 D_7 位检测该信号。

7）$\overline{\text{RTS}}$：请求发送信号，输出，低电平有效。当 8251A 命令字位 D_5 为“1”时$\overline{\text{RTS}}$有效，请求调制解调器作好发送准备（建立载波）。

8）$\overline{\text{CTS}}$：清除发送（允许传送）信号，输入，低电平有效。当调制解调器作好送数准备时$\overline{\text{CTS}}$有效，作为对 8251A 的$\overline{\text{RTS}}$信号的响应。

注：如果 8251A 不使用调制解调器而直接和外界通信，一般应将$\overline{\text{DSR}}$、$\overline{\text{CTS}}$引脚接地。

3. 8251A 的工作过程

（1）接收器的工作过程：在异步方式中，当接收器接收到有效的起始位后，便接收数据位、奇偶校验位和停止位。然后将数据送入寄存器。此后 RxRDY 输出高电平，表示已收到一字符，CPU 可以来读取。

在同步方式中，若程序设定 8251A 为外同步接收，则 SYNDET 脚用于输入外同步信号，SYNDET 脚上的电平正跳变启动接收数据。若程序设定 8251A 内同步接收，则 8251A 先搜索同步字符（同步字符事先由程序装在同步字符寄存器中）。每当 RxD 线上收到一位信息就移入接收寄存器并和同步字符寄存器内容比较，若不等则再接收一位后比较，直到两者相等。此时 SYNDET 输出高电平，表示已搜索到同步字符。接下来便把接收到的数据逐个地装入接收数据寄存器。

（2）发送器的工作过程：异步方式中，发送器在数据前加上起始位，并根据程序的设定在数据后加上校验位和停止位，然后作为一帧信息从 TxD 脚逐位发送。

同步方式中，发送器先发送同步字符，然后逐位地发送数据。若 CPU 没有及时把数据写入发送缓冲器，则 8251A 用同步字符填充，直至 CPU 写入新的数据。

4. 8251A 的控制字寄存器和状态字寄存器　8251A 内除具有可读写的数据寄存器外，还具有只可写的控制字寄存器和只可读的状态寄存器，CPU 对它们的操作见表 8-5。

表 8-5　CPU 对 8251A 的读写操作控制

$\overline{CS}$	$C/\overline{D}$	$\overline{RD}$	$\overline{WR}$	操　　作
0	1	1	0	CPU 向 8251A 写入控制命令字
		0	1	CPU 从 8251A 读取状态信息
	0	1	0	CPU 向 8251A 写入数据信息
		0	1	CPU 从 8251A 读取数据信息
	×	1	1	高阻态，不进行任何读写操作
1	×	×	×	高阻态，不进行任何读写操作

（1）控制字寄存器。控制字寄存器寄存方式控制字和命令控制字。

① 方式控制字：方式控制字确定 8251A 的通信方式（同步/异步）、校验方式（奇校验/偶校验/不校验）、数据位数（5/6/7/8 位）及波特率参数等。方式控制字的格式如图 8-16 所示。它应在复位后写入，且只需写入一次。

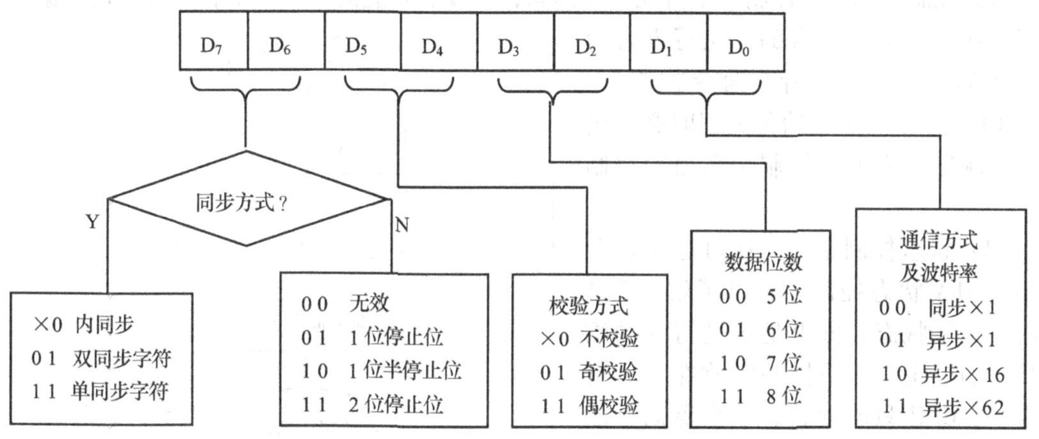

图 8-16　8251A 方式控制字的格式

② 命令控制字：命令控制字使 8251A 处于规定的状态以准备发送或接收数据。命令控制字的格式如图 8-17 所示。它应在方式控制字写入后写入，用于控制 8251A 的工作，可以多次写入。

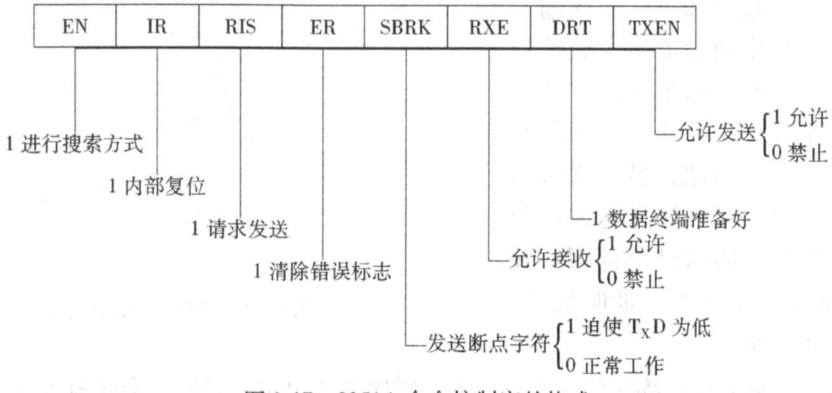

图 8-17　8251A 命令控制字的格式

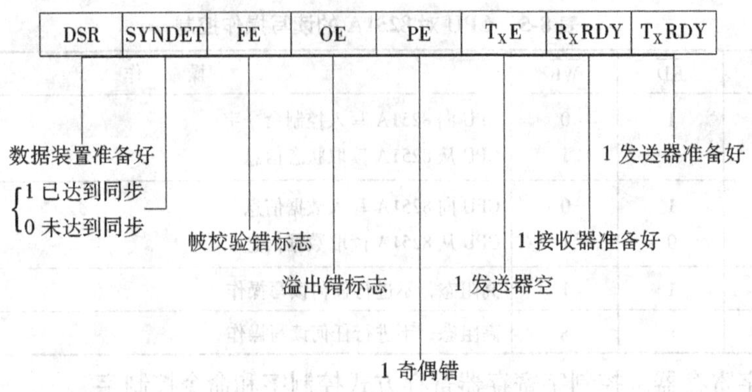

图 8-18　8251A 状态控制字的格式

方式控制字和命令控制字本身无特征标志，也没有独立的端口地址，8251A 是根据写入先后次序来区分这两者的：先写入者为方式控制字，后写入者为命令控制字。所以 CPU 对 8251A 初始化编程时必须按一定的顺序写入方式控制字和命令控制字。

（2）状态控制字。CPU 可通过指令读出 8251A 状态控制字，以了解 8251A 当时的工作状态，做出是否进行新的数据传送的决定。状态控制字放在状态寄存器中，CPU 只能读状态寄存器而不能写状态寄存器。状态控制字的格式如图 8-18 所示。

5. 8251A 的初始化编程　像所有的可编程器件一样，8251A 在使用前也要进行初始化。初始化要在 8251A 处于复位状态时开始，过程如下：首先输入方式控制字，以决定通信方式、数据位数和校验方式等。若是同步通信方式则紧接着输入一个或两个同步字符，若是异步方式则这一步可省略，最后送入命令控制字，此后就可以开始发送或接收数据了。初始化过程的信息全部写入控制端口，特征是 $C/\overline{D}=1$，即地址线 A_0（或 A_1）=1 的地址。

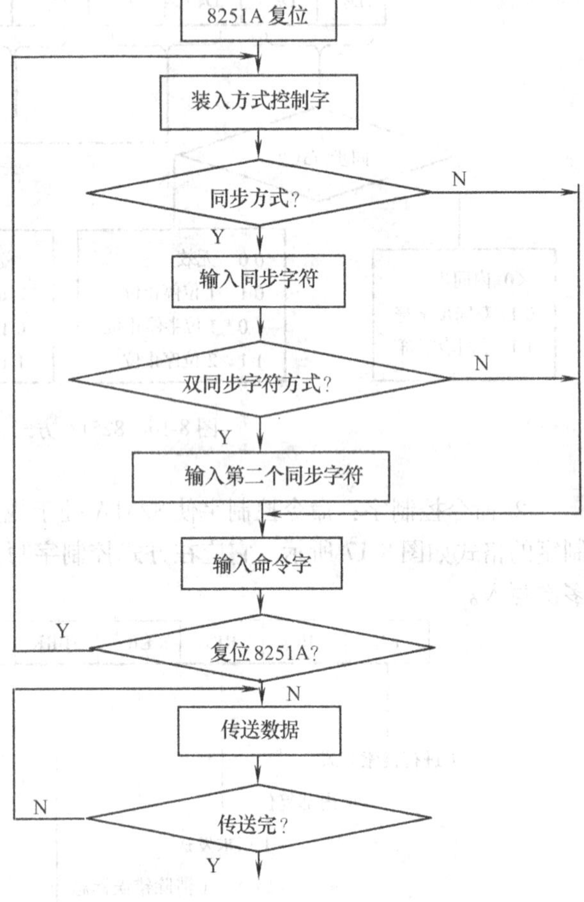

图 8-19　8251A 初始化流程

由于各个控制字没有特征位，所以写入的顺序不能出错，否则就会张冠李戴，达不到初始化的目的。8251A 的初始化流程图如图 8-19 所示。

例5 假设8251A控制口地址为301H，数据口地址为300 H，按下述要求对8251A进行初始化。

（1）异步工作方式，波特率系数为64，采用偶校验，总字符长度10（一位起始位，8位数据位，1位停止位）。

（2）允许接收和发送，使错误位全部复位。

（3）查询8251A状态字，当接收准备就绪时，则从8251A输入数据，否则等待。

解： 初始化程序如下：

```
      MOV   DX, 301H          ; 8251A控制口地址
      MOV   AL, 7FH           ; 方式控制字
      OUT   DX, AL            ; 送方式控制字
      MOV   AL, 37H           ; 操作命令字
      OUT   DX, AL            ; 送操作命令字
WT:   MOV   DX, 301H
      IN    AL, DX            ; 读入状态字
      AND   AL, 02H           ; 检查RxRDY=1?
      JZ    WT                ; RxRDY≠1，接收未准备就绪，等待
      MOV   DX, 300H
      IN    AL, DX            ; 读入数据
      …
```

8.3 定时/计数器技术

8.3.1 定时/计数器的基本概念

微机系统常常需要一种器件为处理器和外部设备提供时间间隔标志，或对外部输入脉冲进行计数，这种器件称为定时/计数器。定时器与计数器二者的差别在于用途的不同，对以时钟信号作为计数脉冲的计数器称为定时器。

8.3.2 可编程定时器/计数器8253

Intel8253就是在微机系统中应用最广的定时/计数器芯片，它是一种可编程芯片，工作方式、定时时间和输出信号形式等均可编程设置，使用十分方便。

1. 8253的内部结构和主要特征　8253芯片是一个双列直插式器件，具有24个引脚，主要特性有：

（1）采用NMOS工艺，用单一的+5V电源供电。

（2）芯片内具有3个独立的16位减法计数器（或称计数器通道），每个计数器又可分为两个8位的计数器。

（3）计数频率为0～5MHz。

（4）二进制或BCD方式计数两种计数方式。

（5）每个计数器有6种工作方式都可由程序设计，即可对系统时钟脉冲计数实现定时，又可对外部事件进行计数。

（6）可由软件或硬件控制开始计数或停止计数。

2. 8253 的内部结构　8253 的结构由计数器、控制寄存器、读/写控制逻辑和数据缓冲器等 4 部分组成，如图 8-20 所示。

（1）数据总线缓冲器。该缓冲器为 8 位双向三态，是 CPU 于 8253 内部之间的数据传送通道。CPU 通过该缓冲器，一方面可以向控制寄存器写入控制字，向计数器写入计数初值；另一方面也可读出计数器的当前计数值。

（2）读/写逻辑电路。读/写逻辑的功能是接收来自 CPU 的控制信号，包括读信号 $\overline{RD}$、写信号 $\overline{WR}$、片选信号 $\overline{CS}$ 和芯片内部寄存器寻址信号 $A_0 \sim A_1$，完成对 8253 各计数器的读/写控制，见表 8-6。片选 $\overline{CS}$ 信号接 I/O 端口译码电路，A_0、A_1 接 CPU 地址总线低 2 位进行片内 3 个计数通道和控制寄存器的端口的选择，读/写信号接 CPU 的 $\overline{RD}$/$\overline{WR}$。

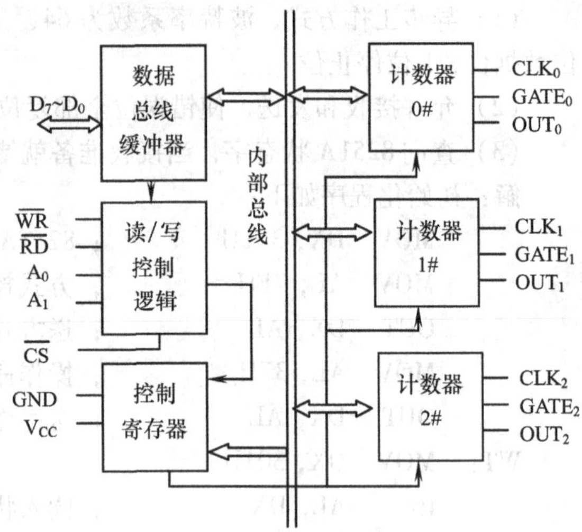

图 8-20　8253 的内部结构

表 8-6　8253 读/写操作逻辑

$\overline{CS}$	$\overline{RD}$	$\overline{WR}$	A_1	A_0	操作功能
0	1	0	0	0	计数初值装入计数器 0
			0	1	计数初值装入计数器 1
			1	0	计数初值装入计数器 2
			1	1	写控制寄存器
	0	1	0	0	读计数器 0
			0	1	读计数器 1
			1	1	读计数器 2
	1	1	×	×	无操作

（3）控制寄存器。每个计数通道有一个控制字寄存器，用来接收 CPU 写入的控制字。控制字是 8 位的，只能写入不能读出。3 个计数通道的控制字寄存器共用一个控制端口，由写入的控制字的最高 2 位指明该控制字属于哪一个计数通道。

（4）计数器。8253 有 3 个计数器通道。每个计数器都由 16 位锁存器和一个 16 位的减 1 计数器组成。每个计数器有 3 根信号线。其中 2 根为输入信号：时钟信号 CLK 和门控信号 GATE；1 根输出信号 OUT。送入每个计数器的计数初值经锁存器传送给减 1 计数器，计数器从时钟输入端接收时钟脉冲或事件计数脉冲，计数方式可以是二进制或十进制。计数值在 CLK 的下降沿开始改变，GATE 端可送入控制或复位信号，当计数值减到零时，由 OUT 端送出结束标志信号。

3. 8253 的引脚　8253 为 24 脚双列直插式封装结构，其引脚按功能分为与 CPU 接口引脚和与外设接口引脚两类，如图 8-21 所示。

（1）与 CPU 的接口引脚。$D_7 \sim D_0$：三态双向数据线，与 CPU 数据总线直接相连，用于传递 CPU 与 8253 之间的数据信息、控制信息和状态信息。

$\overline{WR}$：写控制信号，输入，低电平有效。用于控制 CPU 对 8253 的写操作，可和 A_1、A_0 配合以决定是写入控制字还是计数初值。

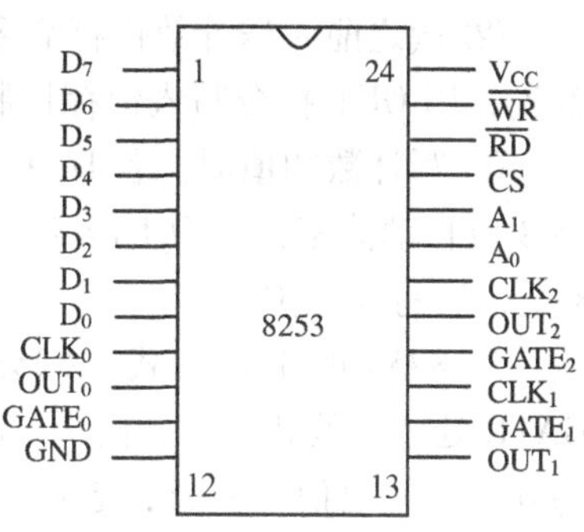

图 8-21　8253 引脚图

$\overline{RD}$：读控制信号，输入，低电平有效。用于控制 CPU 对 8253 的读操作，可和 A_1、A_0 配合读确定的计数器。

A_1、A_0：地址线，输入，用于端口选择。8253 需要占用 4 个连续的端口地址，这 4 个端口地址分别对应 8253 内部的控制寄存器和 3 个计数通道的计数值寄存器。$A_1A_0=11$ 时，选中控制寄存器端口，可以向 8253 送控制字；$A_1A_0=00$、01 和 10，分别选择计数器 0、1 和 2，可以对它们读写计数值。

对于 8086 系统，由于有奇偶地址的问题，一般将 $D_7\sim D_0$ 接系统数据线的低 8 位，A_1A_0 接系统地址线的 A_2A_1，用 $A_0=0$ 作为 8253 的片选条件之一，这样 8253 实际占据的是 CPU 的 4 个连续的偶地址。

$\overline{CS}$：片选信号，输入，低电平有效。当$\overline{CS}=0$ 时，8253 被选中，允许 CPU 对其进行读/写操作。

（2）与外设的接口引脚。$CLK_{0\sim2}$：计数器 0、1 和 2 的外部计数时钟输入端。

$GATE_{0\sim2}$：计数器 0、1 和 2 的门控信号输入端。门控信号通过禁止、允许或重新开始来控制一个新计数过程。

$OUT_{0\sim2}$：计数器 0、1 和 2 的计数输出端。当定时/计数时间到时，该端输出标志信号。

4. 8253 控制字　使用 8253 芯片时，必须确定每个计数器的工作方式和预置的初值。计数器的工作方式由控制字确定，程序中使用 OUT 指令将控制字写入命令寄存器，设定 8253 的工作方式。控制字的格式如图 8-22 所示。

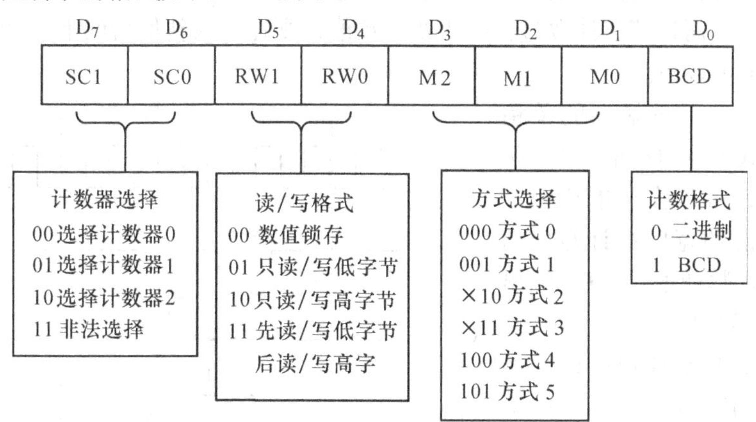

图 8-22　8253 的控制字的格式

关于 CPU 向某个计数器写入初值和读取它们的当前值时，有 3 点需要说明：

① 读之前先停止计数，可用 GATE 信号停止计数器工作，然后用 IN 指令读取计数值。

具体读取格式取决于控制字的 D_5D_4 位。

② 读之前先送计数锁存命令，读操作并不影响当时正在进行的计数。具体分两步进行：首先，用 OUT 指令写入锁存控制字到控制寄存器，然后，用 IN 指令读取被锁存的计数值。

③ 写计数初值时，若 $D_5D_4=10$，则计数初值只有 8 位，送入计数初值寄存器的低 8 位，高 8 位自动清零；当 $D_5D_4=11$ 时，计数初值为 16 位，分两次写入计数初值寄存器，先写低 8 位，后写高 8 位。

5. 8253 的工作方式　8253 的一般的定时计数过程为：计数器装入计数初值后，当 GATE 处于有效状态时，则由 CLK 端的输入脉冲触发，使计数器开始减 1 计数。当计数值减为 0 时，发出信号 OUT，表示计数到或定时到。8253 定时/计数器的每一个通道都有 6 种可编程选择的工作方式，每一种工作方式不仅与计数初值有关，而且受时钟输入信号 CLK 和门控信号 GATE 的控制。

（1）方式 0：计数结束产生中断。采用方式 0 时，如图 8-23 所示，计数器输出 OUT 立即变为低电平，并且计数过程中一直维持低电平。赋初值后，CLK 的第一个下降沿到时，计数初值被装入计数器。随后每一个 CLK 脉冲的下降沿使计数器减 1。计数值减到零时，OUT 输出变为高电平，并且一直保持到该通道重新装入计数初值或重新设置工作方式为止。

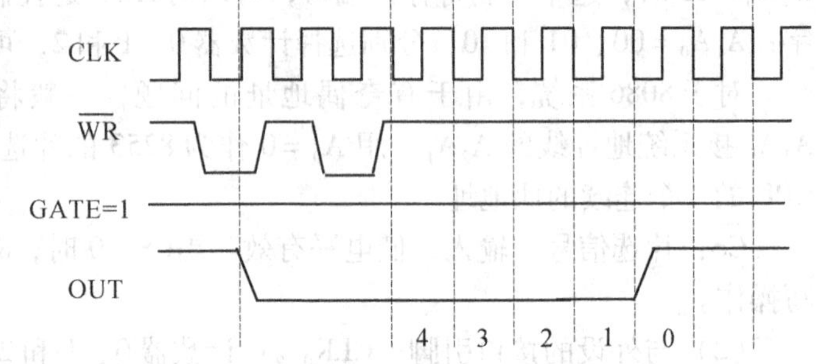

图 8-23　方式 0 的工作波形图

GATE 信号的影响：用于控制计数过程。GATE 为高电平允许计数；GATE 为低电平暂停计数；当 GATE 重新为高电平时又恢复计数。但 GATE 不影响输出端 OUT 的电平。

新的初值对计算过程的影响：方式 0 是写一次计数值计一遍数，计数器不会自动恢复初值重新开始计数。而且若在计数过程中改变计数值，则在写入新值后的下一个时钟下降沿计数器将按新的初值计数。

（2）方式 1：可重触发的单稳态触发器。方式 1 在门控信号 GATE 上升沿触发后，可产生一单负脉冲信号的输出，脉冲宽度由计数值 N 决定。当装入计数初值后 OUT 输出为高电平，当 GATE 上升沿到 OUT 输出为低电平，开始计数；计数结束时，输出变为高电平，从而产生一个宽度为 N 个时钟周期的负脉冲，如图 8-24 所示。

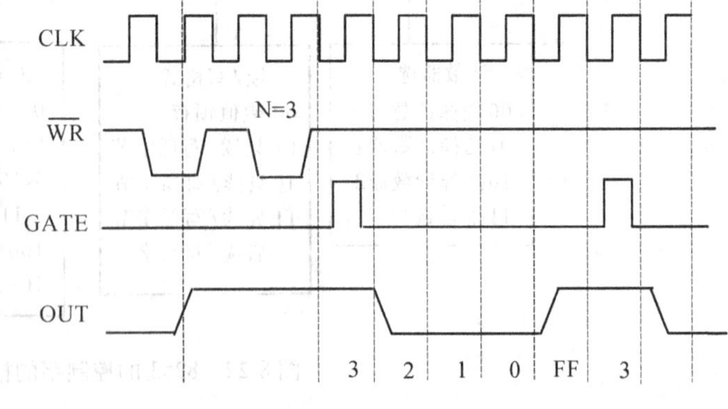

图 8-24　方式 1 的工作波形图

GATE 信号的影响：在计数结束后，若再来一个 GATE 信号上升沿，则再下一个时钟周期的下降沿又从初值开始计数，而不重新写入初值。即 GATE 信号可重新触发计数。若在计数过程中再来一个 GATE 信号的上升沿，下一个时钟下降沿开始从初值起重新计数，即终止原来的计数过程，开始新的一轮计数。

如果在计数过程中写入新的初值，不会立即影响计数过程。只有下一个 GATE 信号到来后的第一个时钟下降沿，才终止原来的计数过程，而按新值开始计数。若计数结束前没有触发信号，则原计数过程正常结束。即新的初值下次有效。

（3）方式 2：分频器。方式 2 能对输入信号 CLK 进行 n 分频（n 为计数值）。当 CPU 送出控制字后输出 OUT 将变为高电平，在写入计数值后，若门控信号 GATE 为高电平，计数器对输入时钟 CLK 进行计数，直至计数器减至 1 时，输出 OUT 变为低电平，经过一个时钟周期输出 OUT，又变为高电平，计数器自动从初值开始重新计数，如图 8-25 所示。

计数过程受门 GATE 的控制，GATE 为低电平时暂停计数，当低电平恢复为高电平后，在第一个时钟下降沿从初值开始重新计数，在计数过程中改变初值，对正在进行的计数过程没有影响，但计数到 1 时 OUT 上输出一个 CLK 周期的负脉冲，然后计数器将按新的计数值重新开始计数。

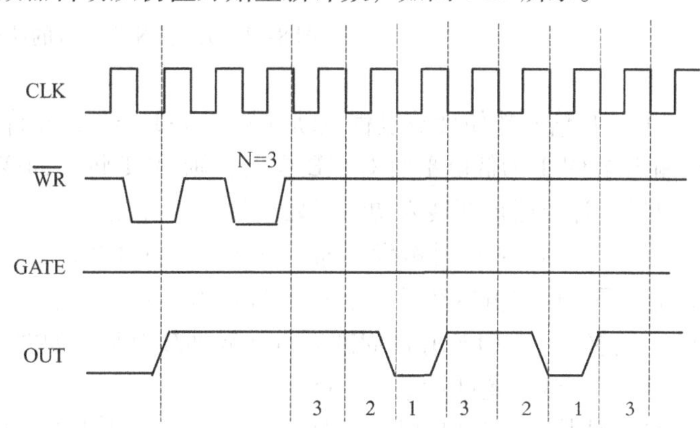

图 8-25　方式 2 的工作波形图

（4）方式 3：方波发生器。采用方式 3 时，计数过程分两种情况。

计数初值为偶数，工作波形如图 8-26 所示。写入控制字后的时钟上升沿，输出端 OUT 变成高电平。写入计数初值后的第一个时钟下降沿开始减 1 计数，减到 N/2 时，输出端 OUT 变为低电平，减到 0 时，OUT 又变成高电平，并重新从初值开始新的计数过程。若 GATE = 1，则一直重复同样的计数过程。

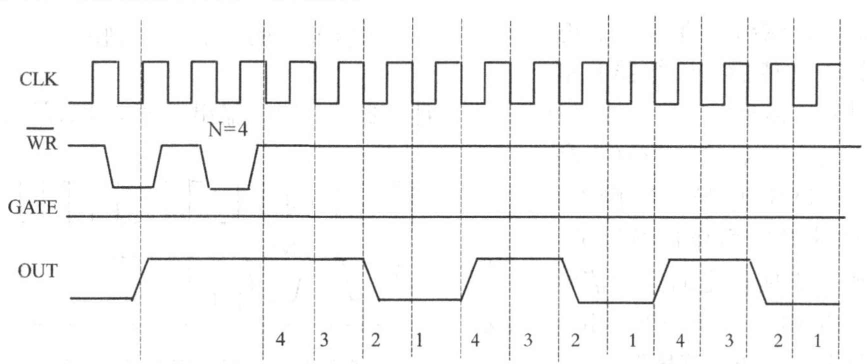

图 8-26　方式 3 N 为偶数的波形图

计数初值为奇数，工作波形如图 8-27 所示。写入控制字后的时钟上升沿，输出端 OUT 变成高电平。写入计数初值后的第一个时钟下降沿开始减 1 计数，减到（N + 1）/2 时，输出端 OUT 变为低电平，减到 0 时，OUT 又变成高电平，并重新从初值开始新的计数过程。

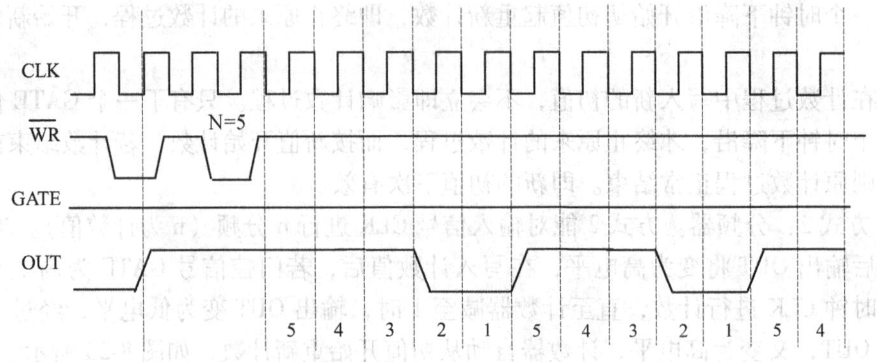

图 8-27　方式 3N 为奇数的波形图

GATE 信号能使计数过程重新开始。GATE =1，允许计数；GATE =0，禁止计数。如果在输出端 OUT 为低电平时 GATE 变低，则 OUT 将立即变高，并停止计数。GATE 变成高电平以后，计数器重新装入初值开始新的计数过程。

（5）方式 4：软件触发选通。方式 4 和方式 0 极为相似。当方式控制字写入后，OUT 输出高电平。赋初值后经过一个 CLK 脉冲开始减 1 计数。计数值减到零时，OUT 输出变为低电平，持续一个 CLK 脉冲周期后再恢复到高电平，如图 8-28 所示。

GATE =1，允许计数；GATE = 0，禁止计数，而输出维持当时的电平。这种工作方式靠装入计数值触发工作，不能自动工作。

在任何时候由软件写入计数初值，只要当时 GATE =1，就会立即触发一个计数过程。

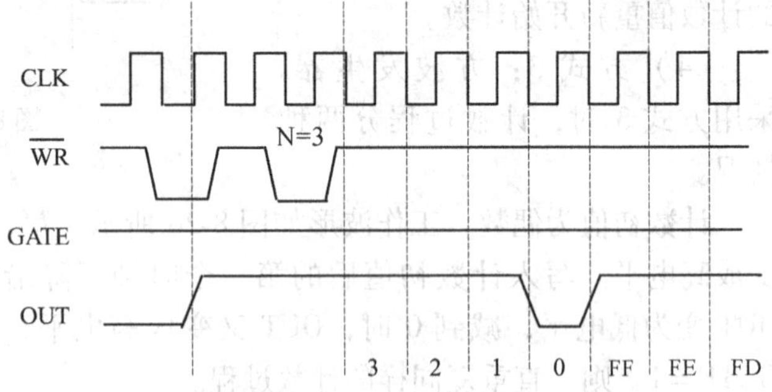

图 8-28　方式 4 的工作波形图

（6）方式 5：硬件触发选通。设定此方式后，输出 OUT 变成高电平。写入计数初值后，计数器并不立即开始计数，而是由门控脉冲的上升触发。计数器减 0 时，输出一个持续时间为一个时钟周期的负脉冲，然后输出恢复为高电平，直到 GATE 信号再次触发。此输出负脉冲可以用作选通脉冲，它是通过硬件电路产生的门控信号上升沿触发得到的，这时 8253 相当于一个硬件触发的选通信号发生器，如图 8-29 所示。

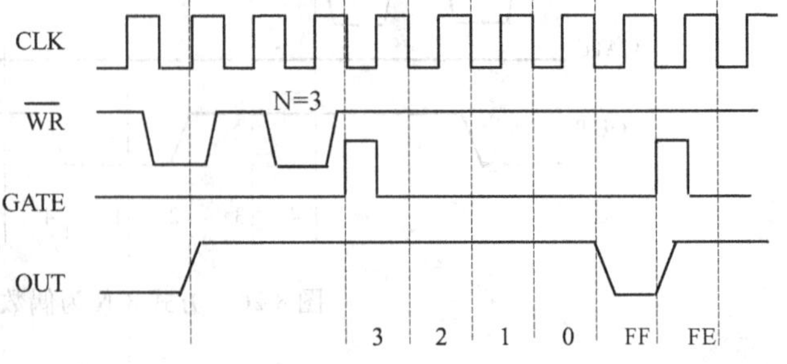

图 8-29　方式 5 的工作波形图

若计数过程中，又有一个门控信号的上升沿出现，则立即终止现行的计数过程，且在下一个时钟下降沿又从初值开始计数。若在计数过程结束后来一个门控上升沿，计数器也会在下一个时钟下降沿从上一个初值开始减 1 计数，而不用重新写入初值。即 GATE 信号上升沿任何时候到来都会立即触发一个计数过程。

6. 8253 的初始化编程　使用 8253 之前，必须对其进行初始化，初始化包括写入控制字和计数初值。每个计数通道都必须由 CPU 写入控制字和计数初值后才开始工作。

需要注意的是无论哪个通道的控制字都必须写如同一个端口，即控制端口，而计数初值则要写入指定计数器对应的端口。

例 6　某微机系统中的 8253 的端口地址为 40H ~ 43H，要求计数器 0 工作在方式 0，计数初值为 0FFH，按二进制计数；计数器 1 工作在方式 2，计数初值为 10，按 BCD 码计数，写出初始化程序段。

解：初始化程序：

```
MOV   AL，10H      ；写通道 0 控制字
OUT   43H，  AL
MOV   AL，0FFH     ；写通道 0 计数初值
OUT   40H，  AL
MOV   AL，65H      ；写通道 1 控制字
OUT   43H，  AL
MOV   AL，10H      ；写通道 1 计数初值
OUT   41H，  AL
```

7. 8253 应用举例

例 7　微机的某扩展板上使用一片 8253，其地址范围是 400H ~ 403H，要求从定时器 0 的输出端 OUT_0 得到 250Hz 的方波信号，从定时器 1 的输出端 OUT_1 得到 10Hz 的连续单拍负脉冲信号。已知系统提供的计数脉冲频率为 125kHz，硬件连接如图 8-30 所示，编写程序。

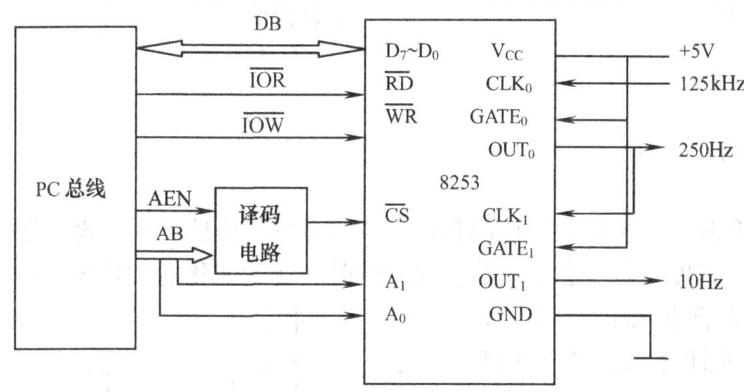

图 8-30　例 7 的硬件连接图

解：（1）确定工作方式：根据题目要求，OUT_0 端输出的是方波，所以定时器 0 应工作在方式 3，而 OUT_1 端输出的是单拍负脉冲，因此 OUT_1 应工作在方式 2。

（2）计数初值：当 8253 工作在方式 2 和方式 3 时，OUT 端输出信号频率是由 CLK 端的信号经定时器分频得到，计数初值 = 分频系数 = f_{clk}/f_{out}。

由于题目中没有规定计数格式，可采用二进制计数或 BCD 码计数，两种情况的满度值不同，二进制的满度值为 2^{16}（计数初值选为 0），BCD 码计数时满度值为 10^4（计数初值选

0)。

定时器0：$N = f_{clk}/f_{out} = 125000/250 = 500 = 01F4H$

定时器1：$N = f_{clk}/f_{out} = 250/10 = 25 = 19H$

(3) 控制字。

定时器0：0 0（计数器0） 1 1（先写低8位 后写高8位） 0 1 1（选工作方式3） 0（二进制计数）

定时器1：0 1（计数器2） 0 1（只写低8位） 1 0 1（选工作方式2） 0（二进制计数）

(4) 程序：

```
MOV   DX, 403H
MOV   AL, 36H          ; 写定时器0控制字
OUT   DX, AL
MOV   DX, 400H
MOV   AX, 500H         ; 写定时器0计数初值低8位
OUT   DX, AL
MOV   AL, AH
OUT   DX, AL           ; 写定时器0计数初值高8位
MOV   DX, 403H
MOV   AX, 54H          ; 写定时器1控制字
OUT   DX, AL
MOV   DX, 401H
MOV   AX, 25           ; 写定时器1计数初值
OUT   DX, AL
```

8.4 其他常用接口

在自动控制和测量系统中，被控制和被测量的对象往往是一些连续变化的物理量。如温度、压力、流量、速度、电流和电压等。这些随时间连续变化的物理量，称为模拟量（Analog）。计算机参与测量和控制时，模拟量不能直接送入计算机，必须先把它们转换成数字量（Digital）。能够将模拟量转换成数字量的器件称为模拟/数字转换器，简称ADC。同样，计算机输出的是数字量，不能直接用于使用模拟量的控制执行部件，必须将这些数字量转换成模拟量。能够将数字量转换成模拟量的器件称为数字/模拟转换器，简称DAC。

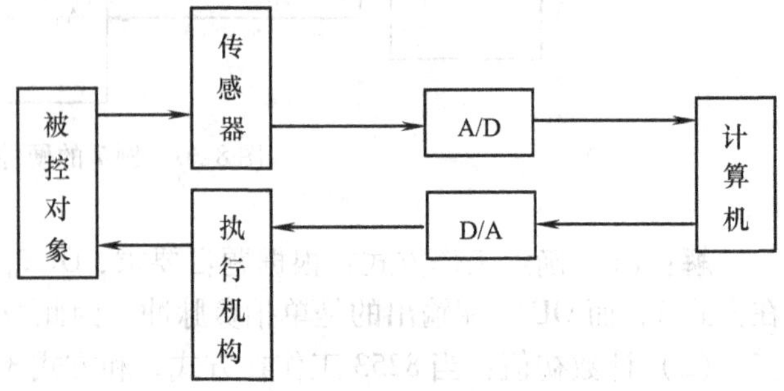

图8-31 模拟I/O系统

计算机通过 A/D 或 D/A 转换器，与外界使用模拟量的设备相连接的技术就是模拟接口技术，它是计算机应用于自动控制领域的基础。它们在控制系统中的作用如图 8-31 所示。

8.4.1 A/D 与 D/A 接口

1. D/A 转换器接口　D/A 转换器将计算机输出的数字量转换成模拟量输出。

D/A 转换器性能的参数很多，下面介绍几个常用的参数。正确理解这些参数，在接口设计时，正确地选择器件是非常重要和有益的。

（1）分辨率。分辨率指 D/A 转换器所能产生的最小模拟量增量，通常用输入数字量的最低有效位（LSB）对应的输出模拟电压值来表示。D/A 转换器位数越多，输出模拟电压的阶跃变化越小，分辨率越高。因此也常用输入数字量的位数来表示分辨率。

（2）转换精度。D/A 转换器在将数字量转换成模拟量时，所得模拟量的精确程度。它表明了模拟输出实际值与理想值之间的偏差。应当注意，分辨率和转换精度是两个不同的概念，分辨率很高的 D/A 转换器不一定有很高的精度。

（3）线性误差。对于理想的 D/A 转换器，随着输入数字量的增加，输出的模拟量也按比例增加，在平面上画出图应该是一条直线。线性误差指 D/A 转换器的实际转换特性（各数字输入值所对应的各模拟输出值之间的连线）与理想的转换特性（从原点出发的一条直线）之间的误差。通常用误差的最大值来表示。这个参数常用 LSB 的分数形式给出。一般情况下，D/A 转换器线性误差应小于 ±1/2LSB。

（4）温度灵敏度。表明 D/A 转换器受温度变化影响的特性。是指数字输入不变的情况下，模拟输出信号随温度的变化。一般 D/A 转换器的温度灵敏度为 $\pm 50 \times 10^{-6}/℃$。该指标反映了器件的温度稳定性，稳定性好的器件该指标较低。

（5）建立时间。指输入数字量从 0 变到最大时，其模拟输出达到满刻度值的 ±1/2LSB 所对应值时所需要的时间。电流型的 DAC 转换较快，电压输出的 DAC 较慢，主要影响因素是运算放大器的响应时间。在实际应用中，要正确选择 D/A 转换器，使它的转换时间小于数字输入信号发生变化的周期。

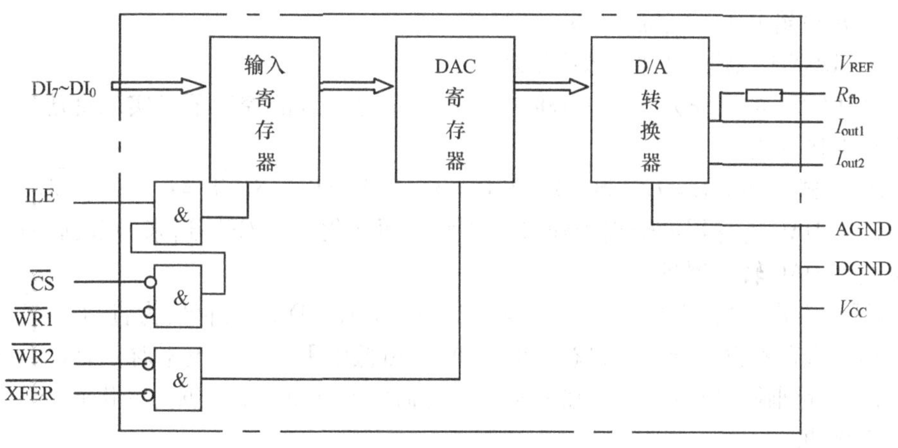

图 8-32　DAC0832 的内部结构

2. 典型 D/A 转换器芯片 DAC0832　DAC 芯片种类很多，按内部结构分，有不包含数据寄存器的，也有含数据寄存器的；按位数分有 8 位、12 位和 16 位；按输出信号分有电流型和电压型。下面介绍一种典型的 8 位 DAC 芯片 DAC0832。

（1）DAC0832 的主要特性。DAC0832 是 8 位 D/A 转换芯片，采用 T 形电阻网络，数字输入部分有输入寄存器和 DAC 寄存器两级缓冲，可以方便地与微处理器接口。

（2）DAC0832 芯片的内部结构和引脚。

① DAC0832 芯片的内部结构如图 8-32 所示。

② DAC0832 芯片有 20 个引脚，双列直插式封装，如图 8-33 所示。

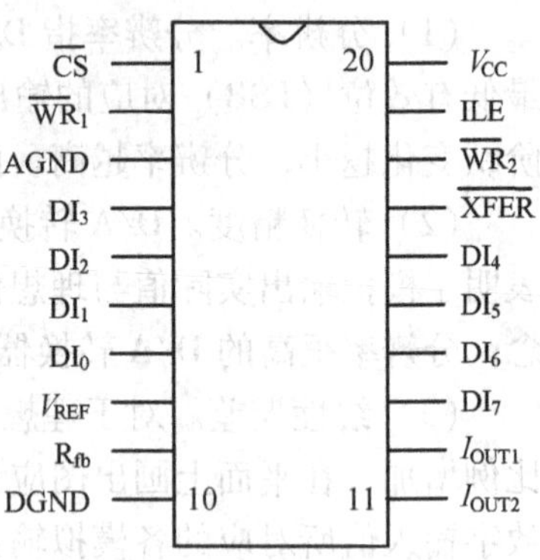

图 8-33　DAC0832 引脚

$DI_7 \sim DI_0$：8 位数字量输入端。

I_{OUT1}：模拟电流输出 1 引脚，与数字量的大小成正比。被转换的数字量全为 1 时，输出电流最大；被转换的数字量全为 0 时，输出电流为 0。

I_{OUT2}：模拟电流输出 2 引脚，与数字量的反码成正比。I_{OUT2}为一个常数和 I_{OUT1}的差，即 $I_{OUT1}+I_{OUT2}=$常数。

R_{fb}：反馈电阻引出端。为了得到电压型的模拟输出，需要外接运算放大器。该引脚用来连接运算放大器的输出端，构成反馈电路。反馈电阻已制作在芯片内。

V_{REF}：参考电压输入端，其范围为 +10 ~ -10V。

$\overline{CS}$：片选信号，它与 ILE 结合可以控制$\overline{WR1}$ 是否起作用。

ILE：允许输入锁存信号。高电平有效。

$\overline{WR1}$：写信号 1。在$\overline{CS}$和 ILE 两信号均有效的情况下，用它将输入的数字量锁存到输入寄存器中。

$\overline{XFER}$：传送控制信号，它和$\overline{WR2}$ 一起，控制数据进入第二级缓冲（DAC 寄存器）。

$\overline{WR2}$：写信号 2。在$\overline{XFER}$有效的情况下，用它将输入寄存器的数字传送到 DAC 寄存器，同时使 D/A 转换器开始转换。

V_{cc}：芯片逻辑电源，范围为 +5 ~ +15V。

AGND、DGND：模拟量地、数字量地。

（3）DAC0832 的工作方式。DAC0832 在不同信号组合的控制下可实现直通、单缓冲和双缓冲 3 种工作方式。

① 直通方式：当 ILE =1，$\overline{CS}=0$，$\overline{WR1}=1$，$\overline{WR2}=0$ ，$\overline{XFER}=0$ 时，有$\overline{LE_1}$和$\overline{LE_2}=1$，输入寄存器和 DAC 寄存器的输出均随输入的变化而变化，对 CPU 送来的数据不进行传送，而是直接送到 DAC 转换器进行转换。

② 单缓冲方式：当$\overline{WR2}=0$，$\overline{XFER}=0$，ILE =1 时，DAC 寄存器为直通。$\overline{CS}$、$\overline{WR1}$ 有效之后，输入寄存器也处于直通状态，但当 WR_1 由低电平变为高电平时，有$\overline{LE_1}=0$，此时输入数据被锁存到输入寄存器中，输入寄存器的输出不再随外部数据的变化而变化。这样就进行了一级缓冲。

另一方面，使输入寄存器为直通，而 DAC 寄存器为选通，也可以实现一级缓冲，这时的设置为$\overline{CS}=0$，$\overline{WR1}=0$，ILE =1。片选信号及写操作负脉冲从$\overline{WR2}$ 和$\overline{XFER}$输入。

③ 双缓冲方式：使 ILE =1，用$\overline{CS}$、$\overline{WR1}$ 控制输入寄存器，$\overline{WR2}$ 和$\overline{XFER}$控制 DAC 寄存器，则进行两级缓冲。由于可以分别用两组信号对 DAC 的两级寄存器进行锁存控制，这种

方式特别适合于多路数字量需要同步转换的场合。当其中一路数字量所存在 DAC 寄存器供 D/A 转换器时进行转换，另一路数字量可以提前写到输入寄存器中暂存。

3. DAC0832 与微机的连接　图 8-34 为 DAC0832 工作在单缓冲方式下的一种连接。CPU 执行输出命令，使得 $\overline{WR1}$ 有效，地址译码电路的输出使得 $\overline{CS}$ 有效，CPU 送来的数据进入输入寄存器并被锁存。由于 $\overline{WR2}$ 和 $\overline{XFER}$ 接地，DAC 寄存器处于直通状态，于是立即开始 DAC 转换。实际应用中，需要用一个规律变化的电压控制某个过程。可以利用 D/A 转换器产生各种波形。

例 8　使用图 8-34 的连接，编程，在 V_{OUT} 端产生方波。设 DAC 输入寄存器的地址为 FFF0H。

解： 方波：向 DAC0832 循环地输入数字 0、FFH，便可在 V_{OUT} 端产生方波。

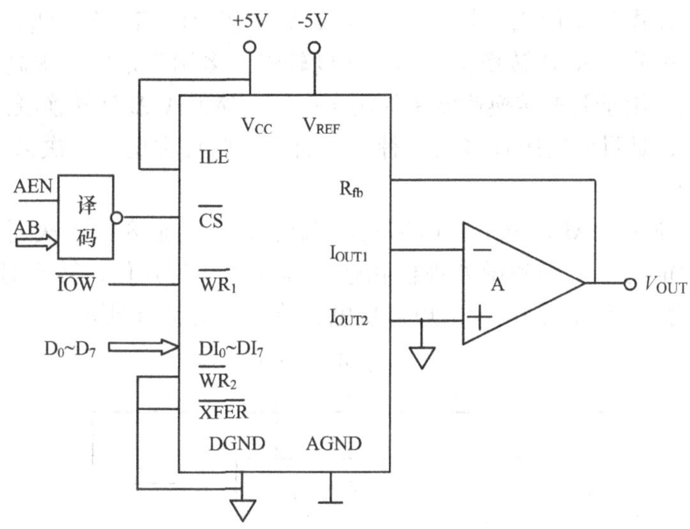

图 8-34　DAC0832 单缓冲方式使用

程序：

```
      MOV    DX, 0FFF0H
L1:   MOV    AL, 00H
      OUT    DX, AL
      CALL   DELAY
      MOV    AL, 0FFH
      OUT    DX, AL
      CALL   DELAY
      JMP    L1
```

上述程序中，DELAY 为一延时子程序，根据所需的方波宽度设置延时时间。

4. A/D 转换器接口　A/D 转换器的主要参数：

（1）分辨率（位数）。分辨率是指 A/D 转换器可转换成数字量 1 的最小模拟电压值。一个 n 位的 ADC，分辨率等于最大容许模拟输入值（即满量程）除以 2^n。例如，满量程值为 5V，对 8 位 ADC 的分辨率为 $5V/2^n = 0.0195V$。能够分辨的模拟量大小取决于二进制位数，所以通常用位数来表示分辨率。

（2）转换时间。转换时间是指从输入转换启动信号开始到转换结束所需要的时间，它反映 ADC 的转换速度。不同的 A/D 转换器转换时间差别很大，通常在微秒数量级。

（3）量程。量程是指所能转换的输入电压范围。

（4）绝对精度。对于 A/D 转换器，绝对精度是指在输出端产生给定的数字代码，实际需要的模拟输入值与理论上要求的模拟输入值之差。

（5）相对精度。对于 A/D 转换器，相对精度指的是满刻度值校准以后，任意数字输出所对应的实际模拟输入值（中间值）与理论值（中间值）之差。对于线性 A/D 转换器，相对精度就是它的非线性误差。

5. 典型 A/D 转换器芯片　A/D 转换的方法有很多种，常见的 A/D 转换方法有计数式、逐次逼近式、双积分式和并行式。其中，计数式 A/D 转换电路比较简单，但转换速度慢，现已很少应用；双积分式 A/D 转换精度高，速度较慢，多用于精度要求高的场合；并行式 A/D 转换则速度快，用于要求转换速度快的场合；逐次逼近式 A/D 转换既照顾了一定精度，又具有一定的速度，是目前应用较多的一种。下面介绍两种常用的逐次逼近式 A/D 转换器 ADC0809 和 AD574A。

（1）ADC0809 芯片　ADC0809 是 CMOS 工艺制作的 8 通道 8 位逐次逼近式 ADC，输出有三态锁存和缓冲能力，易于和微处理器相连。其分辨率为 8 位，转换时间 100μs，功耗 15mW，输入电压为 0 ~ 5V，采用 +5V 电源供电，结构如图 8-35 所示。

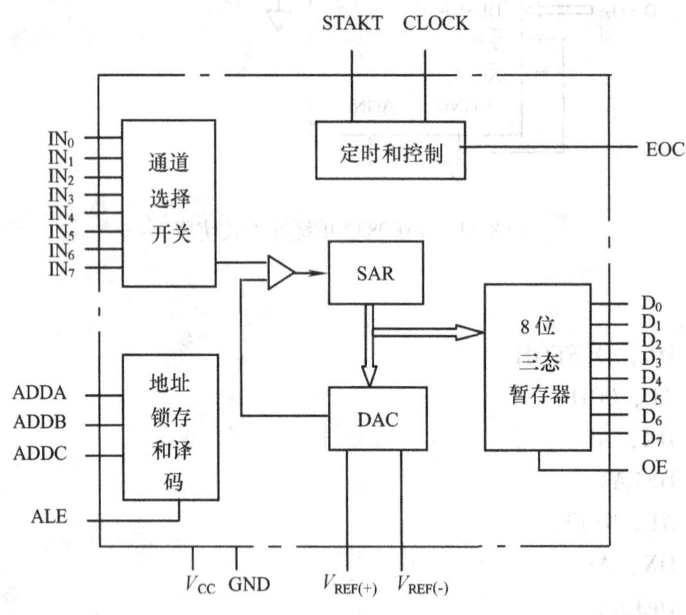

图 8-35　ADC0809 的结构

各引脚功能如下。

IN_0 ~ IN_7：8 路模拟量输入端。

ADDC、ADDB、ADDA：地址输入端，用来从 IN_0 ~ IN_7 输入的 8 个模拟量选择其中之一进行转换。

ALE：地址锁存允许信号。

START：启动 A/D 转换控制信号输入端。其上升沿使内部逐次逼近寄存器复位，下降沿启动 A/D 转换。

CLOCK：时钟脉冲输入端。频率范围为 10kHz ~ 1280kHz。

$D_7 \sim D_0$：8 位数字量输出端，三态输出。

EOC：转换结束信号。输出，高电平有效。

OE：输出允许信号。

$V_{REF(+)}$、$V_{REF(-)}$：基准电源正负端。

V_{cc}：电源电压，+5V。

GND：地线。

图 8-36 为 ADC0809 进行 A/D 转换的时序图。在进行转换前应选择模拟输入通道。转换由 START 高电平启动，其上升沿复位逐次逼近寄存器，其下降沿才真正开始转换，高电平宽度应不小于 200ns。START 上升沿后的 2μs 加 8 个时钟周期内，EOC 从高变低，指示转换正在进行。EOC 保持低电平直至转换完成后再变为高电平。当 OE 被置为高电平，三态锁存缓冲器的三态门被打开，锁存器的内容输出到数据线上。

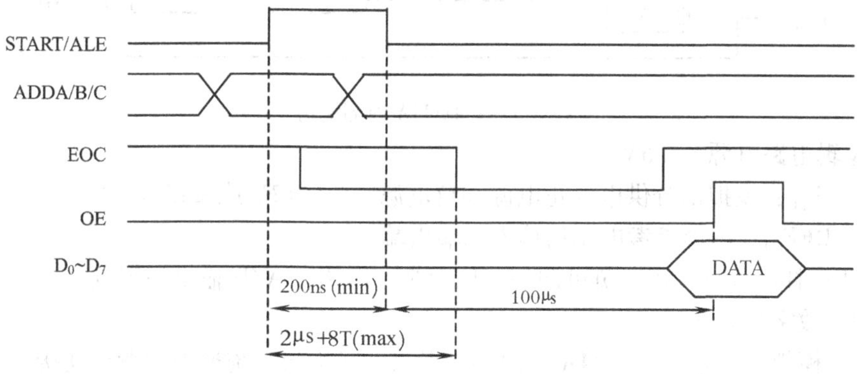

图 8-36　ADC0809 的时序图

(2) AD574A 芯片。AD574A 芯片是美国模拟器件公司生产的 12 位逐次逼近式快速 A/D 转换器。其输出具有锁存和三态缓冲能力，易于和微处理器相连。其分辨率为 12bit，转换时间为 35μs，允许多种模拟输入量量程和极性。其内部结构如图 8-37 所示。

引脚功能如下：

$DB_{11} \sim DB_0$：12 位数字量输出端，无锁存能力。

$10V_{IN}$、$20V_{IN}$：10V 和 20V 量程的模拟量输入端，信号的另一端接 AGND。

CE：启动转换输入信号。

STS：转换结束信号。转换过程中为高电平，转换结束后变为低电平，它可作为芯片和 CPU 的联络信号。

$\overline{CS}$：片选信号。

$12/\overline{8}$：数据输出格式选择信号。为 1 时，12 位输出；为 0 时，高 8 位或低 4 位输出。

A_0：字节选择控制线。在转换其间，$A_0=0$ 时，进行全 12 位 A/D 转换；$A_0=1$ 时，进行 8 位 A/D 转换。在读出其间，$A_0=0$ 时，高 8 位数据有效；$A_0=1$ 时，低 4 位数据有效。

$R/\overline{C}$：读数据/转换控制信号。为 1 时，转换结果允许读出。为 0 时，允许启动 A/D 转换。

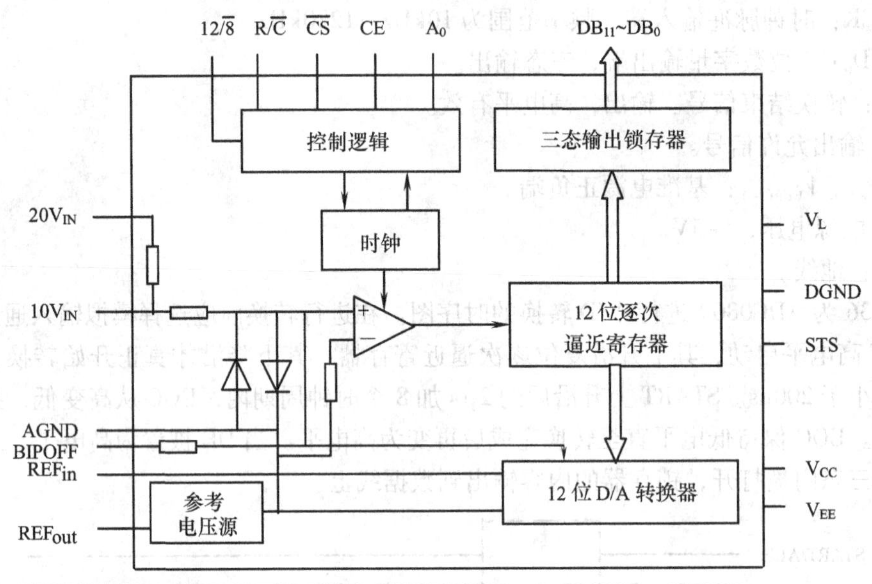

图 8-37　AD574A 内部结构

V_L：逻辑电路电源。+5V。

$V_{CC(+)}$、V_{EE}：模拟部分供电的正电源和负电源。为 ±12V 或 ±15 V。

RFF_{in}、REF_{out}：内部参考电压的输入和输出端。

BIPOFF：补偿调整。接正负可调的分压网络，以调整 A/D 输出的零点。

DGND：数字公共地。

AGND：模拟地。它使 AD574A 的内部参考点，必须与系统模拟参考点连接。

工作过程：AD574A 的工作状态由 CE、$\overline{CS}$、$R/\overline{C}$、$12/\overline{8}$、A_0 五个控制信号决定，其中 CE=0 或 $\overline{CS}=1$ 时，AD574A 处于禁止状态。只有在 $\overline{CS}=0$ 和 CE=1 同时满足的情况下，AD574A 处于工作状态。此时若 R/C=0，则开始转换，而由 $12/\overline{8}$ 来控制转换字长；若 $R/\overline{C}=1$，则进行数据输出，此时用 $12/\overline{8}$、A_0 来控制输出数据的格式。另外，A_0 在数据输出期间不能变化。

6. A/D 转换器芯片与系统连接　常用的 A/D 转换芯片一般都有下列引脚：数据输出、模拟输入、启动转换、转换结束、时钟和参考电平等。在 ADC 与主机连接时主要处理的就是这些引脚的连接问题。

例 9　某系统对 8 路模拟量分时进行数据采集，选用 ADC0809 芯片进行 A/D 转换，用查询方式传送，连接时除了一个传送转换结果的输入端口外，还需要发送选择模拟量的控制信号，读入 A/D 转换的状态信息，采用 8255A 作为 ADC0809 和系统端口，如图 8-38 所示。

解：设 8255A 的端口 A、B、C 及控制端口地址分别为 2F0H、2F1H、2F2H 和 2F3H，A/D 转换结果的存储区首地址为 400 H，采样顺序从 $IN_7 \sim IN_0$。

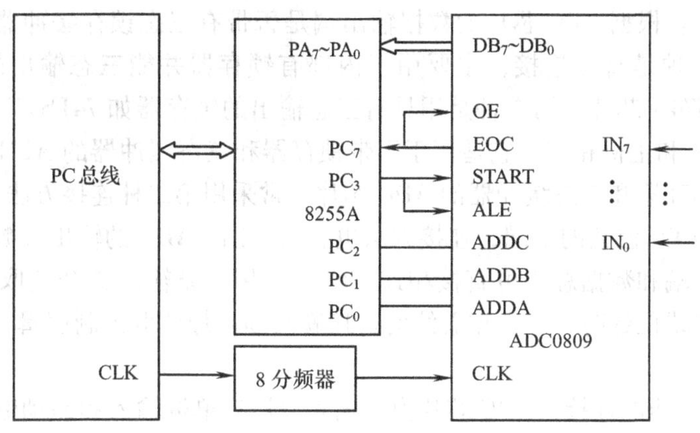

图 8-38　ADC0809 与 PC 系统总线的示意图

程序如下：

```
        MOV   DX, 2F3H        ; 2F3H 是 8255A 的控制口
        MOV   AL, 98H,        ; 置 A、B 组为方式 0，A 口和 C 口高 4 位输入，C 口低 4 位
                              输出
        OUT   DX, AL
        MOV   SI, 400H        ; 存数据首地址
        MOV   CX, 08H
        MOV   BH, 00H
LOP1：OR   BH, 08H
        MOV   AL, BH
        MOV   DX, 2F2H        ; 8255 端口 C 地址
        OUT   DX, AL          ; 启动 A/D 转换
        AND   BH, 0F7H        ; PC3 置 0
        MOV   AL, BH
        OUT   DX, AL          ; 产生 START 和 ALE 的下降沿
LOP2：IN   AL, DX             ; 读入端口 C
        TEST  AL, 80H         ; 测试 PC7
        JZ   LOP2             ; 为 0，继续查询
        MOV   DX, 2F0H        ; 8255 端口 A
        IN   AL, DX           ; 读入 A/D 转换结果
        MOV   [SI],   AL      ; 存储数据
        INC   SI
        LOOP  LOP1            ; 8 路未完，继续
        HLT
```

A/D 转换器与系统连接时需考虑的问题。

1）数据输出线的连接：ADC 芯片实际上是一种输入设备。它们输出的数据都要连接到系统的数据总线上。根据 ADC 芯片的数据输出端是否带有三态锁存缓冲器，与主机的连接可有两种方式：一种是直接连接，主要用于内部有锁存器并能三态输出的 ADC 芯片，如 ADC0809 和 ADC574A 芯片；第二种是用具有三态输出的锁存器如 74LS373 或通用并行接口芯片如 Intel 8255A 和主机相连。它适用于不带锁存器和三态缓冲器的 ADC 芯片。在有些情况下，那些带有锁存器和三态缓冲器的 ADC 芯片也常采用第二种连接方法。

根据 ADC 和 CPU 位数的不同，连接方法也有所区别。ADC 的输出位数不大于系统数据总线位数时，输出端和数据总线可直接相连，CPU 可用一条输入指令读取结果；ADC 的输出位数大于数据总线位数时，与数据总线的连接就必须增加读取控制逻辑，把数据分两次或多次读取。

2）模拟输入电压的连接：ADC 芯片模拟输入电压有单端输入和差动输入两类，有些芯片还有量程选择，要按照芯片的要求进行适当的连接。有的 ADC 芯片允许多路模拟输入，这类芯片模拟通道的选择一般也是通过数据总线传送代码以进行选择。

3）A/D 转换的启动信号：一个 ADC 在开始转换时，必须加一个启动信号。芯片不同，需要的启动信号也不同，一般分脉冲启动信号和电平控制信号。

软件上，通常是在要求启动 A/D 转换的时刻，用一条输出指令产生启动信号。另外，也可以利用定时器产生信号，实现定时自动启动转换，适用于固定时间间隔的巡回检测。

4）转换结束信号的处理方式：当 A/D 转换结束，ADC 输出一个转换结束信号，通知主机，A/D 转换已经结束，可以读取数据。CPU 可有多种方法读取转换结果。

① 查询方式：这种方式把结束信号作为状态信号经三态缓冲器送到系统数据总线上的某一位上。主机在启动转换后，开始查询是否转换结束，一旦查到结束信号，便读取数据。这种方式的程序设计比较简单，实时性也较强，是比较常用的一种方法。

② 中断方式：该方式下，把结束信号作为中断请求信号连到主机的中断请求线上。转换结束时，向 CPU 申请中断。CPU 响应中断后，在中断服务程序中读取数据。这种方式的 ADC 和 CPU 同时工作，适用于实时性较强或测量点数较多的数据采集系统。

③ 延时方式：该方式不用转换结束信号。CPU 启动 A/D 转换后，延时一段时间（该时间必须大于 ADC 的转换时间），此后即可读取数据。延时可用软件延时程序或用硬件延时。

④ DMA 方式：该方式把转换结束信号作为 DMA 请求信号，转换结束即启动 DMA 传送，通过 DMA 控制器直接将数据送入内存缓冲区。这种方式特别适用于高速采集大量数据的情况。

5）时钟的提供：时钟是决定 A/D 转换速度的基准，整个转换过程都是在时钟的作用下完成的。有两种提供时钟信号的方法：一是由外部提供，它可用单独的振荡电路产生，也可用主机的时钟分频得到；另一种是由芯片内部提供，一般用启动信号启动内部时钟电路，只在转换过程中才起作用。

6）参考电压的接法：ADC 中的参考电压常有 $V_{REF(+)}$ 和 $V_{REF(-)}$ 两个。根据模拟输入电压的极性不同，它们的接法也不同。当模拟信号为单极性时，$V_{REF(-)}$ 接地，$V_{REF(+)}$ 接正极电源；当模拟信号为双极性时，$V_{REF(+)}$ 和 $V_{REF(-)}$ 分别接参考电源的正负极。当然也可以把双极性信号转换成单极性信号接入 ADC。

8.4.2 人机交互设备及接口

人机交互设备是人与计算机进行沟通与联系的重要通道，人机交互设备主要分输入设备和输出设备两类。

1. 键盘　计算机键盘分外壳、按键和电路板3部分。键盘中的电路由3部分构成：按键扫描电路用于发现按键为止；编码电路用于产生相应的按键代码；接口电路负责把代码送入计算机。键盘接口中的一个主要问题是按键的识别，主要的识别方法有行扫描法、行列反转法等。

（1）行扫描法。键盘上的各键组合为一个二维矩阵形式，如图8-39所示。

某一键所在的行列号即为此键的编码。判断某键是否闭合的方法为首先向第0行输出低电平，其余各行输出高电平，并且读入所有列线的电平值。若某列线为低电平，表示第0行和该列相交位置上的键被按下；若列线全为高电平，说明第0行没有键按下。然后向第1行输出低电平，其余行各输出高电平，若读入的列线仍然全是高电平，说明第1行也无键按下，应继续检查第2行。依次类推，直到发现某一列变为低电平，即某键按下，则退出扫描。根据行号和列号识别闭合的是哪一个键，输出相应键码。当键码以行号和列号表示时，这样的键码称为行列码或位置扫描码，也称为键盘扫描码。

（2）行列反转法。行列反转法是常用的识别闭合键的方法。其方法为先向所有行线输出低电平，同时读入列线。若有键按下，则该键所在的列线应为低电平，其余的列线为高电平，由此确定按键的列号；然后将行和列进行交换，向所有列线输出低电平，读行线，同样可确定按键的行号。有了行号和列号就可以确定按键的位置。

图8-40所示为8×8键的键盘，使用8255A的PA口和PB口分别作为行线和列线的I/O接口。首先设置PA口为输出，PB口为输入，向PA口输出低电平，读PB口。若PB口全为高电平，说明无键按下；若PB口中某一根线为低电平，如$PB_3=0$，表示第3列有键按下。然后设置PA口为输入，PB口为输出，向PB口输出低电平，读PA口，同样可确定按键的行号。

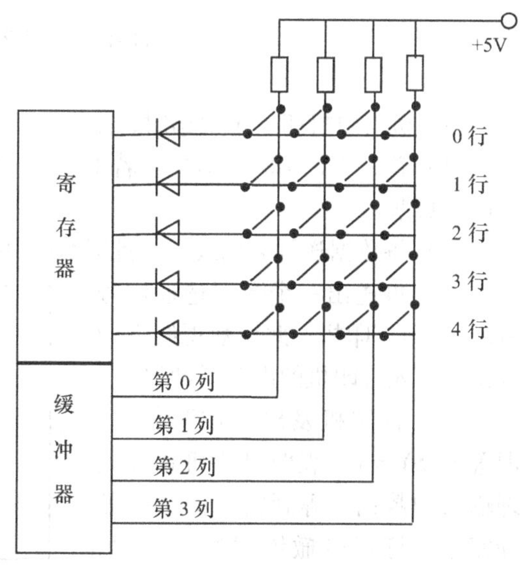

图8-39　行扫描法键码识别示意图

（3）行列扫描法。行列扫描法是PC键盘使用的主要键码识别方法，硬件结构与行扫描法类似。工作原理是通过译码器向每一行依次输出低电平，其余各行为高电平。每扫描一行，读一次列线，若列线全为高电平，说明该行没有键按下；若某一列为低电平，说明有键按下，如此行号和列号都可以确定。行扫描完成后，依次向每一列输出低电平，读行线，同样可确定行号和列号。将两次所得的行号和列号进行对比，若相同，则认为该键码正确，即获得该闭合键的行列扫描法。

2. 打印机接口　按打印机与CPU交互的方式，可分为并行打印机与串行打印机两类。并行打印机以并行方式接收主机的数据，大多数打印机是并行打印机，以下主要介绍并行打印机的接口。

在打印机内有一个以8位专用微机处理器为核心的打印机控制器，负责打印功能的处理，以及打印机本身的管理，并不需要关心打印机各打印部件的控制方法，即可实现打印控制。

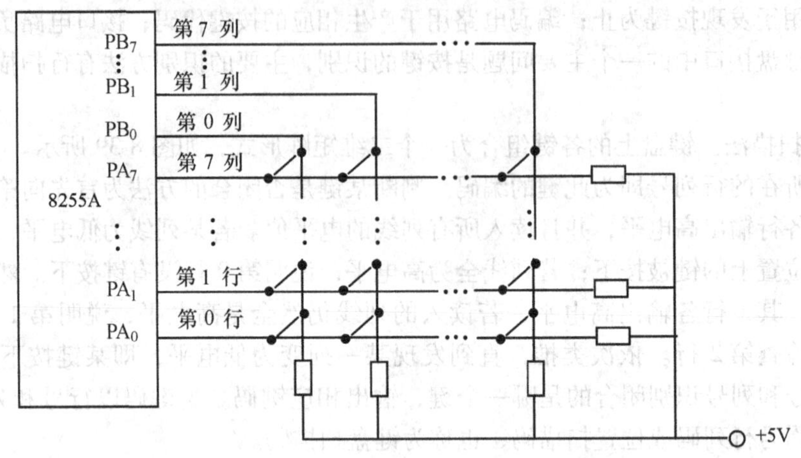

图 8-40　行列反转法键码识别示意图

当主机需要打印一个数据时，主机与打印机交互的过程如下：

（1）首先查询 BUSY 信号。若 BUSY = 1（忙），则等待；当 BUSY = 0（不忙）时，才能送出数据。

（2）将数据送到数据线上，此时数据并未自动进入打印机。

（3）再送出一个数据选通信号 $\overline{\text{STROBE}}$ 给打印机，此后数据线上的数据将进入打印机的内部缓冲器。

（4）打印机发出“忙”信号，即置 BUSY = 1，表明打印机正在处理输入的数据。等到输入的数据处理完毕，打印机撤销“忙”信号，即置 BUSY = 0。

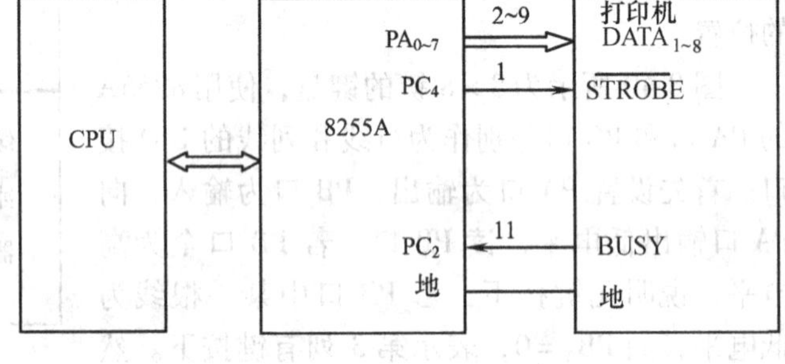

图 8-41　打印机接口电路原理图

（5）打印机送出一个回答信号 $\overline{\text{ACK}}$ 给主机，表示一个字符已经处理完毕。

例 10　一个简单的打印机接口电路如图 8-41 所示。

该电路的设计思想是 8255A 的 A 口、C 口工作于方式 0，A 口用来输出 8 位打印数据，C 口的 PC_4 引脚用来产生 $\overline{\text{STROBE}}$ 信号，PC_2 引脚用来接收 BUSY 信号。

设 8255A 的端口地址 80H ~ 83H，以查询方式打印一个字符的程序如下：

```
        MOV  AL, 81H       ; 8255A 工作方式控制字
        OUT  83H, AL
        MOV  AL, 09H
        OUT  83H, AL       ; 置 PC4 为高，即STROBE = 1
BUSY:   IN   AL, 82H       ; 读 C 口
```

```
AND   AL, 04H        ; 查 PC2 =0
JNZ   BUSY           ; 忙则等待，不忙则向 A 口发送数据
MOV   AL,'A'         ; 被打印字符'A'
OUT   80H, AL        ; 送出打印数据
MOV   AL, 08H        ; 置 PC2 为低，产生负脉冲
OUT   83H, AL
NOP                  ; 持续片刻
NOP
MOV   AL, 09H        ; 再使 PC4 为高，形成负脉冲
OUT   83H, AL
```

复习思考题

1. 并行接口有何特点？在并行接口中为什么通常要对输入/输出数据进行锁存？

2. I/O 传送方式有哪几种？简述各种方法的基本原理。

3. 8255A 芯片有哪几个端口？几种工作方式？各端口在不同方式下的作用有何区别？

4. 8255A 的工作方式控制字和 C 口按位复位/置位控制字的端口地址是否一样，8255A 怎样区分这两种控制字？

5. 假定 8255A 的地址为 1F0H ~ 1F3H，端口 A 为方式 1 输入，写出其初始化程序。

6. 对 8255A 的控制口写入 B0H，则其端口 C 的 PC5 引脚是什么作用的信号线？

7. 试对 8255A 进行初始化编程，使 8255A 的 PC3 产生一个正脉冲，PC5 输出一个方波信号。8255A 端口地址为 60H ~ 60H。

8. 试编写程序，将从 8255A 的端口 A 输入数据，随即向端口 B 输出，并对输入的数据加以判断，当大于等于 80H 时，置位 PC5、PC2，否则复位 PC5、PC2。

9. 异步串联通信和同步串联通信的主要区别是什么？

10. 为什么在远距离串行通信中要使用“MODEM”？

11. 简述 8251A 内部各组成部分的作用。

12. 8251A 哪些引脚决定它的端口地址？

13. 8251A 的方式控制字各位的含义是什么？命令控制字的各位含义是什么？

14. 说明 8253 可编成定时/计数器的组成。8253 的 6 种工作方式及其功能。

15. 什么是 A/D、D/A？各应用在什么场合？

16. D/A 转换器与系统连接时应考虑哪些问题？

17. 如何将 DAC0832 接成直通工作方式和双缓冲方式？画图说明如何连接。

18. 试用 DAC0832 经 8255A 与系统连接成双极性模拟输出，画出连接图。

第 9 章　微机的总线技术

9.1　总线技术概述及分类

所谓总线是指计算机系统内部以及计算机与外设之间信息传递的公共通路，是计算机内部系统的重要组成部分，其性能在计算机系统中具有举足轻重的作用。利用总线技术，能够大大简化系统结构，增加系统的兼容性、开放性、可靠性和可维护性，便于实行标准化以及组织规模化的生产，从而显著降低系统成本。

1. 使用总线的好处

（1）通用性。采用标准总线，可以为多个模块的互联提供一个标准的界面，界面的任一方只需根据总线标准设计和实现接口的功能，不需考虑另一方的接口方式，所以按标准设计的接口具有广泛的通用性。

（2）便于用户的二次开发。由于采用同样的总线标准设计和制造各种功能的模块板，用户可以根据需要自行设计符合总线标准的模块板，将其插入总线槽即实现了与系统的挂接，这给用户二次开发带来了许多方便。

（3）便于系统的更新。随着集成电路技术的发展，新的芯片不断产生，微机系统需要不断更新。采用统一标准的总线结构使得用户只需购买新的插板以替换插在总线槽上的旧插板，即可实现系统更新。

2. 总线的分类　按总线所在位置可以把总线分为外部总线、内部总线和芯片总线 3 大类。

（1）芯片总线。就是连接集成电路芯片内部各功能单元的信息通路。

（2）内部总线。又称系统总线或微机总线。用于微机系统内各模块之间的通信，是微机的重要组成部分。本节只讨论内部总线，所说的“总线”，均是指系统总线。

（3）外部总线。又称通信总线，它是微机系统与微机系统、微机系统与其他仪器仪表或设备之间的连线。一般来说，外部系统和设备与微机系统的通信联系，可以采用并行方式或串行方式来实现。因此，外部总线既有并行总线，也有串行总线。常见的外部总线标准有 RS-232C、IEEE-488、SCSI 和 CENTRONIC 总线等。

3. 总线的指标　总线的指标很多，主要有以下几条：

（1）总线宽度。总线宽度是指可以同时传送的数据位数，位数越多，一次传输的信息就越多。如 ISA 总线宽度为 16 位，EISA 为 16 位，PCI 为 32 位，PCI-2 可达到 64 位。

（2）总线频率。总线通常都有一个基准时钟，总线上其他信号都以这个时钟为基准，这个时钟的频率也是总线工作的最高频率。时钟的频率越高，单位时间内传送的数据量就越大。ISA 总线和 EISA 总线的时钟频率为 8MHz，PCI 总线为 33.3MHz，PCI-2 可达 66MHz。

（3）单个数据传输周期数。传输方式的不同，使得每个数据传输所用的时钟周期数也不同。ISA 总线传送一个数据最少需要两个时钟周期，EISA 为 1.5 个，PCI 为 1 个。通过上面 3 个指标，可以计算出这几种类型总线的最高数据传输率（称为带宽，用 B 表示）：

B(ISA) = 2(字节数据宽) × 8MHz × 1/2(每周期数据量) = 8MB/s

B(PCI) = 4(字节数据宽) × 33.3MHz × (每周期数据量) = 133MB/s

B(PCI - 2) = 8(字节数据宽) × 66.6MHz × (每周期数据量) = 533MB/s

4. 总线的通信方式

（1）同步传输。在一个公共时钟的控制下进行信息传送，这个时钟信号连接着总线所有模块，总线所有事件都在时钟周期的开始时发生，而不是由发送方或接收方决定。同步方式要求总线上的所有设备都能按照严格的时间关系完成规定的动作。PCI 总线采用同步传输方式，它的时钟信号独立于 CPU 的时钟信号。

（2）异步传输。异步传输没有统一的时钟信号，它通过“请求”和“应答”信号在发送方和接收方之间进行联络。以存储器读为例，主设备发出地址及传输请求（读信号），从设备（存储器）经过一定时间后将数据送上总线，同时给出应答信号。主设备收到应答信号后立即读取数据，读完后撤销传输请求；从设备发现传输请求无效后立即撤销应答信号，传输结束。异步传输方式下便于用不同速度的模块组成系统。

（3）半同步传输。这种方式结合了同步传输和异步传输的优点，各信号仍以公共时钟为基准，传输开始时采用同步方式。若从设备速度足够快，则一直按同步方式的节拍进行；若从设备速度不够快，借助于 READY 线强迫主设备延时，以类似于异步传输的方式进行传输。8086 可以插入等待状态 Tw 总线周期，就是半同步传输的一个实例。

9.2 系统总线

由于早期微机的结构比较简单，它的总线连接了微处理器、存储器、接口电路和 I/O 设备，构成了完整的“计算机系统”，这样的总线称为“系统总线”。这种系统总线实际上就是微处理器芯片总线（芯片总线）的延伸。由于微处理器芯片的总线驱动能力有限，因此微处理器芯片与总线之间必须加驱动器，以提高总线负载能力，如图 9-1 所示。

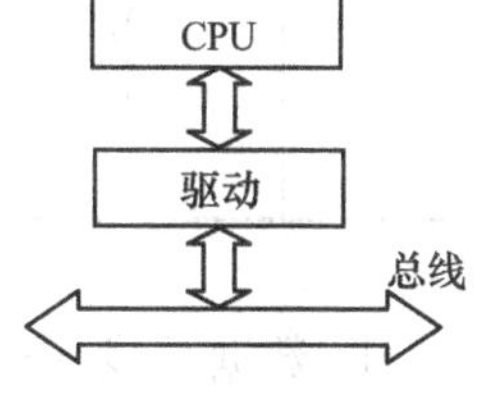

图 9-1　早期总线结构

当有大量设备连接到系统总线上时，总线性能就会下降。这是因为连接设备越多，争用总线的可能性就越大，容易产生数据传输瓶颈效应；此外，总线连接设备多，负载重，也会增加传输延迟。为了解决这个矛盾，可在 CPU 与高速外设之间增加一条称为局部总线的通路。

使用局部总线后，系统内有多条不同级别的总线，形成了分级总线结构。在这种体系中，不同传输要求的设备分类连接在不同性能的总线上，合理地分配系统资源，满足不同设备的不同需要。此外，局部总线信号独立于 CPU，更换处理器时不会影响系统结构。

VL 总线和 PCI 总线都是典型的局部总线。

9.2.1 PC 总线

PC 总线是 PC 和 XT 机中采用的系统总线标准，其实质是 8088 CPU 核心电路总线的扩充和重新驱动。最大速率为 5MB/s，适用于 8 位数据的传送。PC 总线有 62 根引线，插槽引线如图 9-2 所示。

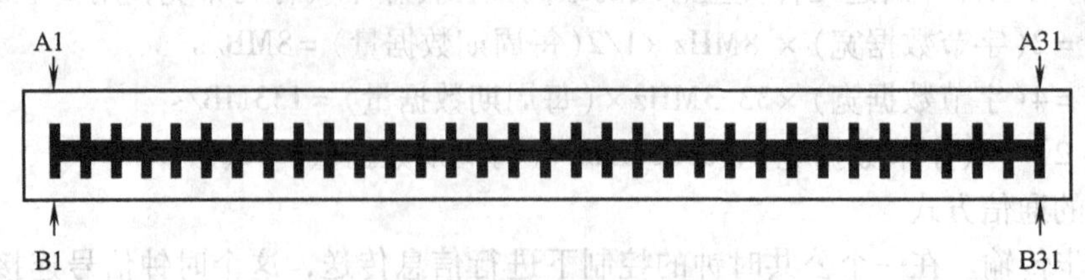

图 9-2　PC 总线扩展插槽

它的各功能引脚功能及名称见表 9-1。

表 9-1　PC 总线引脚及名称

引脚	名称	引脚	名称	引脚	名称	引脚	名称
A_1	I/O CH CK	B_1	GND	A_{17}	A_{14}	B_{17}	DACK1
A_2	D_7	B_2	RESET DRV	A_{18}	A_{13}	B_{18}	DRQ1
A_3	D_6	B_3	+5V	A_{19}	A_{12}	B_{19}	DACK0
A_4	D_5	B_4	IRQ2	A_{20}	A_{11}	B_{20}	CLK
A_5	D_4	B_5	-5V	A_{21}	A_{10}	B_{21}	IRQ7
A_6	D_3	B_6	DRQ2	A_{22}	A_9	B_{22}	IRQ6
A_7	D_2	B_7	-12V	A_{23}	A_8	B_{23}	IRQ5
A_8	D_1	B_8	RESERVED	A_{24}	A_7	B_{24}	IRQ4
A_9	D_0	B_9	+12V	A_{25}	A_6	B_{25}	IRQ3
A_{10}	I/O CH RDY	B_{10}	GND	A_{26}	A_5	B_{26}	DACK2
A_{11}	AEN	B_{11}	MEMW	A_{27}	A_4	B_{27}	T/C
A_{12}	A_{19}	B_{12}	MEMR	A_{28}	A_3	B_{28}	ALE
A_{13}	A_{18}	B_{13}	IOW	A_{29}	A_2	B_{29}	+5V
A_{14}	A_{17}	B_{14}	IOR	A_{30}	A_1	B_{30}	OSC
A_{15}	A_{16}	B_{15}	DACK3	A_{31}	A_0	B_{31}	GND
A_{16}	A_{15}	B_{16}	DRQ3				

1. 数据总线（8 根）　$D_7 \sim D_0$，双向数据线。

2. 地址总线（20 根）　$A_0 \sim A_{19}$，寻址范围为 1MB。访问 I/O 接口时，用低 16 位地址线，寻址范围为 64KB。

3. 控制线（21 根）　由于篇幅所限，这里就不逐一介绍了，有兴趣的读者可以参看相关书籍。

4. 状态线（2 根）　A_1、A_{10} 引脚分别是通道奇偶校验信号和通道准备好信号，由外设提供给计算机。

5. 辅助线和电源线（11 根）　包括时钟信号，+5V，+12V，-5V，-12V 及 GND。

9.2.2　ISA 总线

ISA（Industrial Standard Architecture）总线标准是 IBM 公司 1984 年为推出 PC/AT 而建立的系统总线标准，所以也叫 AT 总线。ISA 总线有 98 只引脚。其中数据线有 16 条，地址线有 27 条，其余为控制信号线，接地线，电源线和时钟。其工作频率为 8MHz，数据传输速率为16MB/s。为了和PC总线兼容，ISA总线在PC总线的基础上又延伸出一段插槽，如图9-3所示。

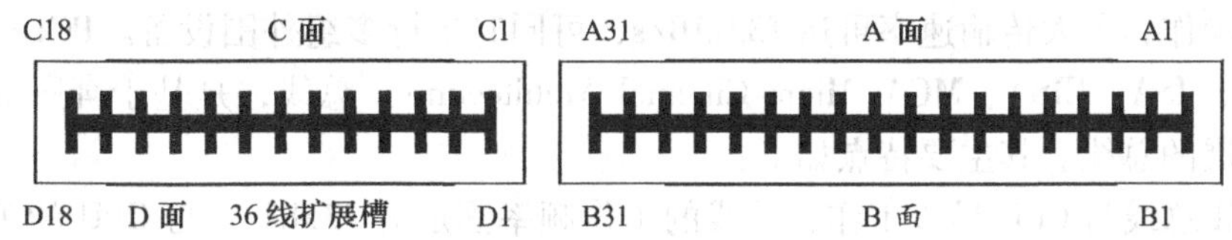

图9-3　ISA总线插槽

其中A面和B面插槽为与PC总线兼容的插槽，C面和D面为新扩展的36线插槽。其引脚情况见表9-2。

表9-2　ISA总线新增36线引脚定义

引脚	名称	引脚	名称	引脚	名称	引脚	名称
C_1	$\overline{SBHE}$	C_{10}	$\overline{MEMW}$	D_1	$\overline{MEMCS_{16}}$	D_{10}	DRQ_0
C_2	LA_{23}	C_{11}	SD_8	D_2	$\overline{I/OCS_{16}}$	D_{11}	$\overline{DACK5}$
C_3	LA_{22}	C_{12}	SD_9	D_3	IRQ_{10}	D_{12}	DRQ_5
C_4	LA_{21}	C_{13}	SD_{10}	D_4	IRQ_{11}	D_{13}	$\overline{DACK6}$
C_5	LA_{20}	C_{14}	SD_{11}	D_5	IRQ_{12}	D_{14}	DRQ_6
C_6	LA_{19}	C_{15}	SD_{12}	D_6	IRQ_{13}	D_{15}	DRQ_7
C_7	LA_{18}	C_{16}	SD_{13}	D_7	IRQ_{14}	D_{16}	+5V
C_8	LA_{17}	C_{17}	SD_{14}	D_8	IRQ_{15}	D_{17}	$\overline{MASTER}$
C_9	$\overline{MEMR}$	C_{18}	SD_{15}	D_9	$\overline{DACK0}$	D_{18}	GND

在ISA总线新增36线中，各信号意义如下：

（1）$LA_{23} \sim LA_{17}$为非锁存地址信号，其余原系统总线共同为系统提供24根地址线。

（2）$SD_8 \sim SD_1$为新增的高8位数据线。

（3）IRQn为可屏蔽中断请求信号。其他控制总线，请参考相关书籍。

ISA总线在80286至80486时代应用非常广泛，以至于现在奔腾机中还保留有ISA总线插槽，但现在已经不多见了。

9.2.3　EISA总线

EISA总线是1988年由Compaq等9家公司联合推出的总线标准，用来适应Intel 486微机的推出。它是在ISA总线的基础上使用双层插座，为配合32位CPU而设计的总线扩展标准。在原来ISA总线的98条信号线上又增加了98条信号线，也就是在两条ISA信号线之间添加一条EISA信号线。在实用中，EISA总线完全兼容ISA总线信号。ISA接口卡可以插入EISA总线中，但在EISA总线中，在下层的某些地方设置了几个卡键（称为POSITION STOP定位器），用来阻止ISA扩展卡滑入到深处的EISA。但由于其成本较高，现今已被淘汰。

9.2.4　PCI总线

PCI（Peripheral Component Interconnect，外围部件互连总线）总线是当前最流行的总线

之一，它是由 Intel 公司于 1992 年推出的一种不依附于某个具体处理器先进的高性能的局部总线。它定义了 32 位数据总线，且可扩展为 64 位，并且支持并发工作方式和多主控设备。PCI 总线主板插槽的体积比原 ISA 总线插槽还小，其功能比 VESA、ISA 有极大的改善，支持突发读写操作，最大传输速率可达 133MB/s，可同时支持多组外围设备。PCI 局部总线不能兼容现有的 ISA、EISA、MCA(Micro Channel Architecture) 总线，是基于奔腾等新一代微处理器而发展的总线。其主要特点如下：

(1) PCI 总线与 CPU 异步工作，总线的工作频率固定为 33MHz，与 CPU 的工作频率无关，所以可以适用于不同频率和类型的 CPU。除此之外，其接口还支持 3.3V 电压操作，实质不但适用于台式机，还适用于便携机、服务器等。

(2) 总线宽度 32 位(5V)/64 位(3.3V)，在 32 位模式下最快速度为 133Mbit/s。在 64 位模式下，数据的最高速度为 264Mbit/s。

(3) 即插即用功能。PCI 的总线规范使得其可以实现自动配置。这是由于在 PCI 总线规范中，PCI 部件需内置寄存器，当检测到有设备插入 PCI 插槽中时，系统 BIOS 将自动读取相关配置信息，根据实际情况自动地分配存储地址，端口地址等相关配置。

(4) 独立于 CPU 的中间缓冲器技术，使其脱离了 CPU 对 I/O 的直接控制。当 CPU 需要和 PCI 设备交换数据时，通过一种称为 PCI 桥的控制器来进行的。期限将数据写入 PCI 桥中的缓冲器，之后 CPU 可以继续执行其他操作，从而使总体性能得到了提高。

系统信号有时钟信号 CLK 和复位信号线#RST。CLK 信号为所有 PCI 总线上的设备提供同步定时。#RST 使设备处于初始状态。

地址/数据总线 $AD_0 \sim AD_{31}$ 是时分复用的信号线。C/#BE0 ~ C/#BE3 称为“命令/字节使能”信号，也为复用。在传输数据阶段，他们指明所传输数据的各个字节的通路。在传输地址时，这 4 条线决定了总线的操作类型。

其他总线还有中断申请、电源线、地线及一些其他信号线。

9.3 外部总线

9.3.1 RS-232 总线

RS-232 总线是一种串行外部总线，由 EIA(Electronic Industry Association) 于 1962 年公布，并于 1969 年作了最后一次修订。早期它被应用于计算机与终端通过电话线和调制解调器进行远距离的数据传输，但如今人们将其广泛应用于计算机与终端之间、计算机与计算机之间或计算机与串行打印机及其他串行接口设备之间的近距离串行通信。RS-232 被定义为一种在低速率串行通信中增加通信距离的单端标准。RS-232C 串行接口适用的范围为设备之间距离不大于 30m，传输的最大速率为 20kbit/s。

RS 是 Recommended Standard 的缩写，中文含义“推荐标准”，232 是标准的标识号，C 表示修改次数。按规定 RS-232C 总线标准采用 25 脚 D 形插头/插座，如图 9-4 所示。包括一个主通道和一个辅助通道，在多数情况下主要使用主通道。现代微机主要采用 9 脚 D 形插头/插座（如图 9-5 所示）。

9 针串口 DB-9 与 25 针串行口 DB-25 的对应关系见表 9-3。只要是符合 RS-232-C 标准接口，都是可以实现互联的，一般的连接方法如图 9-6 所示（以 25 针为例）。

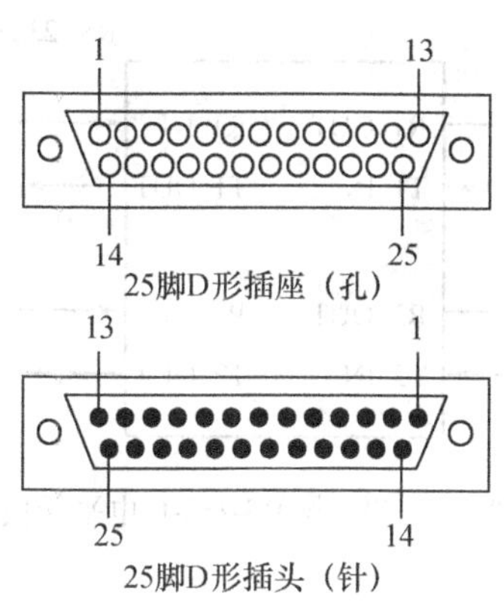

图 9-4　25 脚 D 形插头座

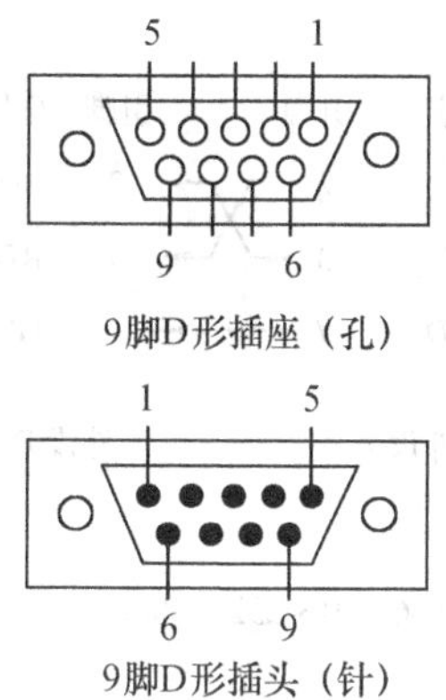

图 9-5　9 脚 D 形插头座

表 9-3　9 针与 25 针串口对应表

DB-9	DB-25	插针功能	标记
1	8	信号检测	DCD
2	3	接收数据	RD
3	2	发送数据	SD
4	20	数据终端就绪	DTR
5	7	信号地	SG
6	6	数据传输设备就绪	DSR
7	4	请求发送	RTS
8	5	允许接收	CTS
9	22	振铃指示	RI

但在有些通信中，为了保障通信质量，还有若干状态信号，这些控制信号有：

（1）DTR(Data Terminal Ready)。通常在外设做好准备后，通知发送方可以发送信号，就会向发送方发送一个 DTR 信号。

（2）DSR(Data Set Ready)。当发送方接收到接收方送来的有效 DTR 信号，在发送方做好了发送的准备后，就向接收方发送一个 DSR 信号。

（3）CTS(Clear To Send)。当接收方做好了准备后，在接收到 RTS 后就会回应一个 CTS 信号。

（4）RTS(Request To Send)。当发送方做好发送准备后，为了将数据有效地发送到接收方就会发送一个 RTS 信号，以等待对方回应。

（5）RI 和 CD 作为调制解调器输出到接收方的信号，通常用在电话网络中。

但是在 RS-232-C 标准中，除了引脚标准外还有电平的要求。RS-232-C 采用负逻辑，即逻辑“1”：-5V ~ 15V；逻辑“0”：+5V ~ +15V。

所以在某些场合，需要进行电平转换。能完成这种转换的芯片很多，常用的有 ICL232，其可以同时实现两组信号的转换。电气连接方法如图 9-7 所示。

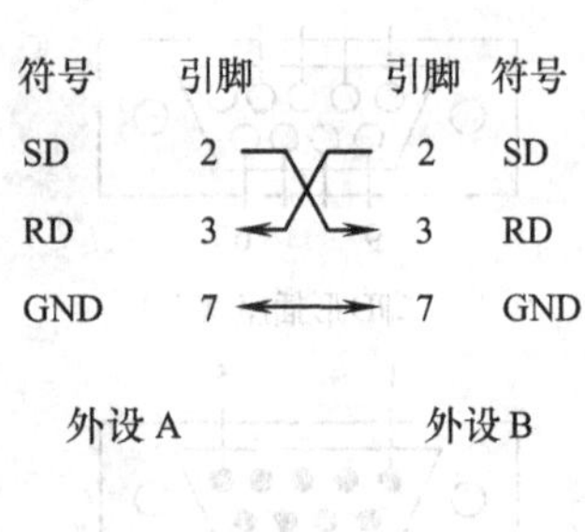

图 9-6 RS-232-C 标准连接图

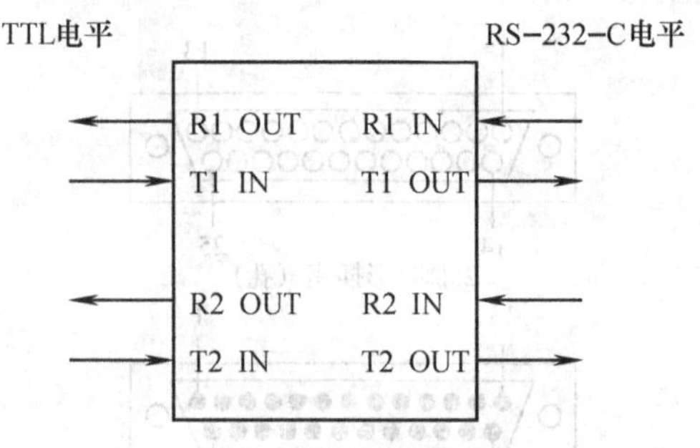

图 9-7 TTL 与 RS-232-C 电平转换

9.3.2 I2C 总线

I2C(Inter-IC) 总线 10 多年前由 Philips 公司推出，是近年来在微电子通信控制领域广泛采用的一种总线标准。具有接口线少，控制方式简化，器件封装形式小，通信速率较高等优点。

I2C 总线是由数据线 SDA 和时钟 SCL 构成的串行总线，可发送和接收数据，最高传送速率 100kbit/s。各种被控制电路均并联在这条总线上，每个电路和模块都有惟一的地址，在信息的传输过程中，I2C 总线上并接的每一模块电路既是主控器（或被控器），又是发送器（或接收器），这取决于它所要完成的功能。主控器发出的控制信号分为地址码和控制量两部分，地址码用来选址，即接通需要控制的电路，确定控制的种类；控制量决定该调整的类别及需要发送的数据。这样，各控制电路虽然挂在同一条总线上，却彼此独立，互不相关。典型的系统构建如图 9-8 所示。

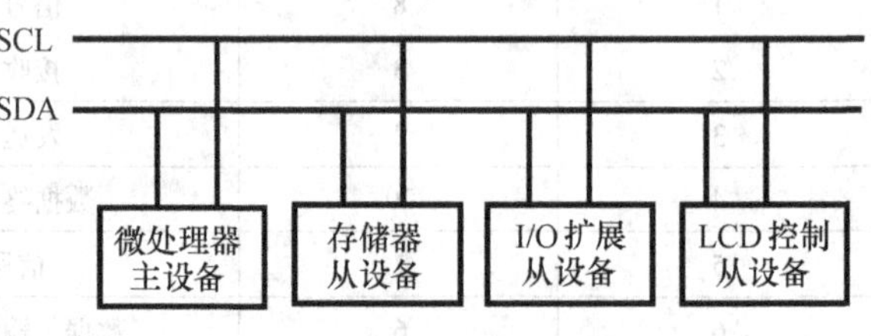

图 9-8 I2C 系统构建图

在主从通信中，可以有多个 I2C 总线器件同时接到 I2C 总线上，通过地址来识别通信对象。总线的长度可长达 7.6m。其中任何能够进行发送和接收的设备都可以成为主总线。主控端能够控制信号的传输和时钟频率。当然，在任何时间点上只能有一个主控。

9.3.3 USB 总线

传统的接口电路，每增加一种设备，就需要为其准备一种接口或插座，还要准备各自的驱动程序。这些接口、插座和驱动程序各不相同，给使用和维护带来了困难。由 Intel 等公司开发的 USB 总线（Universal Serial Bus，通用串行总线）采用通用的连接器，使用热插拔技术以及相应的软件，使外设的连接和使用大大地简化，受到了普遍的欢迎，已经成为流行的外设接口。

从 2000 年开始，新出厂的 PC 主机几乎都配备了 USB 插口，最新的 PC 还配备了 USB 集线器（HUB）和 4 ~ 6 个 USB 插口。随着 USB 技术的日益成熟，应用日益广泛，价格不断降低，USB 接口取代传统的外设接口已是大势所趋。

作为一种新型的总线技术，USB 技术具有开放性，是非营利性的典范。它在鼠标、键盘、打印机等各种外部设备已经被广泛应用。

USB 最初是由英特尔与微软公司倡导发起，其最大的特点是支持热插拔（Hot plug）和即插即用（Plug&Play）。当设备插入时，主机检测此设备并加载所需的驱动程序，因此使用远比 PCI 和 ISA 总线方便。一个 USB 接口理论上可以支持127 个装置，但是目前还无法达到这个数字。其实，对于一台计算机，所接的周边外设很少有超过 10 个的，因此这个数字是足够人们使用的。

1. 主要特点

① 使用方便。USB 系统对所有设备的插口都是一致的，连线也十分简单，USB 外设可简单地插入计算机（或 USB HUB）上任意一个 USB 插口；系统可对设备进行自动监测和配置，支持热插拔，新添加设备在开机状态下可实现“即插即用”功能，系统不需要重新启动。

② USB 系统可以自供电。单个 USB 接口可以为低功耗外设提供 +5V，500mA 的功率。

③ 应用范围广。可同时支持同步传输和异步传输两种传输方式，可同时支持不同速率的设备，如低速的键盘、鼠标器，全速的 ISDN、语音，USB 2.0 版本还可支持高速的磁盘、图像等。

④ 得到操作系统支持。从 Windows 98 开始，Windows 将 USB 作为它的一种关键部件给予了全面支持；Apple 平台也已提供了对 USB 的支持。

2. USB 数据格式　USB 采用两种数据传送规格，分为 USB 2.0 和 USB 1.1 标准。USB 1.1标准的传输速率的理论值是 12Mbit/s，而 USB 2.0 标准的传输速率可以高达480Mbit/s。节点的连接距离一般为 5m。连接线采用 4 芯电缆，其引脚标准为：

触点	功能(主机)	功能(设备)
1	VBUS(4.75 ~5.25V)	VBUS(4.4 ~5.25V)
2	D −	D −
3	D +	D +
4	接地	接地

3. USB 数据传送模式　USB 有同步、中断和批量 3 种数据传送模式。同步传送主要应用于数码相机、扫描仪等外围设备；中断传送用于键盘、鼠标等低速设备；而批量传送主要应用于打印机、数字音响等需要传送大量数据的外设。

复习思考题

1. 常见的总线标准有哪些？主要应用领域有哪些？
2. 什么是微机的系统总线？为什么微机采用总线结构？
3. 简述 PC 总线的特点。
4. 对比 PC 总线，ISA 总线主要增加了多少引脚，性能有何提升？
5. 简述 PCI 总线的特点。
6. 简述串行总线与并行总线的优缺点。
7. RS-232 总线的标准有哪些？

第10章 实验指导

微机原理是一门实践性很强的课程，在学习了汇编语言程序设计以及有关硬件的编程后，通过实验可及时掌握和巩固编程方法和技巧、熟练调试程序及开发装置的使用，提高综合分析问题和解决问题以及实验和实践的能力。特别是利用 DEBUG 调试程序，对程序进行分析，提高程序的动态分析能力，解决实际问题。

本书的实验分为汇编语言部分和硬件接口部分，汇编语言部分的上机只需要有一台 PC，无需其他硬件；硬件部分的上机，可以选用计算机原理实验系统作为硬件接口实验平台。本书的硬件实验采用的是清华大学的 TCP-1 型微机实验培训系统，其他的教学实验装置也可以参考使用。

10.1 DEBUG 使用

10.1.1 DEBUG 命令简介

DEBUG 是操作系统的一个附带的软件，DEBUG. EXE 只能在其对应的 DOS 版本下运行，在 Windows 操作系统下，附带的 DEBUG. EXE 在 C：\ Windows \ Command 目录下。

1. 关于 DEBUG 命令一些通用信息

1）DEBUG 的每个命令是一个字母，通常后面有一个或多个参数。

2）命令和参数可以用大写、小写或大小写混合方式输入。

3）命令和参数可以用定界符隔开，然而，只有在两个连续的十六进制数之间必须使用定界符。因此，下面的命令是等价的：

DCS：100 110

D CS：100 110

D CS：100 110

4）DEBUG 中的地址格式为[<段地址>：] <偏移量>。它有以下 3 种格式：

① 段寄存器：偏移量。如 CS：100。

② 段地址：偏移量。如 4BA：100。

③ 只有一个偏移量（段地址用系统默认段寄存器）。如 100。

④ 为确定一个地址范围的低地址和高地址，可输入下面两种格式之一。

〈段地址〉：〈起始偏移量〉〈终止偏移量〉。如 CS：100 110。

〈段地址〉：〈起始偏移量〉L〈长度〉。如 CS：100L 10。

5）在 DEBUG 中所有的数字都必须是十六进制数，后缀“H”不用加。命令中的地址和地址范围都必须是在内存中实际存在的，否则就要报错。

2. DEBUG 基本命令

（1）显示和修改寄存器内容的命令

格式 1：R <寄存器名>。用于显示和修改一个指定的寄存器内容，包括 CS 和 IP。

格式 2：R。用于显示 CPU 内部的所有寄存器内容和全部标志位的状态。

格式 3：RF。显示和修改所在标志位的状态。

其中寄存器名必须是以下寄存器名才有效：

AX　BX　CX　DX　SP　BP　DI　DS　ES　SS　CS　IP　PC　F

例 1　R AX（回车）

系统可能应答为

AX　00E4（回车）

:

若按 Enter 键，表示保持原内容不变，或在光标处输入想改正的数据，然后按 <Enter> 键。这样就修改了 AX 寄存器中的内容。

例 2　R(回车)

系统可能应答为：

AX =0E00　BX =00FF　CX =0007　DX =01FF　SP =039D　BP =0000　SI =005C　DI =0000

DS =04BA　ES =04BA　SS =04BA　CS =04BA　IP =0100　NV UP DI NG NZ AC PE NC

04BA：0100　8B04　MOV　AX，[SI]

其中第一行显示 8 个寄存器的内容，第二行显示 5 个寄存器内容和 8 个标志位的状态，第三行显示了现行的 CS：IP 所指的内存单元中指令的机器码和反汇编后的助记符，也就是下一条要执行的指令。

在 8088 中共有 9 个标志位，其中跟踪标志 T 不能直接用指令修改，其余 8 个可以显示和修改。显示时每个标志位由两个字母组成，它说明是复位（CLEAR）还是置位（SET），显示的顺序和符号见表 10-1。

表 10-1　标志寄存器 FLAGS 各标志位状态的符号说明

数　值	状　态　标　志							
	OF	DF	IF	SF	ZF	AF	PF	CF
复位状态'0'	NV	UP	DI	PL	NZ	NA	PO	NC
置位状态'1'	OV	DN	EI	NG	ZR	AC	PE	CY

例 3　RF

当输入显示和修改标志位命令 RF 后，系统将显示 8 个标志位的当前状态（假设所有的标志位都处于置位状态）：

OV　ND　EI　NG　ZR　AC　PE　CY　—　—

这时可以按 Enter 键表示不修改，也可以改变任何一个或几个或全部标志位。如果要修改标志位，只需输入它的相反代码（因每个标志位都只有两种状态）。输入标志的顺序可以是任意的，且各个标志之间也可以没有空格。例如要改变上述第 1、3、7、7 个标志位，并以相反的顺序输入它们：

OV　DN　EI　NG　ZR　AV　PE　CY-PO　NZ　DI　NV　<Enter>

标志位就按指定的内容改变，并退出 RF 命令。

（2）显示与修改内存单元内容命令

1）显示内存单元内容命令 D

格式：D[<起始地址>/<地址范围>]

D 命令默认的段寄存器是 DS，所以无论带或不带地址参数的 D 命令，只要没有指定段寄存器，D 命令都从 DS 中取得段地址。D 命令可以连续显示 80H 个字节的内容。如果 D 命令中没有指定地址或地址范围，则 D 命令使用约定值，即前面的 D 命令显示最后一个单元之后的第一个单元。如果以前没有输入 D 命令，那么约定地址是 DEBUG 初始化的 DS 内容加上 100H 的地址偏移量。

D 命令在显示器上显示的内容分两部分，第一部分在屏幕的左边，每行最左边的一列是该行数据存放的首地址，以"段地址：偏移量"形式给出，后面给出的是该首地址起始的连续 16 个字节内容。第二部分在屏幕的右边，每一行显示了该行中每个字节数据所对应的 ASCII 码，若数据没有对应可显示的 ASCII 码，则用"."表示。

2）修改内存单元内容的命令 E

格式 1：E <起始地址> [<内容表>]

其中，内容表为一系列用空相隔开的十六进制数，或者是用引号括起的字符串。

例 4

E　DS：100　01，32，33，34，05

将内存单元 DS：100 到 DS：104 共 5 个存贮单元，由内容表中指定的内容替代。此时用 D 命令在屏幕上看到如下结果，右面显示的 ASCII 码（假定此时 DS = 08F8H）：

```
—D 100 104
08F8：0100 01 32 33 34 05          . 234.
```

格式 2：E <起始地址>

用格式 2 的 E 命令，屏幕上显示指定单元的地址和原来的内容，可以进行以下操作。

输入一个十六进制数去修改原来的内容，然后根据需要选择下面的任一操作：

① 如果想继续修改该地址后面的内容则按空格键，系统会在屏幕上显示下一内存单元中的原来内容，供用户修改。如果要修改该数据，则输入修改数据，如果不修改，则按空格键，系统将继续显示其后内存单元的内容，用这一方法可以修改连续内存单元的内容。

② 如果要修改 E 命令中指定地址前面的内存单元内容，则执行了第一步后，按连字符"—"，和第二步一样，只是此时是连续按"—"键，系统将连续显示前面单元的内容供用户修改。

③ 按 <Enter> 键结束 E 命令。

（3）连续运行和单步运行命令

1）单步运行命令 T

格式为：T[= <起始地址>][<指令条数>]。

用来逐条执行程序，并在执行每条指令后，显示各寄存器的内容和标志位状态。

T 命令也有两种选择方式：

格式 1：T 或 T = <起始地址>

① DEBUG 从 CS：IP 的现行值执行一条指令或执行一条指定地址的指令。当一条指令执行后就停下来，并显示所有寄存器的内容和标志位的状态，接着返回 DEBUG。用此命令

可以检查一条指令的执行结果。

② 格式2：T < 指令条数 > 或 T = < 起始地址 > < 指令条数 >

格式2与格式1的不同之处就在于它一次执行命令中规定的指令条数。每执行一条指令，也显示寄存器内容和标志位的状态，但不停下来，屏幕是滚动的。

2）运行命令 G。为了对程序进行逐段调试，希望在运行中设置断点，以便检查程序运行的正确性。G 命令能执行正在调试的程序，并能在程序中设置断点，当运行到指定的断点地址时，停止执行并将寄存器、标志位和要执行的下一条指令在显示器上显示（相当于执行一条 R 命令）。

格式：G[= < 运行程序起始地址 >][< 断点地址 >][< 断点地址 >…]

G 命令的约定段地址寄存器是 CS，如果要输入运行程序的起始地址，则 G 后面的“=”是不可缺少的，以便与后面的断点地址相区别。

G 命令有两种格式：

① 格式1：G 或 G = < 起始地址 >

前者用 CS:IP 作起始地址，后者用指定的地址作为起始地址，若在指令中只给出偏移量，则段寄存器默认为 CS。

② 格式2：G[= < 运行程序起始地址 >][< 断点地址 >][< 断点地址 >…]

这种方法使运行程序停在指定的断点地址，以便检查系统或程序的一些情况，DEBUG 程序允许最多可设置 10 个断点，这些断点地址次序是任意的。

例5

G=3000：1000　1100

从 3000：1000 处开始执行程序，执行到 3000：1100 结束执行。

（4）汇编与反汇编命令

1）汇编命令 A

格式：A[〈起始地址〉]

功能：允许输入汇编程序语言，并将其汇编成机器码，放到存储器中。

说明：A 命令将用户输入的汇编语句从[< 起始地址 >]参数所指定的地址开始汇编到存储器中连续的内存单元中。若命令中没有指定[< 起始地址 >]项，则接着上一个汇编命令的最后一个单元开始存放；若前面没有使用过 A 命令，则从 CS：100 单元开始连续存放。

例6　—A　200

08B4：0200 XOR AX，BX

08B4：0202 MOV[BX]，AX

08B4：0204 RET

08B4　0205 按 <Enter>

所有的语句都汇编完，这时提示输入下一句语句，此时直接按 <Enter> 键作为响应，就返回到 DEBUG 提示符，即退出 A 命令。

DEBUG 是逐句汇编的，所以若输入过程中有语法错误，则 DEBUG 用“Error”指出错误之所在，并重新显示当前汇编行的地址，等待新的语句输入。

2）反汇编命令 U。所谓反汇编，就是汇编的逆过程，即把内存中的机器码翻译成汇编语言指令的助记符形式，并在显示器上显示，以帮助用户了解内存中的程序。

格式1：U <起始地址>或 U

格式2：U <地址范围>

格式1中若指定了地址，则从指定的地址开始反汇编；若没有指定地址，设定为上一次 U 命令反汇编过的最后一条指令后面的地址。因此，输入没有参数的连续的 U 命令能反汇编连续的地址，并产生连续的反汇编显示。格式 2 是对指定地址范围内的机器码反汇编。通常，为了检验 A 命令输入的程序是否正确，可以用 U 命令进行反汇编。

（5）磁盘文件与扇区的读写命令

1）命名命令 N

命令格式：N <文件名>[<文件名>]

功能：指定文件名，为后续文件操作作准备。

① 把 N 命令中输入的文件名（最多两个）格式化，且放在 CS：5C 和 CS：6C 的两个文件控制块中（若用带文件名启动 DEBUG 时，也可以在 CS：5C 处格式化一个文件控制块，若缺省第二个文件名，则在 CS：6C 处无相应的文件控制块）。

建立文件控制块供后面介绍的装入命令 L 和写命令 W 使用，并且为被调试的程序提供所需要的文件名。

② 能把 N 命令中所输入的文件名和其他参数严格按照输入的情况，包括定界符，放在自 CS：81 开始的参数保留区中。在 CS：80 中保存输入的字符个数。在寄存器 AX 中，保存前两个文件名中的驱动器标志。

实际上 N 命令的功能相当于建立该文件的程序前缀控制块 PSP，有关 PSP 的解释请参考有关的 DOS 书籍。

如果在启动 DEBUG 时，没有规定文件名，则必须先用 N 命令把要调用的文件名格式化到 CS：5C 的文件控制块中，才能用后面介绍的 L 命令把它调入内存。

2）装入命令 L

格式：L[<内存地址>[<驱动器号> <扇区号> <扇区数>]]

功能：L 命令用来把一个文件或绝对磁盘扇区的内容装入到内存中。

① 把磁盘上指定区域的内容，装入到内存的指定区域中时用格式：

L[<内存地址>[<驱动器号> <扇区号> <扇区数>]]

其中，“内存地址”是装入内存的起始地址，若输入时没有指定段寄存器，则 L 命令默认的段地址在 CS 中；驱动器号是指使用的驱动器名字，用“0”表示 A 驱动器，“1”表示 B 驱动器，“2”表示 C 驱动器，依次类推。扇区号是指定的起始相对扇区号，它以 0 面 0 道 1 扇区为相对 0，小扇区数最大为 80H，即每次读写可达 64KB，例如，为了装入数据，可以输入：

例 7　L 4BA：100 1 0F 6D

它表示从 B 驱动器相对扇区号 0FH（即磁盘上第 16 个扇区）开始装 6DH（109）个连续扇区的内容到内存中从 04BA：0100 开始的区域。

② 装入指定的文件，格式为：L 或 L <内存地址>

此命令装入已在 CS:5C 中格式化的文件控制块所指定的文件，因此在使用这种格式的 L 命令前，在 CS：5C 中必须有已格式化的文件名，这通常可以先用一条 N 命令来实现。

若命令中没有规定内存地址，则文件装入到 CS：100 开始的内存区域中；若命令中规定了内存地址，则装入到该指定的内存区域中。但是，如果是具有扩展名为 . COM 或 . EXE 的文件，则始终是装入到 CS：100 区域，即使在命令中指定了内存地址，此地址也会被忽略。

在 BX 和 CX 中包含所读文件的字节数；但若所读的文件具有扩展名 . EXE，则 BX 和 CX 中包含实际的程序长度。

3）写命令 W。为了把数据写到磁盘，就要使用 W 命令。W 命令一次可以写入最大扇区数为 80H。它和 L 命令一样，也有两种基本格式：

① 把数据写到指定的扇区段。

格式：W〈内存地址〉〈驱动器号〉〈扇区号〉〈扇区数〉

其中的参数与 L 命令中的参数意义相同。若内存地址只指定了偏移量，则 W 命令默认段地址在 CS 中。

例 8　W 1FD 1 100 A

该命令表示把内存起始地址为 CS：01FD 的缓冲区中的数据，写到驱动器 B，起始扇区号为相对扇区号 100H(256)，共写入 0AH(10) 个扇区。

② 写入到指定的文件中，其命令格式为：W 或 W〈内存地址〉

使用该命令格式之前，也需要先用一条 N 命令在 CS：5C 处形成要写入的文件控制块。若命令中没有指定地址，则 W 命令从 CS：100 处开始取数据写入。

注意：若用 . EXE 或 . HEX 作为文件的扩展名，并用 W 命令将文件写入，则系统将给出错误信息。这些文件必须用特定的格式才能写入，DEBUG 不支持这种格式。

（6）有关内存单元的几个命令

1）移动内存命令 M

格式：M〈源地址范围〉〈目的地址〉

功能：将〈源地址范围〉指定的一段存储单元的内容移到〈目的地址〉为起始地址的一段存储区域中去。M 命令默认的源地址和目的地址的段寄存器都是 DS。

2）填充内存命令 F

格式：F〈地址范围〉〈要填入的字节或字节串〉

功能：将 <要填入的字节或字节串> 的内容填入指定 <地址范围> 的一段存储区域，若“要填入的字节或字节串”的值少于地址范围，则重复地使用这些数据，直到所指定的地址范围内的存储单元都填满为止。相反，如果“要填入的字节或字节串”多于地址范围，则略去多余的数据。F 命令的默认段寄存器是 DS。

例 9　F 4BA：100 L5 F3 “XYZ” 8D

用指定的 5 个字节的内容填充内存 04BA：0100H ~ 04BA：0104H。

3）比较命令 C

格式：C〈源地址范围〉〈目的地址〉

功能：比较存储器中两块区域的内容，比较的长度由“源地址范围”决定。如果发现有不相等的字节，就显示出它们的地址和内容。C 命令的默认段寄存器是 DS。

4）查找命令 S

格式：S〈地址范围〉〈要查找的字节或字节串〉

功能：在指定的范围内查找指定的字节串，若找到则显示它们的地址。默认的段寄存器是DS。

例 10　S　CS：100 110 41

在 CS：100 到 CS：110 地址范围内查找 41H。

例 11　S　CS：100 L11 41“AB”0E

在上述范围内查找 4B 相匹配的项。

(7) DEBUG 的其他命令

1) 输入命令 I

格式：I〈端口地址〉

功能：从指定端口输入并显示一个字节的内容。

2) 输出命令 O

格式：O〈端口地址〉〈数据〉

功能：把一个字节的数据发送到指定的输出端口。

3) 十六进制算术运算命令 H

格式：H〈十六进制数值〉〈十六进制数值〉

功能：在一行内显示命令中两个数值相加或相减的结果，同样以十六进制数表示。

4) 退出命令 Q

格式：Q

功能：退出 DEBUG 程序，返回 DOS。

Q 命令并不把内存中的当前工作文件存盘。如果需要，在退出之前要用 w 命令存盘。

DEBUG 的主要命令表见表 10-2。

表 10-2　DEBUG 的主要命令表

命　令	格　式	功　能
汇编	A　地址 A	从指定地址开始进行汇编 从上次 A 命令结束位置开始
显示内存单元内容	D　地址 D　地址范围 D	从指定地址开始显示地址单元内容 显示指定范围内存储单元的内容 从上次 D 命令结束的位置开始显示
修改内存单元的内容	E　地址　内容表 E　地址	用内容表中的内容代替指定地址开始的内容 显示和修改从指定地址开始的内容
运行	G = 地址 G G = 地址，断点	从指定地址开始执行，直到结束 从当前位置开始执行，直到结束 从指定地址开始执行，直到断点位置结束
装入	L[地址]	把 N 命令给出的磁盘文件装入指定的地址或从 CS:100 开始的内存区
文件名	N　文件名	预先定义一个文件，如 ABC. EXE
退出	Q	结束 DEBUG 的运行，返回 DOS
显示和修改寄存器的内容	R R　寄存器名	显示所有寄存器的内容 显示并修改指定寄存器的内容
跟踪	T[= 地址]，[值] T	从指定地址开始，执行一条或数条指令 从当前位置开始，执行一条指令

（续）

命　令	格　式	功　能
反汇编	U = 地址 U　地址范围	从指定地址开始，反汇编成汇编源程序 把指定地址范围的机器指令，反汇编成汇编源程序
写盘	W	把指定地址或 CS:100 开始的内存块(块字节长度由 BX:CX 指定)以 N 命令给出的文件名写入磁盘

10.1.2　DEBUG 的使用

实验一　熟悉并使用 DEBUG 命令

1. 实验目的

1）了解 DEBUG 软件的特点。

2）掌握 DEBUG 命令的使用方法。

2. 实验内容

1）用 DEBUG 命令汇编和运行源程序。下面是在屏幕上显示数字 0 ~9 的源程序：

例 12

```
START: MOV   BL, 30H
  RRR: MOV   AL, BL
       INC   BL
       CMP   BL, 3AH
       JA    START
       MOV   DL, AL
       MOV   AH, 02H
       INT   21H
       MOV   DL, 2CH
       MOV   AH, 02H
       INT   21H
       MOV   CX, 0FFFFH
  TTT: LOOP  TTT
       JMP   RRR
```

① 用 DEBUG 的 A 命令输入程序。先启动 DEBUG 软件，在提示符“-”下键入 DEBUG 命令，CS：100 表示程序从程序段偏移地址为 100H 的单元开始。具体操作方法如下：

```
C:\DOS>DEBUG（回车）
-A  CS:100（回车）
0DC8:0100  MOV  BL, 30
0DC8:0102  MOV  AL, BL
0DC8:0104  INC  BL
0DC8:0106  CMP  BL, 3A
0DC8:0109  JA   0100
0DC8:010B  MOV  DL, AL
0DC8:010D  MOV  AH, 02
```

```
0DC8：010F   INT      21
0DC8：0111   MOV      DL，2C
0DC8：0113   MOV      AH，02
0DC8：0115   INT      21
0DC8：0117   MOV      CX，FFFF
0DC8：011A   LOOP     011A
0DC8：011C   JMP      0102
0DC8：011E  （回车）
-
```

② 用反汇编命令验证输入程序的正确性，操作命令如下：

-U CS：100

此后，可以在屏幕上看到写入的程序。

③ 用 G 命令连续执行程序，操作过程及结果如下：

-G = 100（回车）

0，1，2，3，4，5，6，7，8，9，0，…

可以用 <Ctrl + C> 组合键结束程序运行。

2）用 T 命令单步执行程序，下面是两个内存单元数据交换的程序：

例 13
```
MOV    AX，1234H
MOV    BX，4321H
MOV    CX，AX
MOV    AX，BX
MOV    BX，CX
HLT
```

① 可以利用上面介绍的 A CS：100 命令将程序输入内存，然后执行 T 命令，单步运行程序。具体的操作方法如下：

```
-T = 100（回车）
AX = 1234  BX = 0000  CX = 0000  DX = 0000  SP = 0028  BP = 0000  SI = 0000  DI = 0000
DS = 106B  ES = 106B  SS = 106B  CS = 106B  IP = 0103  NV UP EI PL NZ NA PO NC
                                                                  ④
106B：0103  BB2143          MOV BX，4321
    ①          ②                ③
```

其中：T = 100（回车）命令表示从 CS：100H 单元开始执行一条指令，这里执行 MOV AX，1234H 指令，查看寄存器 AX = 1234H；③、②、①分别为下一条将要执行的指令、该指令的机器码及所在的地址；④为标志寄存器 FLAGS 的状态，各标志位状态的符号说明见表 10-1。

```
-T（回车）
AX = 1234  BX = 4321  CX = 0000  DX = 0000  SP = FFEE  BP = 0000  SI = 0000  DI = 0000
DS = 106B  ES = 106B  SS = 106B  CS = 106B  IP = 0106  NV UP EI PL NZ NA PO NC
106B：0106  89C1      MOV  CX，AX
```

其中，T（回车）命令表示当前 CS：IP 开始执行一条命令，即 106B：0103H 处的 MOV

BX，4321H 指令，执行结果 BX = 4321H。

以后，逐一执行 T 命令，查看相关寄存器内容的变化。注意：指令未涉及操作的其他寄存器的内容，可能因计算机的配置不同而异，但不影响指令的执行结果。欲退出 DEBUG 时，可使用 Q 命令。操作方法如下：

-Q(回车)

C：\ DOS >

② 断点运行程序。程序调试方法除了单步运行外，还可以依次连续执行几条指令，如用 T = 100 命令执行一条指令后，可再用 G 109 命令连续执行 3 条指令，其中 109 为断点地址。

3. 实验报告

1）记录调试过程（有关寄存器的内容）。

2）总结程序调试过程。

10.2 汇编语言指令使用

10.2.1 8086/8088 指令应用

实验二　数据传送指令

1. 实验目的

1）掌握数据传送类各指令的功能。

2）根据要求使用数据传送指令编写简单程序序列。

2. 实验内容

1）编写下列各题的指令序列。

① 将立即数 1234H 传送至 DS 寄存器。

② 用两种以上方法实现存储字单元 3000H 内容与 4000H 内容互换。已知(DS:3000H) = 7963H，(DS:4000H) = F156H。

③ 已知 SP = CFE0H，AX1234H，BX = 5678H，请用入栈、出栈指令完成 AX 与 BX 内容互换。

2）用 DEBUG 汇编命令进行汇编、单步执行，写出执行结果及各标志的结果。

3）用 DEBUG 命令运行下列程序，写出相应的寄存器及存储单元的内容。

例 14

```
MOV     AL, 50H
MOV     CX, 2000H
MOV     BX, 3000H
MOV     [CX], AL
XCHG    CX, BX
MOV     DH, [BX]
MOV     DL, 59H
MOV     CX, BX
MOV     [BX], DL
HLT
```

AL	
BL	
BH	
CL	
CH	
DL	
DH	
2000H	
3000H	

3. 实验报告

1）记录调试过程（有关寄存器及存储单元的内容）。

2）总结程序调试过程。

实验三　算术运算指令

1. 实验目的

1）掌握算术运算类各指令的功能。

2）根据要求使用算术运算指令编写简单程序序列。

2. 实验内容

1）编写下列各题的指令序列。

① 56H + 78H。

② 56H − 78H。

③ A590H + CD67H。

④ 01F89645H + ACD90054H。

⑤ 89H × 76H（按无符号数处理）。

⑥ 74H ÷ 85H（按带符号数处理）。

⑦ 用压缩的 BCD 数实现 1834 + 2789，并将结果存入 DS：2000H 中。

⑧ 用非压缩的 BCD 数实现 25 + 48 − 19。

2）用 DEBUG 汇编命令进行汇编、单步执行，写出执行结果及各标志的结果。

3. 实验报告

1）记录调试过程（有关寄存器及存储单元的内容）。

2）总结程序调试过程。

实验四　位操作指令

1. 实验目的

1）掌握位操作各指令的功能。

2）根据要求使用位操作指令编写简单程序序列。

2. 实验内容

1）用 DEBUG 汇编命令编写下列各题的指令序列。

① 在［1000H］单元中有一个 8 位数，将此数的前 4 位清“0”，后 4 位保持不变，送回同一单元中。

② 将 AL 的最高位置“1”，其余位不变，送至 2000H 单元。

③ 从 0600H 单元读入一个数，检查它的符号，且将符号记录在 0700H 单元中。（若为正数写入 00H，若为负数写入 FFH）。

④ 在 2000H 单元中有一个数 x，利用移位和加法操作，使 x × 10（假设 x × 10 ≤ 255）后送回原单元。

2）用 DEBUG 汇编命令进行汇编、单步执行，写出执行结果及各标志的结果。

实验五　串操作指令

1. 实验目的

1）掌握串操作各指令的功能。

2）根据题目要求使用串操作指令编写简单程序序列。

2. 实验内容

用 DEBUG 汇编命令编写下列各题的指令序列。

① 编写使数据段中偏移地址为 1000H 开始的 256B 内容清零。

② 编写将 2000H 中的 20 个字符传送到 3000H 中。

③ 在 0500H 和 0600H 开始各有 10 个字符组成的字符串，检查这两个字符串是否相等，在 0700H 单元建立一个标志（若相等则为 00H，不等则为 FFH）。

④ 自 4000H 单元开始有 20 个带符号数，请把他们的最大值找出来，并且放在 5000H 单元中。

3. 实验报告

1）记录调试过程（有关寄存器及存储单元的内容）。

2）总结程序调试过程。

10.2.2 汇编语言程序设计

实验六 汇编程序上机环境及一般过程

1. 实验目的

1）熟悉汇编语言程序设计的上机环境。

2）掌握汇编语言程序设计上机运行的一般过程。

2. 实验内容 利用编辑程序输入例 14 的汇编语言源程序，然后分别利用宏汇编程序、连接程序、调试程序进行汇编、连接、调试运行。

3. 实验步骤

1）用文字编辑工具（EDIT）将源程序输入，扩展名为 . ASM。

2）用 MASM 对源文件进行汇编，产生 OBJ 文件和 LST 文件。若汇编时提示有错，用文字编辑工具修改源程序后重新汇编，直至通过。

3）用 LINK 将 OBJ 文件连接成可执行的 . EXE 文件。

4）运行文件，如果未产生预期结果，进入 DEBUG，对程序进行调试，直到结果正确为止。

5）单步跟踪调试，观察寄存器的变化和指令执行的结果，加深对指令的理解。

4. 实验报告要求

1）记录实验数据，并把实验数据与理论分析的结果进行比较。

2）说明怎样使用 DEBUG 进行程序调试的。

3）结合本实验结果说明标志位 CF、SF、OF 的意义。

例 15

```
data        segment
            buf1 db 34h
            buf2 db 2ah
            sum db ?
data        ends
code        segment
            assume cs: code, ds: data
start:      mov ax, data
```

```
        mov ds, ax
        mov al, buf1
        add al, buf2
        mov sum, al
        mov ah, 4ch
        int 21h
code    ends
end start
```

实验七　顺序结构程序设计

1. 实验目的

1）掌握顺序结构程序的设计方法。

2）掌握算术运算指令的运用。

3）进一步掌握汇编语言程序设计上机运行的一般过程。

4）学会运用 DEBUG 调试程序。

2. 实验内容　两个字类型的存储单元 M1 和 M2 中各有一 16 位的无符号数，将它们相乘的结果存入 N1 和 N2 单元。

3. 编程提示　因为要求两个无符号数的乘积，所以注意选择相应的算术运算乘法指令，并且运算结果要存入指定的存储单元中。

4. 实验步骤

1）输入源程序。

2）汇编、连接程序，生成 EXE 可执行文件并运行该可执行文件。

3）进入 DEBUG，对程序进行调试。

5. 实验报告要求

1）编写出源程序。

2）记录实验结果数据，并把实验数据与理论分析的结果进行比较。

3）记录标志位 CF、SF、OF、ZF、AF、PF 的内容并简要说明其含义。

实验八　分支结构程序设计

1. 实验目的

1）掌握分支结构程序的设计方法。

2）掌握带符号数的比较方法，熟练运用转移指令来实现程序的转移。

3）进一步掌握汇编语言程序设计上机运行的一般过程。

4）进一步掌握 DEBUG 程序的功能、命令，学会运用 DEBUG 调试程序。

2. 实验内容　求 3 个带符号字数据中的最大值并将最大值存入 MAX 单元中。设 3 个带符号数分别在 3 个字变量 X、Y、Z 中存储。

3. 实验准备　阅读教材中有关分支结构程序设计的相关内容、条件转移指令的使用方法、带符号数比较转移指令的使用方法，并按要求编写汇编语言源程序。

4. 编程提示　对于带符号数比较大小，在使用比较指令之后利用 JG/JGE 或 JL/JLE 等判断转移指令来决定指令的转移与否；3 个数进行两两比较，找出最大的放入相应的存储单元。

5. 实验步骤

1）输入源程序。

2）汇编、连接程序，生成 EXE 可执行文件并运行该可执行文件。

3）进入 DEBUG，对程序进行调试。

6. 实验报告要求

1）编写出源程序。

2）记录实验结果数据，并把实验数据与理论分析的结果进行比较。

3）利用单步执行命令调试程序，观察程序的执行过程。

实验九　循环结构程序设计

1. 实验目的

1）掌握循环结构程序的设计方法。

2）熟练运用转移指令和循环指令来实现循环。

3）掌握循环计数器 CX 的作用。

2. 实验内容　在一串给定个数（10）的数（存放在以 BUF 开始的内存单元）中寻找最大值，放至指定的存储单元。每个数用 8 位二进制数表示。

3. 实验准备　阅读教材中有关循环结构程序设计的相关内容，并按要求编写汇编语言源程序。

4. 编程提示　假设第一个存储单元中存放的是最大的数，取出放入累加器中，然后和下一个单元的内容进行比较，每次比较总把最大数放入累加器中，9 次比较完后，累加器中的数就是串中的最大数。

5. 实验步骤

1）输入源程序。

2）汇编、连接程序，生成 EXE 可执行文件并运行该可执行文件。

3）进入 DEBUG，对程序进行调试。

6. 实验报告要求

1）编写出源程序。

2）记录实验结果数据，并把实验数据与理论分析的结果进行比较。

3）总结计数控制循环程序的设计方法。

4）相对实验三而言，循环结构程序有什么优点及不足之处。

实验十　子程序设计

1. 实验目的

1）掌握子程序的设计思想和方法。

2）能熟练运用过程的思想构造程序模块。

3）熟练掌握主程序与子程序之间的调用关系和调用方法、参数的传递。

2. 实验内容　统计某个数组中负元素的个数。

要求：有两个字数组 BUFA 和 BUFB，统计各数组中负元素的个数，放入字节单元 A、B 中。统计数组中负元素的个数用子程序实现。

3. 实验准备　阅读教材中有关子程序设计的相关内容，并按要求编写汇编语言源程序。

4. 编程提示　有两个数组要统计其中负元素的个数，可以用子程序结构实现。每个数组的操作都只要调用一次子程序就可以实现了。要注意的是每次调用计数值都要清“0”，否则会出错。本实验中，只要得到元素的个数，所以传递的参数不多，可以用寄存器方式在主程序和子程序之间传递参数。

5. 实验步骤

1）输入源程序。

2）汇编、连接程序，生成 EXE 可执行文件并运行该可执行文件。

3）用 DEBUG 命令 T 跟踪程序的执行，观察在调用过程中，堆栈的变化情况。

6. 实验报告要求

1）编写出源程序。

2）记录实验结果数据，并把实验数据与理论分析的结果进行比较。

3）总结参数的传递方法，说明本实验是如何进行参数传递的。

4）通过实验说明 PUSH 和 POP 指令的功能及后进先出的工作原则。

实验十一　中断程序设计

1. 实验目的

1）了解中断程序的作用。

2）掌握中断程序的设计方法。

2. 实验内容　编写输出字符串“I am a student”的中断处理程序，设中断类型号为 17H。

3. 实验准备　阅读教材中有关中断处理程序设计的相关内容，并按要求编写汇编语言源程序。

4. 编程提示　主程序中需要设置中断向量和调用新中断，中断处理程序用于显示输出字符串。

5. 实验步骤

1）输入源程序。

2）汇编、连接程序，生成 EXE 可执行文件并运行该可执行文件。

3）用 DEBUG 对程序进行调试，观察中断的执行过程。

6. 实验报告要求

1）编写出源程序。

2）观察实验结果，是否输出所期望的结果。如与所期望的结果不符，查找原因。

3）总结中断程序的设计方法及注意事项。

实验十二　键盘输入及显示器输出程序设计

1. 实验目的

1）了解输入输出程序的作用。

2）掌握简单的键盘输入及显示器输出程序设计方法。

3）熟练掌握基本的 I/O 功能调用命令。

2. 实验内容　编写程序实现：从键盘接收一个字符，并把它的 ASCII 码以二进制的形式显示出来。

3. 实验准备　阅读教材中有关 DOS 功能调用的相关内容，并按要求编写汇编语言源程序。

4. 编程提示　从键盘上接收字符用 DOS 的 01 号功能调用，显示字符使用 02 号功能调用。在显示一个字符的 ASCII 码二进制的形式时需要用到循环。

5. 实验步骤

1）输入源程序。

2）汇编、连接程序，生成 EXE 可执行文件并运行该可执行文件。

3）执行程序并用 DEBUG 进行调试。

6. 实验报告要求

1）编写出源程序。

2）观察实验结果，是否输出所期望的结果。如与所期望的结果不符，查找原因。

3）总结输入输出程序设计的一般方法及注意事项。

实验十三　综合程序设计

1. 实验目的

1）熟练掌握汇编语言基本结构程序及子程序的设计方法、DOS 功能调用方法。

2）掌握综合运用多种程序设计方法解决实际问题的方法。

2. 实验内容　设有两个压缩的 BCD 数存放在 DAT 开始的单元中，求它们的和，结果存在 SUM 单元，最后将和转换成十六进制数，并显示出来。

3. 实验准备　阅读教材中有关基本结构程序、子程序设计的方法；INT 21H 中断的调用及压缩 BCD 码相加的相关内容，并按要求编写汇编语言源程序。

4. 编程提示　程序设计中，可以由子程序 SUB1 和 SUB2 分别完成求和及将 16 位二进制数转换为 4 位十六进制数的 ASCII 码并显示的功能。其中显示采用 INT 21H 中断的 02 号功能。

5. 实验步骤

1）输入源程序。

2）汇编、连接程序，生成 EXE 可执行文件并运行该可执行文件。

3）用 DEBUG 对程序进行调试，观察子程序的执行过程。

6. 实验报告要求

1）编写出源程序。

2）观察实验结果，是否输出所期望的结果。如与所期望的结果不符，查找原因。

3）总结综合运用各种方法编写并运行程序的心得体会。

10.3　硬件实验部分

实验十四　8253 实验

1. 实验目的

1）了解和掌握硬件实验装置的使用方法。

2）进一步了解 8253 的工作原理及接线。

3）掌握 8253 的编程方法，会使用示波器观察不同波形。

2. 实验内容

1）将定时器 0 设为模式 3（方波），定时器 1 设为模式 2（分频），定时器 0 的输出脉冲作为定时器1的时钟输入，用示波器观察波形（OUT_0 和 OUT_1）。

2）改变不同的频率，用示波器观察波形，观察 OUT_0 和 OUT_1 波形之间的关系。

3）用定时器的输出作为中断信号，定时中断程序（自行设计中断程序）。

3. 实验报告

1）程序设计，加上注解。

2）总结硬件接线及8253程序设计方法。

4. 实验提示

1）该硬件实验装置已将数据线、地址线和部分控制线连好，这里的接线是将片选信号、I/O等信号连接。

2）根据图10-1接线。200H-2007H接线端接8253的片选 $\overline{CS}$，8253的控制端口是203H，定时器0的端口地址是200H，定时器1的端口地址是201H。

3）将8MHZ信号端接A，B接高电位，Q3接 CLK_0，OUT_0 接 CLK_1。

4）程序设计时，先要确定控制字，可参考教科书。

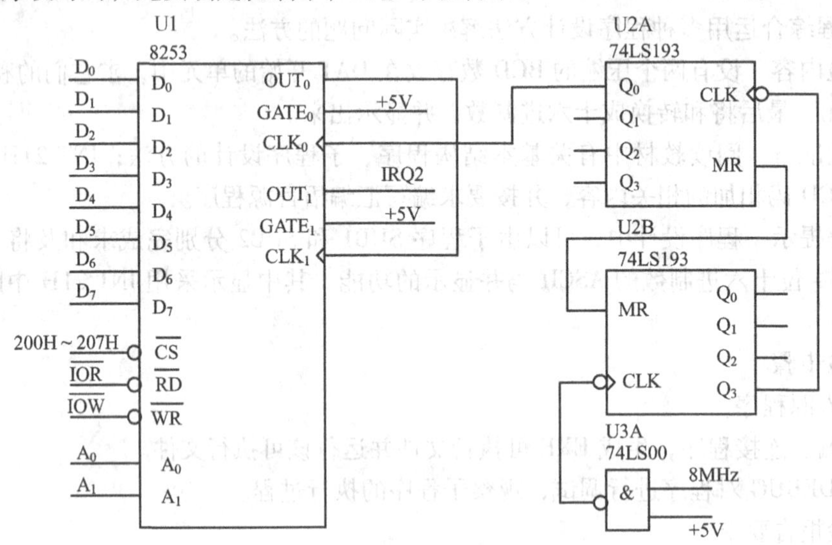

图10-1 8253定时器实验参考接线

5. 实验参考

```
DATA1    SEGMENT
DISP     DB  '8253 TIMER1 IN MODE 3(COUNT =015FH) !', 0AH, 0DH
         DB  '8253 TIMER0 IN MODE 2(COUNT =000AH) !', 0AH, 0DH, 24H
DATA1    ENDS
STACK1   SEGMENT  PARA  STACK
         DW  20  DUP(0)
STACK1   ENDS
CODE     SEGMENT
ASSUME   CS: CODE, DS: DATA1, SS: STACK1
BEGIN:   MOV   AX, DATA1
```

```
        MOV   DS, AX
        CLI                             ; 关中断
        MOV   DX, 203H                  ; 设置定时器0, 模式3
        MOV   AL, 36H
        OUT   DX, AL
        MOV   DX, 200H                  ; 向定时器0置计数值（低位）
        MOV   AL, 5FH
        OUT   DX, AL
        MOV   AL, 01H                   ; 向定时器0置计数值（高位）
        OUT   DX, AL
        MOV   DX, 203H                  ; 设置定时器1, 模式2
        MOV   AL, 74H
        OUT   DX, AL
        MOV   DX, 201H                  ; 向定时器1置计数值（低位）
        MOV   AL, 0AH
        OUT   DX, AL
        MOV   AL, 00H                   ; 向定时器1置计数值（高位）
        OUT   DX, AL
        STI                             ; 开中断
        MOV   DX, OFFSET DISP           ; 屏幕输出提示信息
        MOV   AH, 09H
        INT   21H
        MOV   AH, 4CH
        INT   21H
CODE    ENDS
        END   BEGIN
```

硬件线路连好后，再运行程序，可用示波器观察定时器0和定时器1的输出端的波形。

实验十五　8255 实验

1. 实验目的

1）进一步了解8255的工作原理。

2）熟悉8255的硬件连接方法。

3）掌握相关程序设计。

2. 实验内容

1）用8255的A端口作为输入，读入K1～K8开关信号（高低电位），在微机屏幕上显示。

2）用8255的A口读入K1～K8的状态，用B端口作为输出，控制L1～L8发光二极管亮或灭。

3）用实验装置上的红、绿和黄发光二极管作为红绿灯，模拟路口的交通灯。

分别用A、B和C三个端口完成。

3. 实验报告

1）程序设计，加上注解。

2）总结 8255 的使用方法。

4. 实验提示

1）参考图 10-2 接线。200H ~ 207H 接线端接 8255 的片选 $\overline{CS}$；8255 的控制口地址是 203H，A 口地址是 200H，B 口地址是 201H，C 口地址是 202H。

2）参考 8255 控制字的格式，设计程序时要先写入控制字。

3）参考图 10-2a，将 PA_0 ~ PA_7 分别接 K8 ~ K1，从 A 端口读入数据，在微机屏幕上显示数据时要转换成 ASCII 码。

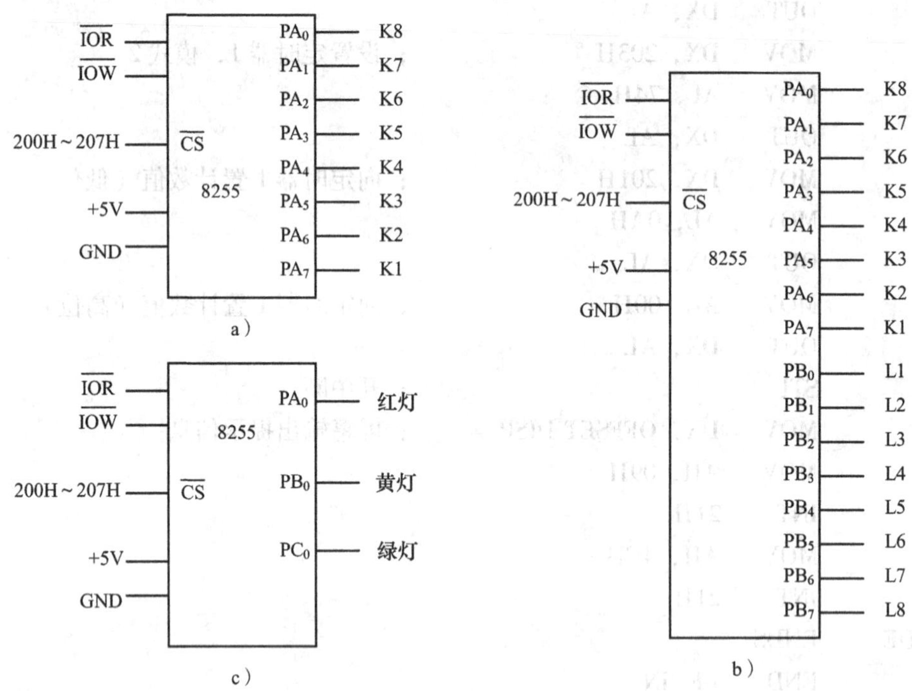

图 10-2　8255 实验参考接线图

4）参考图 10-2b，将 PA_0 ~ PA_7 分别接 K8 ~ K1，再将 B 端口的 PB_0 ~ PB_7 接 L1 ~ L8，从 A 端口读入数据后，再由 B 端口输出，注意，低电位时 LED 发光。

5）参考图 10-2c，将 PA_0 接红灯 L1，将 PB_0 接黄灯 L5，将 PC_0 接绿灯 L9。程序分别调用不同的延时子程序轮流使红灯、黄灯和绿灯发光。

5. 实验参考　下面给出用 8255 的 A 口作为输入，读入 K1 ~ K8 开关信号（高低电位），并在微机屏幕上显示状态的程序：

```
DATA1   SEGMENT
DAT     DB 0, 0, 0AH, 0DH, 24H
DATA1   ENDS
STACK1  SEGMENT  PARA  STACK
        DW  20 DUP (0)
```

```
STACK1 ENDS
CODE   SEGMENT
    ASSUME     CS：CODE，DS：DATA1，SS：STACK1
BEGIN：MOV     AX，DATA1
       MOV     DS，AX
       MOV     DX，203H              ；写控制字，端口 A 为输入
       MOV     AL，90H
       OUT     DX，AL
       MOV     DX，200H              ；读入端口 A 的信号
       IN      AL，DX
       MOV     BL，AL                ；暂存到 BL 寄存器
       AND     AL，0FH               ；屏蔽高 4 位
       CMP     AL，09H               ；比较，是 0～9，还是 A～F
       JLE     CCC1                  ；是 0～9，转 CCC1
       ADD     AL，07H
CCC1：ADD      AL，30H               ；转为 ASCII 码
       MOV     DAT+1，AL             ；保存（低位）
       MOV     AL，BL                ；恢复 AL 的值
       MOV     CL，04H               ；AL 右移 4 位
       ROL     AL，CL
       AND     AL，0FH               ；屏蔽高 4 位
       CMP     AL，09H               ；比较
       JLE     CCC2
       ADD     AL，07H
CCC2：ADD      AL，30H               ；转为 ASCII 码
       MOV     DAT，AL               ；保存（高位）
       LEA     DX，DAT               ；输出显示
       MOV     AH，09H
       INT     21H
       MOV     AH，4CH
       INT     21H
CODE   ENDS
       END     BEGIN
```

实验十六　串口通信实验

1. 实验目的

1）进一步了解 8251 的工作原理。

2）了解串行口的接线方法。

3）掌握相关程序设计。

2. 实验内容

1）两台计算机用串口 1 连接起来。

2）从键盘上取字符，发送到对方计算机并显示（两台计算机互相发送和接受数据）。

3. 实验报告

1）程序设计，加上注解。

2）总结串口通信方法。

4. 实验提示

1）准备串口连接线一条（两台计算机使用一条）。自己制作连接线时，选用 9 针插头，具体接线可参考图 10-3 接线（只用 2、3、5 脚，注意 2 和 3 交叉连接）。

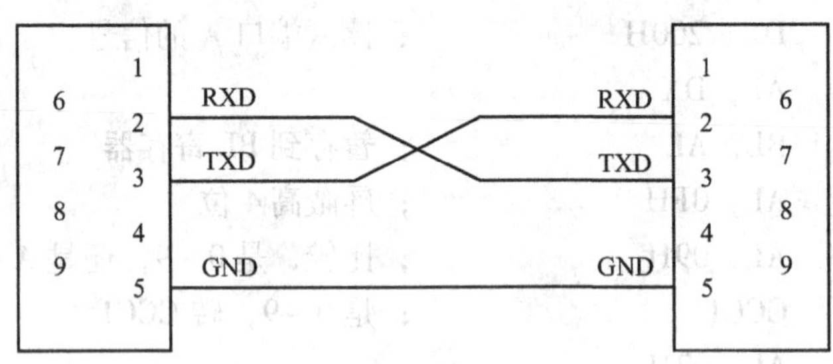

图 10-3　串口连接图

2）连接两台计算机的 COM1 口，设计程序并运行。

5. 实验参考程序

```
DATA1     SEGMENT
DDD       DB  'HELLO PC !', 0DH, 0AH, 24H
DATA1     ENDS
STACK1    SEGMENT  PARA  STACK
          DW  20  DUP (0)
STACK1    ENDS
CODE      SEGMENT
          ASSUME  CS: CODE, DS: DATA1, SS: STACK1
BEGIN:    MOV     AX, DATA1
          MOV     DS, AX
          LEA     DX, DDD
          MOV     AH, 09H
          INT     21H
          MOV     DX, 3FBH            ；通信线控制寄存器口
          MOV     AL, 80H             ；第 7 位置 1
          OUT     DX, AL
          MOV     DX, 3F8H
          MOV     AL, 60H             ；设置除数锁存寄存器低位
          OUT     DX, AL
          MOV     DX, 3F9H
```

```
        MOV     AL, 00H           ; 设置除数锁存寄存器高位
        OUT     DX, AL
        MOV     DX, 3FBH          ; 设置数据格式
        MOV     AL, 0AH;          7 位数据，奇校验，1 位停止位
        OUT     DX, AL
        MOV     DX, 3FCH
        MOV     AL, 03H           ; 设置 MODEM 控制信号
        OUT     DX, AL
        MOV     DX, 3F9H          ; 中断允许寄存器口地址
        MOV     AL, 00H
        OUT     DX, AL
FOREVER:MOV     DX, 3FDH
        IN      AL, DX            ; 读通信线控制寄存器内容
        TEST    AL, 1EH           ; 数据是否错误
        JNZ     ERROR             ; 转错误处理程序
        TEST    AL, 01H           ; 数据是否正确
        JNZ     RECEIVE           ; 转接受处理程序
        TEST    AL, 20H
        JZ      FOREVER           ; 发送保持寄存器不空则循环
        MOV     AH, 01H
        INT     16H
        JZ      FOREVER           ; 检查键盘缓冲区，若无字符则循环等待
        MOV     AH, 00H
        INT     16H               ; 取键盘字符
        MOV     DX, 3F8H
        OUT     DX, AL            ; 发送字符
        JMP     FOREVER           ; 继续上述过程
RECEIVE: MOV    DX, 3F8H
        IN      AL, DX            ; 从接受数据寄存器接受数据
        AND     AL, 7FH
        CMP     AL, 1BH           ; 比较是否为 ESC
        JZ      EXT               ; 是，结束程序运行
        PUSH    AX
        MOV     BX, 0000H
        MOV     CX, 0001H
        MOV     AH, 0EH
        INT     10H               ; 显示数据
        POP     AX
        CMP     AL, 0DH
```

```
        JNZ     FOREVER
        MOV     AL, 0AH
        MOV     BX, 0000H
        MOV     CX, 0001H
        MOV     AH, 0EH
        INT     10H
        JMP     FOREVER             ；继续
ERROR:  MOV     DX, 3F8H            ；AL 中数据不正确，显示“问号”
        IN      AL, DX
        MOV     AL,'?'
        MOV     BX, 0000H
        MOV     CX, 0001H
        MOV     AH, 0EH
        INT     10H
        JMP     FOREVER             ；继续
EXT:    MOV     AH, 4CH             ；结束
        INT     21H
CODE    ENDS
        END     BEGIN
```

附　录

附录 A　ASCII 字符表

1. ASCII 字符与编码对照表

LSD \ MSD		0	1	2	3	4	5	6	7
		000	001	010	011	100	101	110	111
0	0000	NUL	DLE	SP	0	@	P		p
1	0001	SOH	DC1	!	1	A	Q	a	q
2	0010	STX	DC2	″	2	B	R	b	r
3	0011	ETX	DC3	#	3	C	S	c	s
4	0100	EOT	DC4	$	4	D	T	d	t
5	0101	ENG	NAK	%	5	E	U	e	u
6	0110	ACK	SYN	&	6	F	V	f	v
7	0111	BEL	ETB	′	7	G	W	g	w
8	1000	BS	CAN	(	8	H	X	h	x
9	1001	HT	EM	)	9	I	Y	i	y
A	1010	LF	SUB	*	:	J	Z	j	z
B	1011	VT	ESC	,	;	K	[	k	{
C	1100	FF	FS	+	<	L	\	l	|
D	1101	CR	GS	−	=	M	]	m	}
E	1110	SO	RS	.	>	N	↑	n	~
F	1111	SI	VS	/	?	O	←	o	DEL

2. ASCII 控制符号定义

控制符	说　明	控制符	说　明	控制符	说　明
NUL	空	DLE	数据链换码	SOH	标题开始
DC1	设备控制 1	STX	正文结束	ETX	本文结束
DC2	设备控制 2	EOT	传输结束	BS	退一格
DC3	设备控制 3	ENG	询问	CAN	作废
DC4	设备控制 4	BEL	报警符	HT	横向列表
NAK	否定	ACK	承认	LF	换行
SYN	空转同步	EM	纸尽	VT	垂直制表
ETB	信息传送结束	SUB	减	ESC	换码
FF	走纸控制	FS	文字分隔符	CR	回车
GS	组分隔符	SO	移位输出	RS	记录分隔符
SI	移位输入	VS	单元分隔符		

附录B 中断向量一览表

地址	终端号	中断源
一、8086、8088 中断向量		
0~3	0	除以0
4~7	1	单步（用于 DEBUG）
8~B	2	非屏蔽中断
C~F	3	断点中断（用于 DEBUG）
10~13	4	溢出
14~17	5	打印屏幕
18~1F	6、7	保留
二、8259 中断向量		
20~23	8	定时器
24~27	9	键盘
28~2B	A	彩色/图形
2C~2F	B	异步通信（COM2）
30~33	C	异步通信（COM1）
34~37	D	硬键盘
38~3B	E	软键盘
3C~3F	F	并行打印机
三、BIOS 中断		
40~43	10	屏幕显示
44~47	11	设备检验
48~4B	12	测定存储器容量
4C~4F	13	磁盘 I/O
50~53	14	串行通信 I/O
54~57	15	盘式磁带 I/O
58~5B	16	键盘输入
5C~5F	17	打印机输出
60~63	18	BASIC 入口代码
64~67	19	引导装入程序
68~6B	1A	日时钟
四、提供给用户的中断		
6C~6F	1B	<Ctrl + Break>组合键中断
70~73	1C	定时器软中断
五、数据表指针		
74~77	1D	显示器参量表
78~7B	1E	软盘参量表
7C~7F	1F	图形表
六、DOS 中断		
80~83	20	程序结束
84~87	21	系统功能调用
88~8B	22	结束退出
8C~8F	23	<Ctrl + Break>组合键退出
90~93	24	严重错误处理
94~97	25	绝对键盘读功能
98~9B	26	绝对键盘写功能
9C~9F	27	驻留退出
A0~BB	28~2E	DOS 保留
BC~BF	2F	打印机
CO~FF	30~3F	DOS 保留
七、BASIC 中断		
100~17F	40~5F	保留
180~19F	60~67	用户软件中断
1A0~1FF	68~7F	保留
200~217	80~85	由 BASIC 保留
218~3C3	86~F0	BASIC 中断
3C4~3FF	F1~FF	保留

附录C　8086/8088 指令速查表

指令	所在章节	指令	所在章节	指令	所在章节
MOV	3. 2. 1	SHL	3. 2. 3	STC	3. 2. 6
PUSH	3. 2. 1	SAR	3. 2. 3	CLD	3. 2. 6
POP	3. 2. 1	SHR	3. 2. 3	STD	3. 2. 6
XCHG	3. 2. 1	ROL	3. 2. 3	CLI	3. 2. 6
LEA	3. 2. 1	ROR	3. 2. 3	STI	3. 2. 6
LDS	3. 2. 1	RCL	3. 2. 3	NOP	3. 2. 6
LES	3. 2. 1	RCR	3. 2. 3	HLT	3. 2. 6
LAHF	3. 2. 1	JMP	3. 2. 5	WAIT	3. 2. 6
SAHF	3. 2. 1	JZ	3. 2. 5	ESC	3. 2. 6
PUSHF	3. 2. 1	JNZ	3. 2. 5	LOCK	3. 2. 6
POPF	3. 2. 1	JS	3. 2. 5	CALL	3. 2. 5
XLAT	3. 2. 1	JNS	3. 2. 5	RET	3. 2. 5
ADD	3. 2. 2	JC	3. 2. 5	DAA	3. 2. 2
ADC	3. 2. 2	JNC	3. 2. 5	DAS	3. 2. 2
INC	3. 2. 2	JP	3. 2. 5	AAA	3. 2. 2
SUB	3. 2. 2	JNP	3. 2. 5	AAS	3. 2. 2
SBB	3. 2. 2	JO	3. 2. 5	AAM	3. 2. 2
DEC	3. 2. 2	JNO	3. 2. 5	AAD	3. 2. 2
CMP	3. 2. 2	JA	3. 2. 5	REP	3. 2. 4
NEG	3. 2. 2	JAE	3. 2. 5	REPE	3. 2. 4
MUL	3. 2. 2	JB	3. 2. 5	REPNE	3. 2. 4
IMUL	3. 2. 2	JBE	3. 2. 5	MOVS	3. 2. 4
DIV	3. 2. 2	JL	3. 2. 5	STOS	3. 2. 4
IDIV	3. 2. 2	JLE	3. 2. 5	LODS	3. 2. 4
CBW	3. 2. 2	JG	3. 2. 5	CMPS	3. 2. 4
CWD	3. 2. 2	JGE	3. 2. 5	SCAS	3. 2. 4
AND	3. 2. 3	LOOP	3. 2. 5	IN	3. 2. 1
OR	3. 2. 3	LOOPZ	3. 2. 5	OUT	3. 2. 1
NOT	3. 2. 3	LOOPNZ	3. 2. 5	INT	3. 2. 5
XOR	3. 2. 3	JCXZ	3. 2. 5	INTO	3. 2. 5
TEST	3. 2. 3	CLC	3. 2. 6		
SAL	3. 2. 3	CMC	3. 2. 6		

附录D DOS系统功能调用表

这部分有80多个子程序，每个子程序有一个功能，它们有规定的入口，先送入口信息，最后用控制转移指令“INT 21H”进入子程序。功能号也是一种入口信息，统一放在AH中。以下按功能号的顺序列出各模块的功能及出口信息。

功能号	功　能	入口信息	出口信息
00H	程序结束	AH = 00H，CS = 程序前缀区段界地址	
01H	键盘输入单字符	AH = 01H	AL = 输入字符编码并在屏幕显示键入字符
02H	显示输出单字符	AH = 02H，DL = 字符编码	显示或打印输出单字符
03H	异步通信口输入(传输速度为2400bit/s)	AH = 03H	AL = 通信口传送的字符编码无校验
04H	异步通信口输出(传输速度为2400bit/s)	AH = 04H，DL = 字符编码	串行输出DL中的字符
05H	打印机输出	AH = 05H,DL = 字符编码	
06H	直接控制台输入输出(不检查Break键)	AH = 06H，DL = 0FFH表示输入；若DL ≠ 0FFH表示输出，DL中为输出字符的编码	当DL = 0FFH时，若有字符则输入到AL；否则AL = 0
07H	无回显直接控制台输入(不做字符检查)	AH = 07H	AL = 输入字符编码
08H	无回显键盘输入(做字符检查)	AH = 08H	AL = 输入字符编码
09H	显示输出字符串	AH = 09H，DS:DX指向字符串首址,要求字符串以“$”结尾	
0AH	键盘输入字符串	AH = 0AH，DS:DX指向字符串首址，(其中[DS:DX]为缓冲区最大长度)	[DS:DX+1]存放输入字符数，[DS:DX+2]开始存放实际输入的字符
0BH	检查键盘输入状态	AH = 0BH	AL = 00H无输入;AL-0FFH有输入
0CH	清键盘缓冲区并执行键盘输入功能	AH = 0CH,AL = 模块号(1,6,7,8或0AH)	
0DH	重置键盘	AH = 0DH	
0EH	确定默认磁盘	AH = 0EH，DL = 磁盘号	AL = 系统中盘数
0FH	打开文件	AH = 0FH，DS:DX = FCB首址	AL = 0FFH,不成功 AL = 0，成功，$FCB_{C,D}$及FCB_{10} ~ FCB_{25}被设置
10H	关闭文件	AH = 10H，DS:DX = FCB首址	AL = 0FFH，成功 AL = 0，成功

（续）

功能号	功　能	入口信息	出口信息
11H	查找文件名或查找第一个目录项	AH＝11H，DS:DX＝FCB 首址	AL＝0FFH，未找到 AL＝0，找到
12H	查找下一个目录项	AH＝12H，DS:DX＝FCB 首址	AL＝0FFH，未找到 AL＝0，找到
13H	删除文件	AH＝13H，DS:DX＝FCB 首址	AL＝0FFH，不成功 AL＝0，成功
14H	顺序读一个记录	AH＝14H，DS:DX＝FCB 首址，DTA 缓冲区已设置	AL＝00，成功 AL＝01，文件结束 AL＝02，缓冲区不够 AL＝03，读部分记录而结束
15H	顺序写一个记录	AH＝15H，DS:DX＝FCB 首址，DTA 缓冲区已设置	AL＝01，成功 AL＝02，盘空间不足 AL＝03，缓冲区空间不足
16H	建立文件（建立新的或旧的）	AH＝16H，DS:DX＝FCB 首址	AL＝00，成功 AL＝01，盘空间不足
17H	改文件名	AH＝17H，DS:DX＝FCB 首址，DS:DX＋17＝新文件名首址	AL＝00，成功 AL＝0FFH，不成功
18H	DOS 使用		
19H	取当前默认的驱动器号	AH＝19H	AL＝驱动器号
1AH	设置 DTA	AH＝1AH，DS:DX＝DTA 首址	
1BH	取文件分配表（FAT）的有关信息	AH＝1BH	DS:BX＝盘类型直接地址，DX＝FAT 表项数，AL＝分配单元扇区数，CX＝物理扇区字节数
1CH	取制定盘文件分配表（FAT）的有关信息	AH＝1CH，DL＝驱动器号	DS:BX＝盘类型直接地址，DX＝FAT 表项数，AL＝分配单元扇区数，CX＝物理扇区字节数
1DH	DOS 内部使用		
1EH			
1FH			
20H			
21H	随机读一个记录	AH＝21H，DS:DX＝FCB 首址，DTA 已设置	AL＝00，成功 AL＝01，文件结束 AL＝02，缓冲区不够 AL＝03，读部分记录而结束
22H	随机写一个记录	AH＝22H，DS:DX＝FCB 首址，DTA 已设置并填好	AL＝01，成功 AL＝02，盘空间不足 AL＝03，DAT 不够

（续）

功能号	功　能	入口信息	出口信息
23H	取文件长度	AH＝24H，DS:DX＝FCB首址	AL＝00，成功，长度在PCB中 AL＝0FFH，不成功
24H	置随机记录号	AH＝24H，DS:DX＝FCB首址	
25H	设置中断矢量	AH＝25H，DS:DX＝入口地址，AL＝中断方式码	
26H	建立一个程序段	AH＝26H，DX＝段号	
27H	随机块读出	AH＝27H，DS:DX＝FCB首址，CX＝记录数，DTA已设置	AL＝00，成功 AL＝01，文件结束并读完 AL＝02，缓冲区不够 AL＝03，最后为部分记录
28H	随机块写入	AH＝28H，DS:DX＝FCB首址，CX＝记录数，DTA已设置并填好	AL＝01，成功 AL＝02，盘空间不足 AL＝03，DAT不够
29H	建立FCB	AH＝29H，DS:DX＝FCB首址，DS:SI＝字符串(文件名)，AL＝0E非法字符检查位	ES:DI＝格式化后的FCB首址 AL＝00，标准文件 AL＝01，多义文件 AL＝0FFH，非法盘标识符
2AH	取日期	AH＝2AH	CX，DX＝日期
2BH	设置日期	AH＝2BH，CX、DX＝日期	AL＝00，成功；AL＝0FFH，失败
2DH	置系统时间	AH＝2DH，CX，DX＝时间	AL＝00，成功；AL＝0FFH，失败
2EH	设置磁盘检验标志	AH＝2EH，DL＝0，AL＝状态	
2FH	取DTA首址	AH＝2FH	ES:BX＝DTA首址
30H	取DOS版本号	AH＝30H	AL＝版本号，AH＝发行号
31H	结束程序并留在内存	AH＝31H，AL＝退出码，DL＝程序长度(按块计算)	
32H	DOS内部使用		
33H	Break检查	AH＝33H，AL＝0为取状态，AL＝1为置状态，DL＝0为关，DL＝1为开	
34H	DOS内部使用		
35H	取中断矢量	AH＝35H，AL＝中断方向码	ES:BX＝入口地址
36H	取盘自由间数	AH＝36H，DL＝驱动器号	AX＝0FFFFH，无效驱动器号；否则成功，且 BX＝可用簇数 DX＝总簇数 CX＝扇区字节数 AX＝每簇扇区数

（续）

功能号	功　能	入口信息	出口信息
37H	DOS 内部使用		
38H	取国别信息	AH =38H，DS:DX = 信息区首址(32 字节)，AL =0	DS:DX = 信息区首址，其中有国别信息，CF =0，正常;否则出错
39H	建立子目录	AH =39H，DS:DX = 字符串地址	CF =0 成功，此时 AX =3;否子失败，此时 AX =5
3AH	删除子目录	AH =3AH，DS:DX = 字符串地址	CF =0，成功;否则失败，此时 AX =3，找不到路径 AX =5，拒绝存取
3BH	改变当前目录	AH =3BH，DS:DX = 字符串地址	CF =0 成功，否则失败，此时 AX =3
3CH	建立文件	AH =3CH，DS:DX = 字符串地址，字符串为：驱动器名．路径名．文件名．扩展名，CX = 文件属性	若 CF =0，成功，则 AX = 文件号;否则失败，此时 AX =3，路径找不到 AX =4，打卡文件多 AX =5，拒绝存取
3DH	打开文件	AH =3DH，DS:DX = 字符串地址，AL 中为存取码;AL =0，读，AL =1，写，AL =2，读/写	若 CF =0，成功，则 AX = 文件号;否则失败，此时 AX =12，无效存取码 AX =2，文件找不到 AX =3，路径找不到 AX =4，打卡文件多 AX =5，拒绝存取
3EH	关闭文件	AH =3EH，BX = 文件号	若 CF =0，成功;否则失败，此时 AX =6，无效文件号
3FH	读文件	AH = 3FH，BX = 文件号，CX = 字节数，DS:DX = 缓冲区首址	若 CF =0，成功;否则失败，此时 AX =5，拒绝存取 AX =6，无效文件号
40H	写文件	AH = 40H，BX = 文件号，CX = 字节数，DS:DX = 缓冲区首址	若 AX = CX，成功;否则失败，此时 AX =5，拒绝存取 AX =6，无效文件号
41H	删除文件	AH =41H，DS:DX = 字符串(驱动器名．路径名．文件名和扩展名)地址	若 CF =0，成功;否则失败，此时 AX =2，找不到文件 AX =5，拒绝存取
42H	移动文件读写指针	AH = 42H，BX = 文件号，CX:DX = 位移量，AL =0，从文件开始移，AL =1，从当前位置移，AL =2，从文件结尾移	若 CF =0，成功;否则失败，此时 AX =1，无效的 AL AX =6，无效的文件号

（续）

功能号	功　能	入口信息	出口信息
43H	修改文件属性	AH =43H，DS:DX = 字符串地址，AL =0，取文件属性；AL =1，置文件属性，CX = 文件属性	若 CF =0，成功，此时 CX = 文件属性；否则失败，此时 AX =1 无效功能码 AX =5 文件找不到
44H	设备文件 I/O 控制	AH =44H，BX = 文件号， AL =0，读状态 AL =1，置状态 DX AL =2，读数据到缓冲区，其中 DS:DX = 缓冲区首址，CX = 读字节数 AL =3，写数据到缓冲区，其中 DS:DX = 缓冲区首址，CX = 读字节数 AL =6，取输入状态 AL =7，取输出状态	DX = 状态
45H	复制文件号	AH =45H，BX = 文件号 1	若 CF =0，成功，此时 AX = 文件号 2；否则失败，此时 AX =4，打开文件多 AX =6，文件号无效
46H	强迫复制文件号	AH =45H，BX = 文件号 1，CX = 文件号 2	若 CF =0，成功，此时 AX = 文件号 2；否则失败，此时 AX =4，打开文件多 AX =6，文件号无效
47H	取当前目录路径	AH =47H，DL = 驱动器号，DS:SI = 内存地址(64 字节)	若 CF =0，成功，则路径全名在所指内存中；否则失败，则 AX =15，驱动器名无效
48H	分配内存	AH =48H，BX = 申请内存块数	若 CF =0，成功，此时，AX:0 = 分配的内存首址；否则失败，此时 BX = 最大可用空间块数
49H	释放内存	AH =49H，ES:0 = 释放内存首址	若 CF =0，成功，否则失败，此时 AX =7，内存控制块破坏 AX =8，内存不够
4AH	修改已分配的内存	AH =4AH，ES 指向已分配段值，BX = 要求内存段数	若 CF =0，成功，否则失败，此时 BX = 最大可用空间块数 AX =7，内存控制块破坏 AX =8，内存不够
4BH	程序的装入	AH =4BH，DS:DX = 字符串地址，ES:BX = 参数区首址，AL =0，装入执行，AL =3，装入不执行	否则失败

（续）

功能号	功　能	入口信息	出口信息
4CH	进程结束，返回操作系统	AH =4CH	屏幕显示操作系统提示符 n >
4DH	取子进程退出码	AH =4DH	若 CF =0，成功，此时 AX = 退出码；否则失败，此时 AX =1，无效功能 AX =2，文件找不到 AX =5，拒绝存取 AX =8，内存不够 AX =10，环境出错 AX =11，格式错
4EH	查找第一个文件	AH =4EH，DS:DX = 字符串地址，CX = 文件属性	若 CF =0，成功，此时 DTA 中有记载信息，否则失败，此时 AX =21，文件找不到 AX =18，没有文件
4FH	查找第一个文件	AH =4FH，DS:DX = 字符串地址，CX = 文件属性	若 CF =0，成功，此时 DTA 中有记载信息，否则失败，此时 AX =21，文件找不到 AX =18，没有文件
50H	DOS 内部使用		
51H			
52H			
53H			
54H	取校验开关状态	AH =55H	AL =00，为 OFF；AL =01，为 ON
55H	DOS 内部使用		
56H	改文件名	AH =56H，DS:DX = 字符串1，ES:DI = 字符串 2，字符串 1，字符串 2 表示驱动器名。路径名与文件名。扩展名。字符串 1 是被动的	若 CF =0，成功；否则失败，此时 AX =2，文件找不到 AX =2，路径找不到 AX =5，拒绝存取 AX =17，不是同一设备
57H	置或取文件日期及时间	AH = 57H，BX = 文件号，AL =00 表示读取日期及时间，AL = 01 表示日期及时间，DX:CX = 日期及时间	若 CF =0，成功；此时 DX:CX = 日期及时间；否则失败，此时 AX =1，无效的 AL AX =6，无效的文件号
58H	置获取分配策略码	AH =58H	若 CF =0，成功，AX = 策略码

注：文件属性占一个字节，其含义如下：

7	6	5	4	3	2	1	0
X	X	更改位	子目录	卷标位	系统	隐含	只读

其中某些属性可以组合使用，对具有隐含、系统和子目录属性的文件，不能用一般的目录操作检索。

附录E　BIOS 中断功能调用表

INT	功　能	入口信息	出口信息
10H	设置显示方式	AH = 0 AL = 00，40 * 25 黑白方式 = 01，40 * 25 彩色方式 = 02，80 * 25 黑白方式 = 03，80 * 25 彩色方式 = 04，320 * 200 彩色图形方式 = 05，320 * 200 黑白图形方式 = 06，640 * 200 黑白图形方式	
	设置光标类型	AH = 1，CH、CL = 光标的起始、终止行号	
	设置光标位置	AH = 2，BH = 页号，DH、DL = 行、列号	
	读光标位置	AH = 3，BH = 页号	DH、DL = 行、列号，CX = 当前光标大小
	读光笔位置	AH = 4	AH = 0，光笔未打开 AH = 1，光笔已打开 文本方式：DH、DL = 行、列号 图形方式：DH：BX = 行、列号
	置显示页号	AH = 5，BH = 页号	
	屏幕上滚	AH = 6，AL = 上滚行数，若 AL≠0，窗口底部为空白输入行，否则整屏为空白，CH、CL = 滚动区域左上角的行、列号，DH、DL = 滚动区域右下角的行、列号，BH = 空白行属性	
	屏幕下滚	AH = 7，仅窗口顶部为空白输入行，CH、CL = 滚动区域左上角的行、列号，DH、DL = 滚动区域右下角的行、列号，BH = 空白行属性	
	读当前光标处字符及属性	AH = 8，BH = 页号	AH、AL = 字符属性、字符编码
	按当前光标指示及所给属性写字符	AH = 9，BH = 页号，BL = 字符属性，AL = 字符编码，CX = 写字符的个数	
	按当前光标指示用当前属性写字符	AH = 10，BH = 页号，AL = 字符编码，CX = 写字符的个数	
	置调色板号或置边沿色或置背景色	AH = 11 BH = 0，文本方式下为置边沿色，图形方式下为置背景色，BL = 颜色号 BH = 1 为置调色板，BL = 调色板号	
	写点	AH = 12，AL = 前景色号，DX、CX = 行、列号	
	读点	AH = 13，DX、CX = 行、列号	AL = 前景色号
	写字符，光标进1格	AH = 14，AL = 字符编码，BH = 页号，BL = 前景色号	
	读当前显示状态	AH = 15	AL = 显示模式号，AH = 屏幕字符宽度（列数），BH = 当前页号

（续）

INT	功　能	入口信息	出口信息
11H	检测系统配置		$AX_{15,14}$ = 打印机数目 AX_{12} = 连接游戏 I/O $AX_{11,10}$ = 连接 RS232 数目 $AX_{7,6}$ = 软盘驱动器数目 $AX_{5,4}$ = 初始显示模式 =00，不用 =01，40 * 25 黑白文本（彩色） =10，80 * 25 黑白文本（彩色） =11，80 * 25 黑白文本（单色） $AX_{3,2}$ =00，RAM 容量 16KB =01，RAM 容量 32KB =10，RAM 容量 48KB =11，RAM 容量 64KB AX_0 =1，系统配有软盘驱动器
12H	检测存储容量		AX = 存储容量（单位 1KB）
13H	磁盘复位	AH = 0	AH = 磁盘状态
	读磁盘状态	AH = 1	AH = 磁盘状态
	读指定扇区	AH = 2，DH = 磁头号，DL = 驱动器号（0 ~3），CH = 道号（0 ~ 39）CL = 扇区号（1 ~ 9），AL = 扇区号（1 ~8），ES:BX = 内存地址	AH = 磁盘状态，CF = 0，成功，否则失败，AL = 读出的扇区数
	写指定扇区	AH = 3，DH = 磁头号，DL = 驱动器号（0 ~3），CH = 道号（0 ~ 39）CL = 扇区号（1 ~ 9），AL = 扇区号（1 ~8），ES:BX = 内存地址	AH = 磁盘状态，CF = 0，成功，否则失败
	检查指定扇区	AH = 4，DH = 磁头号，DL = 驱动器号（0 ~3），CH = 道号（0 ~ 39）CL = 扇区号（1 ~ 9），AL = 扇区号（1 ~8），ES:BX = 内存地址	AH = 磁盘状态，CF = 0，成功，否则失败，AL = 读出的扇区数
	对指定磁道格式化	AH = 5，DH = 磁头号，DL = 驱动器号（0 ~3），CH = 道号（0 ~ 39）CL = 扇区号（1 ~ 9），AL = 扇区号（1 ~8），ES:BX = 内存地址	AH = 磁盘状态，CF = 0，成功，否则失败
14H	初始化异步通信端口	AH = 0，AL = 初始化参数，DX = 指定通信口编号	AH = 线路控制状态 AH_7 =1，超时 AH_6 =1，发送用移位寄存器空 AH_5 =1，发送用保存寄存器空 AH_4 =1，断开检出 AH_3 =1，错 AH_2 =1，校验错误 AH_1 =1，超限错误 AH_0 =1，数据准备好 AL = 调制解调器状态

（续）

INT	功　能	入口信息	出口信息
14H	初始化异步通信端口	AH＝0，AL＝初始化参数，DX＝指定通信口编号	AL_7＝1，数据载波检出 AL_6＝1，呼叫指示器 AL_5＝1，数传机待用状态 AL_4＝1，清除发送 AL_3＝1，数据载波检出状态改变 AL_2＝1，呼叫指示器结束 AL_1＝1，改变数传机待用状态 AL_0＝1，改变清除发送
	发送字符	AH＝1，AL＝接送字符，DX＝指定通信口编号	AH＝线路控制状态，若AH7＝1，失败，AL不变
	接收字符	AH＝2，DX＝指定通信口编号	AH＝线路控制状态，若AH7＝1，失败，AL＝接收的字符
	读状态	AH＝3，DX＝指定通信口编号	AH＝线路控制状态，AL＝调制解调器状态
16H	读键盘	AH＝0	AH＝键入字符的扫描码，AL＝键入字符的ASCII码
	判断能否读键盘	AH＝1	EF＝0，可以读；EF＝1，不可读
	读特殊键标志	AH＝2	AL＝特殊键标志 AL_7＝1，<Insert>键按下 AL_6＝1，<Caps Lock>键按下 AL_5＝1，<Num Lock>键按下 AL_4＝1，<Scroll Lock>键按下 AL_3＝1，<Alt>键按下 AL_2＝1，<Ctrl>键按下 AL_1＝1，左<Shift>键按下 AL_0＝1，右〈Shift〉键按下
17H	打印字符	AH＝0，AL＝字符编码，DX＝打印机号（0～2）	
	初始化打印机	AH＝1，DX＝打印机号（0～2）	AH＝打印机状态 AH_7＝0，忙只收“CAN”及“DCL” AH_7＝1，空闲 AH_5＝1，响应 AH_5＝1，无纸 AH_4＝1，已联机 AH_3＝1，出错，AH_0＝1，超时

（续）

INT	功　　能	入口信息	出口信息
17H	读打印机状态	AH =2，DX = 打印机号(0～2)	AH = 打印机状态 AH_7 =0，忙只收“CAN”及“DCL” AH_7 =1，空闲 AH_5 =1，响应 AH_5 =1，无纸 AH_4 =1，已联机 AH_3 =1，出错，AH_0 =1，超时
18H	热启动		
19H	冷启动		
1AH	读当前时钟	AH =0	CX = 计数高位，DX = 计数低位，若 AL =0，则从上次读时钟算起未满 24h，否则 AL≠0
	置时钟	AH =1，CX = 计数的高位，DX = 计数的低位（计数速度每秒 18.2 次）	
1BH	键盘中断	是 <Ctrl>与 <Break>键的中断入口	
1CH	间隔时钟中断	定时器每隔一会（约 54.925μs）发送一次 INT 1CH 指令，用户可编写利用定时器的间隔时钟中断处理子程序	

附录 F　DOS 功能调用表

INT	功　　能	入口信息	出口信息
20H	程序正常结束	CS = 程序段前缀段界地址	
22H	结束地址		
23H	Break 出口处理 （选择键及 <Pause>键按下）		
24K	出错地址		
25K	读盘	AL = 驱动器号（0 为 A，1 为 B） CX = 扇区数 DX = 起始逻辑扇区号 DS:BX = 内存地址	CF =0，成功；CF =1，失败
26K	写盘		
27K	驻留退出		

附录G　汇编出错代码注释

错误代码	出错信息	说　明
0	Block nesting error	嵌套出错
1	Extra characters on line	一行中有多余的字符
2	Internal error	内部错误
3	Unknown type specified	标识符的指定类型出错
4	Redfinition of symbol	符号重定义
5	Symbol is multi defined	符号多重定义
6	Phase error between passes	再次汇编扫描之间相位错误
7	Already had ELSE clause	使用了一个以上的 ELSE
8	Must be in conditional block	没有条件块里
9	Symbol not defined	符号未定义
10	Syntax error	语法错误
11	Type illegal in context	指定了非法类型
12	Group name must be unique	组名必须惟一
13	Must be declared during pass 1	必须在第一次汇编扫描期间定义
14	Illegal public declaration	非法的公用说明
15	Symbol already different kind	符号的定义已经定义
16	Reserved word used as symbol	保留字用作符号
17	Forward reference illegal	非法的前向引用
18	Operand must be register	操作数必须是寄存器
19	Wrong type of register	使用的寄存器类型出错
20	Operand must be segment or group	操作数应是一个段名或组名
21	Symbol has not segment	不知标识符的段属性
22	Operand must be type specified	操作数应给出类型说明
23	Symbol already defined locally	符号已经被局部定义
24	Segment parameters are changed	段参数被改变
25	Improper align/combine type	段定义时的定位类型/组合类型出错
26	Reference to multi defined symbol	指令引用了多重定义的标识符
27	Operand expected	需要一个操作符
28	Operator expected	需要一个操作数
29	Division by 0 or overflow	用 0 除或溢出
30	Negative shift count	负的移位次数
31	Operand type must match	操作数类型必须匹配
32	Illegal use of external	外部符号使用出错
33	Must be record field name	应为记录字段名

（续）

错误代码	出错信息	说　明
34	Must be record name or field name	应为记录名或字段名
35	Operand must have size	应指明操作数的长度
36	Left operand must be constant	应该是变量名
37	Must be structure field name	应为结构字段名
38	Left operand must segment	操作数左边应是段信息
39	One operand must be constant	操作数应为常数
40	Operands must be in same segment or const	操作数必须在同一段内或应为常数
41	Normal type operand expected	要求给出一个正常的操作数
42	Constant expected	要求给出一个常数
43	Operand must have segment	操作数必须有段
44	Must be associated with data	必须与数据有关
45	Must be associated with code	必须与代码有关
46	Multiple base registers	同时使用了多个基址寄存器
47	Multiple index registers	同时使用了多个变址寄存器
48	Must be index or base registers	必须是变址寄存器或基址寄存器
49	Illegal use of registers	非法使用了寄存器
50	Value is out of range	数值太大，超出范围
51	Operand not in current CS ASSUME segment	操作数不在当前代码段内
52	Improper operand type	操作数类型使用不当
53	Jump out of range by number bytes	跳转指令超出跳转范围
54	Index displacement must be constant	变址寻址的位移量必须是常数
55	Illegal registers value	非法寄存器的值
56	Immediate mode illegal	不许使用立即数寻址
57	Illegal size for operand	操作数长度非法
58	Byte registers illegal	字节寄存器非法
59	Illegal use of CS register	非法使用了 CS 寄存器
60	Must be accumulator register	必须是 AX 或 AL 寄存器
61	Improper use of segment register	非法使用了段寄存器
62	Missing or unreachable code segment	缺少或达不到的代码段
63	Operand combination illegal	操作数的组合是非法的
64	Near JMP/CALL to different code segment	近程 JMP 或 CALL 到不同的代码段
65	Laber cannot have segment override	标号不能有段代替前缀
66	Must have insruction after prefix	前缀后面必须有指令
67	Cannot override ES for destination	不能用其他寄存器代替 ES 作为目的操作数
68	Cannot address with segment register	不能用段寄存器寻址
69	Must be in segment block	必须在段中

（续）

错误代码	出错信息	说明
70	Cannot use EVEN or ALLGN with byte alignment	定位类型选用了 TYPE 时，不能用 EVEN 或 ALIGN 伪指令
71	Forward needs override or FAR	远程转移/存取指令的标号没有指明 FAR，须用 PTR 指定
72	Illegal value for DUP count	非法的 DUP 计数值
73	Symbol is already external	符号已是外部的
74	DUP nesting too deep	DUP 嵌套太深
75	Illegal use of undefined operand(?)	不定操作符(?)使用不当
76	Too many value for structure or record initialization	结构或记录的初始化值太多
77	Angle brackets required around initialized list	定义结构变量时，初始值未用 < >括起来
78	Diective illegal in structure	结构定义时，伪指令使用不当
79	Override with DUP illegal	用 DUP 替换非法
80	Field cannot be overridden	不能修改字段
81	Override is of wrong type	结构定义语句中，设置类型初值出错
82	Circular chain of EQU aliases	两个变量交换使用等值语句
83	Cannot emulate coprocessor code	不能仿真协处理器操作码
84	End of file, no END directive	文件结束，但没有 END 语句
85	Data emitted with no segment	数据语句没有在段内
86	Forced error －pass1	强制错误，第一次扫描
87	Forced error －pass2	强制错误，第二次扫描
88	Forced error	强制错误
89	Line too long expanding symbol	一行太长的扩展符号
90	Impure memory reference	不合适的存储器参数
91	Missing data ;Zero assumed	缺少数据，汇编用 0 代替
92	Align must be power of 2	边界范围必须是 2 的幂
93	Line too long	行太长
94	Illegal digit in number	数值中数非法
95	Empty string not allowed	不允许有空串
96	Missing Operand	缺少操作数
97	Open parenthesis or bracket	括号不匹配
98	Directive must be in macro	伪指令必须在宏定义中
99	Unexpected end of line	该行没有完整的语句
100	Operand size does not match segment word size	操作数长度与段字长度不匹配

参考文献

[1] 曹玉珍，等．微机原理与应用［M］．2版．北京：机械工业出版社，2005.

[2] 王丰，王兴宝．微机原理与接口技术［M］．北京：北京航空航天大学出版社，2005.

[3] 陈忠强，等．现代微机原理与接口技术［M］．北京：冶金工业出版社，2006.

[4] 李牧，等．微机系统与接口［M］．北京：冶金工业出版社，2007.

[5] 刘永华，等．微机原理与接口技术［M］．北京：清华大学出版社，2006.

[6] 尹珅，等．微型计算机原理与接口技术［M］．北京：冶金工业出版社，2005.

[7] 周明德．微型计算机系统原理及应用习题解答与实验指导［M］．5版．北京：清华大学出版社，2005.

[8] 杨立，等．微型计算机原理与接口技术［M］．北京：中国铁道出版社，2006.

[9] 潘冬蝉，沈美明．IBM-PC汇编语言程序设计例题习题集［M］．北京：清华大学出版社，1991.

[10] 李文兵．计算机硬件原理教程［M］．天津：天津科技翻译出版社，1995.

[11] 傅麒麟．微型计算机原理及其应用［M］．上海：上海交通大学出版社，1997.

[12] 潘峰．微型计算机原理与汇编语言［M］．北京：电子工业出版社，1997.

[13] 肖金立．微型计算机原理与应用［M］．北京：电子工业出版社，1995.

[14] 刘永华，等．微机原理与汇编语言程序设计习题解答与上机指导［M］．北京：中国铁道出版社，2006.

[15] 沈永林，胡振山．计算机硬件技术基础习题集［M］．北京：清华大学出版社，2000.

21世纪高职高专规划教材书目(基础课及电和计算机类)

(有＊的为普通高等教育“十一五”国家级规划教材并配有电子课件)

＊高等数学(理工科用)(第2版)
高等数学学习指导书(理工科用)(第2版)
计算机应用基础(第2版)
应用文写作
应用文写作教程
经济法概论
法律基础
法律基础概论
＊C语言程序设计
工程制图(非机械类用)
工程制图习题集(非机械类用)
离散数学
电路基础
单片机原理与应用
电力拖动与控制
＊可编程序控制器及其应用(欧姆龙型)
可编程序控制器及其应用(三菱型)
工厂供电
微机原理与应用
微机原理及其应用
模拟电子技术
数字电子技术
数字逻辑电路
＊办公自动化技术
现代检测技术与仪器仪表
传感器与检测技术
＊制冷原理与设备
制冷与空调装置自动控制技术
电视机原理与维修
自动控制原理与系统
电路与模拟电子技术
低频电子线路
电路分析基础
常用电子元器件
单片机原理及接口技术案例教程
多媒体技术及其应用
操作系统
＊数据结构
数据库基础及其应用
数据库设计及其应用
软件工程
微型计算机维护技术
汇编语言程序设计
VB6.0程序设计
VB6.0程序设计实训教程
Java程序设计
＊C++程序设计
Delphi程序设计
计算机网络技术
网络应用技术
网络数据库技术
网络操作系统
网络安全技术
网络营销
网络综合布线
网络工程实训教程
＊计算机网络技术实验实训指导
计算机图形学实用教程
＊三维动画制作
＊动画设计与制作
管理信息系统
电工与电子实验
专业英语(电类用)
专业英语(计算机用)